フィールドの生物学—㉔

ミツバチの世界へ旅する

原野健一 著

東海大学出版部

Discoveries in Field Work No. 24
The journey to the honeybee's world

by Ken-ichi Harano
Tokai University Press, 2017
Printed in Japan
ISBN978-4-486-02145-2

口絵1～5 さまざまな植物に訪花するセイヨウミツバチの採餌蜂.
1）ヒマワリ，2）ペルシアンクローバー，3）ツルボ，4）5）ウメ.

6 口絵 6　帰巣する採餌蜂.

7 口絵 7　警戒する門番. 前脚をあげて, 触角を前方へ伸ばす典型的な姿勢をとっている.

8 口絵 8　他個体の翅の付け根をグルーミングする働き蜂.

9

10

11

12

口絵９　女王（写真中央）と働き蜂.
口絵10　幼虫.
口絵11　働き蜂の蛹. 巣房の蓋をとり除いて, 中が見えるようにしてある.
口絵12　貯蔵花粉. 採餌蜂が団子状にしてもち帰った花粉を, 巣内の働き蜂が頭で押し固める. 花粉源になった植物によって, 花粉の色が異なり, 季節によってはカラフルな花粉貯蔵が見られる.

13

14

口絵13　貯蜜のある巣板と働き蜂.
口絵14　セイヨウミツバチの分蜂蜂球.

はじめに

この本を手にとっていただき、ありがとうございます。

人類は古代からミツバチとつきあってきましたが、ここ数年で人々のミツバチへの関心がこれまでにないほど高まってきているように感じます。ハチミツなどのミツバチの生産物に関する話題に加えて、ミツバチの大量死（蜂群崩壊症候群）や国内の花粉媒介用ミツバチの不足などの報道もありました。趣味でミツバチを飼育される方も増えてきています。そのような背景があり、ミツバチについての優れた本もたくさん出版されるようになりました。そういった本の中では、ミツバチの生物学も含めて、ミツバチに関する多くの情報がわかりやすくまとめられています。そういった本と比べると、この本の内容はとても偏っています。それは、ふつうミツバチの本の中では語られない、研究の舞台裏について書きたかったからです。

ミツバチは私たちに多くのものをもたらしてくれます。ハチミツやローヤルゼリーなどの手にとることができる生産物の他、作物や野生の植物の花粉媒介をしてくれることによっても私たちは利益を得ています。それに加えて、この地球上で長い年月をかけて進化してきた生物のすばらしさを見せてくれることも、ミツバチが私たちにとって重要な存在であることの一つだと私は思っています。

巣箱を開ければ、あるいは壁をガラスで作った観察巣箱という特別な巣箱を使えば、巣の中のようすを見ることができます。それだけでも、かなりわくわくする体験でしょう。しかし、ミツバチのもっている生きるための知恵のなかには、簡単には見ることができないものもあります。その隠された知恵を知るためには、詳しい観察や実験が必要なのです。

もし、あなただけが、誰も知らないミツバチの秘密に気づくことができたとしたら、と想像してみてください。それは、ミツバチが何十万年もの間、人知れずおこなってきたことで、今も世界中のミツバチがそれをしているのに、誰もそれを知らないのです。こんなに興奮することはないでしょう。

本当のところ、その興奮はそれを見つけた本人しか味わうことができません。しかし、できるだけそれを共有できるように、この本では努力をしてみたいと思います。そのために、私が研究で扱ってきたほんの狭い分野の話になってしまうことをお許しください。

「ミツバチの世界へ旅する」というこの本のタイトルは、研究を旅になぞらえてつけたものです。私たちは、ミツバチの生きる世界のことをよく理解していません。しかし、研究を進めることで、少しずつそこに近づいていくことはできるでしょう。そして、私がこのタイトルをつけたのは、それとはまたちがった意味からも、私がおこなってきた研究が、まさに旅のようだと思ったからでもあります。旅行も旅も同じようなことを指す言葉ですが、旅には旅行にはない不安定さと自由のイメージがあります。旅行ならば、目的地も、そこへ到る手段も前もってはっきり決まっているものですが、旅はそうではありません。求めるものはあるけれども、どこへ行くのかはその時しだい、というのが旅というものではないかと思います。私も研究を始めた頃は、自分が何をしたいのか、どこを，めざそうとしているのかが、よくわかっていませんでした。しかし、その時々でできることを試してみるうちに、だんだんと目的地が定まり、今はそれに向かっているような気がしています。そのあたりが旅のイメージと重なったために、このようなタイトルにしました。

この本は生物に関心のある一般の方だけでなく、生物の研究をしてみたいと考えている学生、研究者になりたいと考えている（私より）若い人たちに読んでもらうことも意識して書きました。私には、「研究とは……」などといった大上段に構えた話をすることはできません。ただ、私の経験を話すことで安心してもらえることもあるのではないか、と考えたのです。隣の芝は青く見えるものだし、他人がみんな自分より偉く見える日というのがあると思います。でも、そうではなくて、みんな（私だけではないと思いたい）コケつまろびつしてどうにかやってきたんだ、ということがわかれば、少しは進む勇気にも繋がるのではないか、と。

この本は、次のような構成になっています。

まず第1章でミツバチがどのような生物なのかについて、ざっくりと説明します。第2章で私とミツバチとの出会いについてお話しし、その後の章でこれまでやってきた研究を紹介します。第5章では、ミツバチを離れて、つくばの研究所でバッタとコガネムシの研究に携わったときのことをお話しします。そして、第7章では有名な8の字ダンスとミツバチの採餌について、他の研究者が明らかにしてきた事柄について説明し、それをふまえて、第8章で現在の私の主要な研究テーマとしてとり組んでいる蜂の燃料調節についてご紹介したいと思います。

少しの間お付き合いいただければ幸いです。

目次

第4章　ミツバチの遺産相続問題——101

第1章

もう一つの社会

―ミツバチコロニーの概要

ミツバチとは？

ミツバチは言うまでもなく、蜂の一種だ。昆虫は、いくつかの「目《もく》」という大きなグループに分けられるのだが、蜂の仲間は、ハチ目というグループに入る。

ハチ目は、腹部と胸部の間がくびれているかどうかで、まず大きく二つのグループに分けられている。くびれのないグループは広腰亜目《こうようあもく》と呼ばれ、ハバチやキバチというあまり一般になじみのない蜂たち(sawflies)を含む。これらの蜂の幼虫は、植物の葉や木の木材部分を食べて育つので、種によっては農業・林業害虫となっている。もう一つのグループは、腰にくびれをもつ種で構成されており、細腰亜目《さいようあもく》と呼ばれる。このグループには、花の蜜と花粉を主食とするハナバチ(bees)、他の昆虫などを捕食あるいは寄生する肉食性のカリバチ(wasps)、そしてアリ(ants)が含まれる。ミツバチは、ハナバチの一種なので、こちらのグループに入る。

ミツバチは、集団で「社会」を作って生活している蜂だ。スズメバチ、アシナガバチ、アリ類なども、ミツバチ同様に社会性をもった昆虫のグループで、このような特徴をもつ昆虫を社会性昆虫という。蜂というと、こういった集団生活をしている種を思い浮かべる方も多いと思うが、じつはハチ目の中で社会をもつ種は少数派だ。ハバチやキバチなど広腰亜目は、他の多くの昆虫同様、基本的には一匹で生活する単独性の蜂で、巣を作ることもない。ハナバチやカリバチの仲間でも、一匹で巣を作る単独性の種の方が多い。

図1・1　日本で見られるミツバチ2種．ニホンミツバチ（左：写真提供　西村正和氏）とセイヨウミツバチ（右）．

ミツバチは現在世界で九種が存在し、大部分はアジア圏に生息している。これらはすべて社会性の種だ。日本には、在来のニホンミツバチ *Apis cerana japonica*（トウヨウミツバチ *Apis cerana* の一亜種）と明治以降に養蜂のために導入されたセイヨウミツバチ *Apis mellifera* の二種がいる（図1・1）。セイヨウミツバチの方が飼育が容易であり、またヨーロッパで古くから研究されてきた歴史もあるため、多くの研究者がセイヨウミツバチを対象に研究をおこなっている。私もおもにセイヨウミツバチを使って研究をおこなってきたので、今後とくに断らないかぎり、この本ではミツバチという語はセイヨウミツバチを指すことにしたい。

巣の構造、コロニーの構成員と分業体制

ミツバチは、一匹の女王と多数の働き蜂が一つのまとまりとなって同じ巣で生活している。このひとまとまりの蜂の集団のことをコロニーと呼ぶ。ミツバチは、このようなコロニーで生活していることが他の多くの昆虫とは異なる。そして、ミツバチのコロニーは、

図1・2　セイヨウミツバチの巣内のようす．ミツバチコロニーの構成員は，ほとんどが働き蜂と呼ばれる産卵をしないメスで，コロニーを維持するためのさまざまな仕事をする．

たんに多くの蜂が集まっているというだけのものではない。私たち人間の社会同様、仕事を分業してこなすことで、コロニーの運営を効率よくおこなっているのだ。

ミツバチのコロニーがどのようなものなのか、もう少し具体的に知るために、ミツバチの巣の中に入ってみよう。セイヨウミツバチは、自然条件下では木の洞や石垣の中にできた空間に巣を作る種なので、巣に入るには狭い入口を潜り抜けなくてはならない。門番の蜂に守られた巣門《すもん》と呼ばれるこの入口から中に入ると、天井から垂れさがった巣板《すばん》にたくさんのほぼ同じ形をした蜂がつかまり、巣板にある小部屋（巣房《すぼう》）をのぞき込んだり、互いに顔を突き合わせて触角を触れ合わせたり、あるいは何もしないでじっとしていたりするのを観察することができるだろう（図1・2）。

まず、巣を構成する巣板をよく見てみよう。ミツバチの巣は何枚かの巣板が垂直に並んでできている。巣板一枚一枚は、六角形の巣房という小部屋がたくさん集まってできたものだ。巣房は底部を共有するような形で左右に開口している（図1・3）。蜂の巣というと、スズメバチやアシナガバチの巣を思い浮かべる人もいるかもしれないが、ミツバチの巣はそれとはまたちがうので注意してほしい（図1・3）。

六角形の巣房は、子どもを育てる育児室でもあり、餌を蓄える倉庫でもある。ある場所では一つの巣房に一つの卵が産み落とされ、幼虫、蛹へと成長していく。別の場所では、花粉やハチミツが蓄えられる。それまで子を育てていた巣房に餌が蓄えられることやその逆はあるが、子と餌が同時に同じ巣房にあることはない。巣房は蓋がされているところと、されていないところがあるが、どのような巣房に蓋がされるのかは追々話していく。

ではつぎに、巣房につかまっているたくさんの同じ形をした蜂たちを見てみよう。この蜂たちは、働き蜂（あるいはワーカー Worker）と呼ばれる繁殖をしないメスだ。ミツバチのコロニーは、数千から数万匹の蜂で構成されているが、そのほとんどは働き蜂だ。働き蜂は、巣の建築や幼虫の世話、餌集めなど、コロニーを維持するためのさまざまな活動をこなすための器官を、体の各所に備えている（詳しくは後述）。

もう少し巣の中心の方へ行ってみることにしよう。きっと、この巣に入った時に気づかれたと思うが、巣の中は外よりもだいぶ暖かい（今が夏でなければ）。巣の中心部へ近づくにつれ、さらに暖かくなっていくのがわかるだろう。これは、巣の中心部で育児をおこなっているからで、働き蜂は積極的に熱を生産して、巣を温める。巣の中心部の気温はかなり厳密に調節され、ほぼ三十四〜三十五度に保たれている。育児がおこなわれているあたりを少し探すと、働き蜂にとり囲まれたひときわ腹部の大きな蜂を見つけ

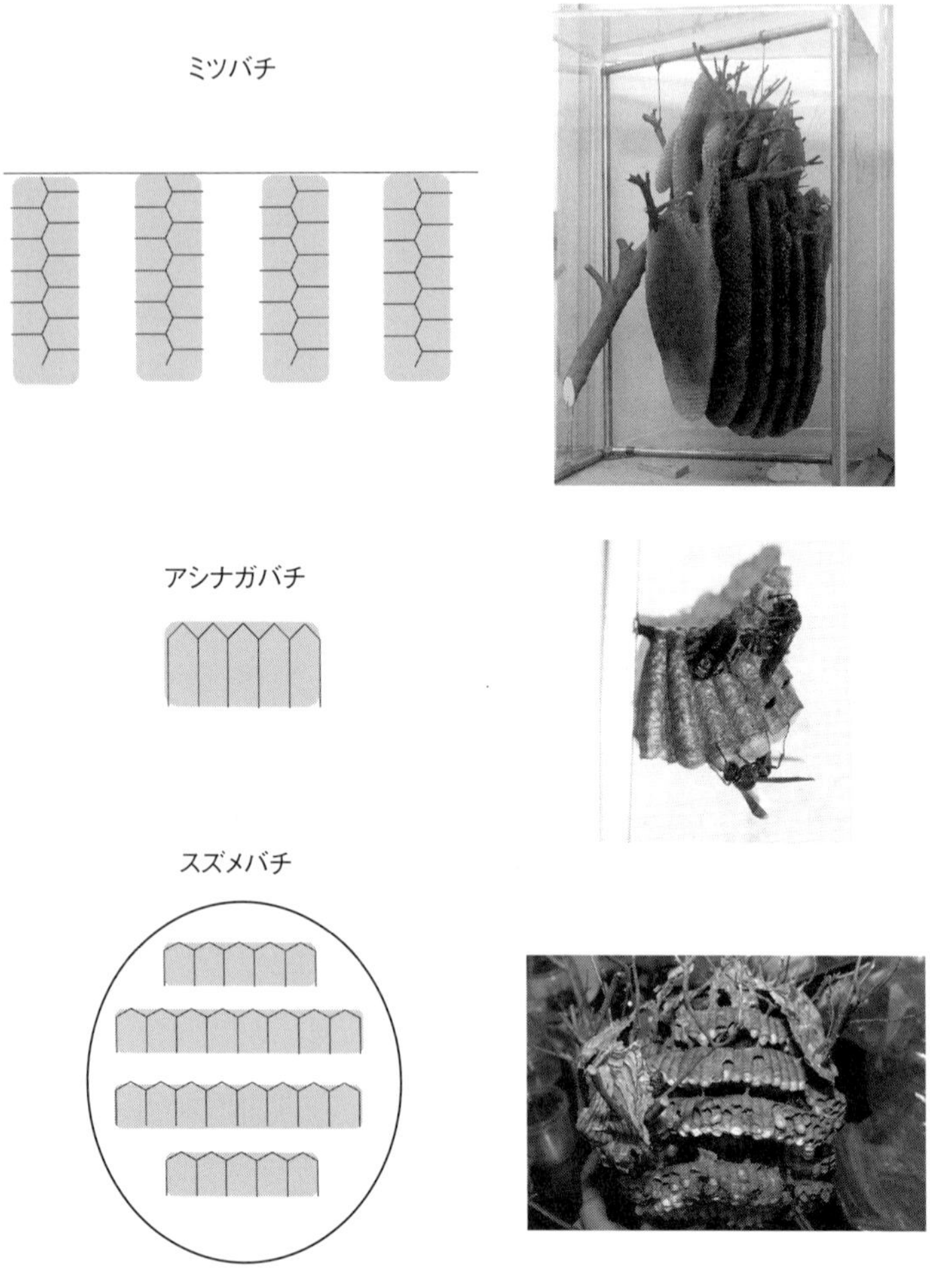

図1·3　巣の構造．ミツバチ（上）．アシナガバチ（中）．スズメバチ（下：写真提供　西村正和氏）．写真のミツバチの巣は，野外の開放空間にできたもの．通常は，木の洞など閉鎖空間に作られる．ミツバチの巣は垂直巣板だが，アシナガバチやスズメバチの巣は水平巣板をもつことに注意．

だすことができる（口絵9）。しばらく観察していれば、その大きな腹部を巣房に挿し入れて、産卵するのを見られるはずだ。とり巻きの働き蜂たちが、しきりにこの個体の体表に触角で触れたり、舌（口吻）で舐めたりすることからも、この蜂が働き蜂とちがう特別な個体であることがわかる。この個体は女王（queen）と呼ばれる。女王は、働き蜂とは対照的に、繁殖に専門化したメスであり、コロニー維持活動はまったくおこなわない。そのため、働き蜂に見られるような育児や採餌に使われる器官をもたない。一方で、働き蜂にはなく、女王にしかない構造もある。たとえば、女王は交尾したオスから受けとった精子を貯蔵しておく受精嚢という袋をもっているが、これは働き蜂にはない。その他、女王に特徴的なのは、ひじょうに大きな卵巣だ（図1・4）。アリの仲間では、一つの巣に複数の女王がいる種もあるが、ミツバチの場合は、一つの巣に一匹の女王しかいない。そのため、一つの巣の中にいる個体はすべて、一匹の女王の子で、すなわち、一つのコロニーは一つの大きな家族だということになる。

ミツバチのコロニーは、繁殖期以外の時期には、この二種類のメスだけで構成されている。しかし、春から夏にかけてのミツバチの繁殖期には、巣の中でオスを見ることができる（図1・5）。オスの数は、コロニーと季節によって異なるが、通常はコロニーを構成する全蜂数の十パーセントくらいにしかならない。働き蜂よりもやや大きなずんぐりとした体と大きな目がオスの特徴だ。オスはメスとちがい、一種類しかいないが、繁殖に専門化していて、コロニー維持活動をしないという点では、女王に似ている。働き蜂はさまざまな仕事をこなすし、女王は産卵をするが、オスは観察していても、これといってめだった仕事はしない。そのため、英語ではなまけ者を意味するドローンdroneという不名誉な呼び名がつけられ

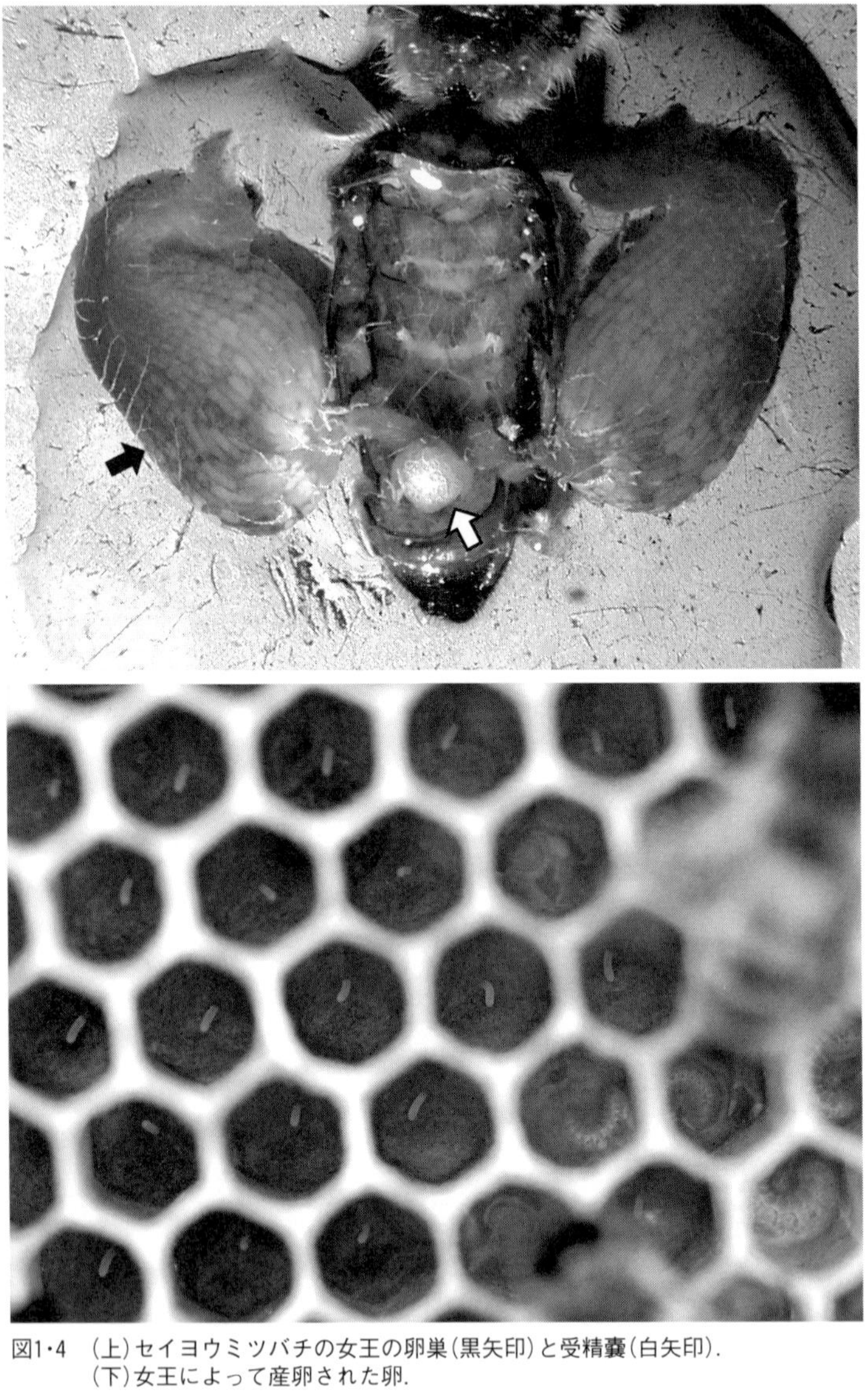

図1･4　(上)セイヨウミツバチの女王の卵巣(黒矢印)と受精嚢(白矢印).
(下)女王によって産卵された卵.

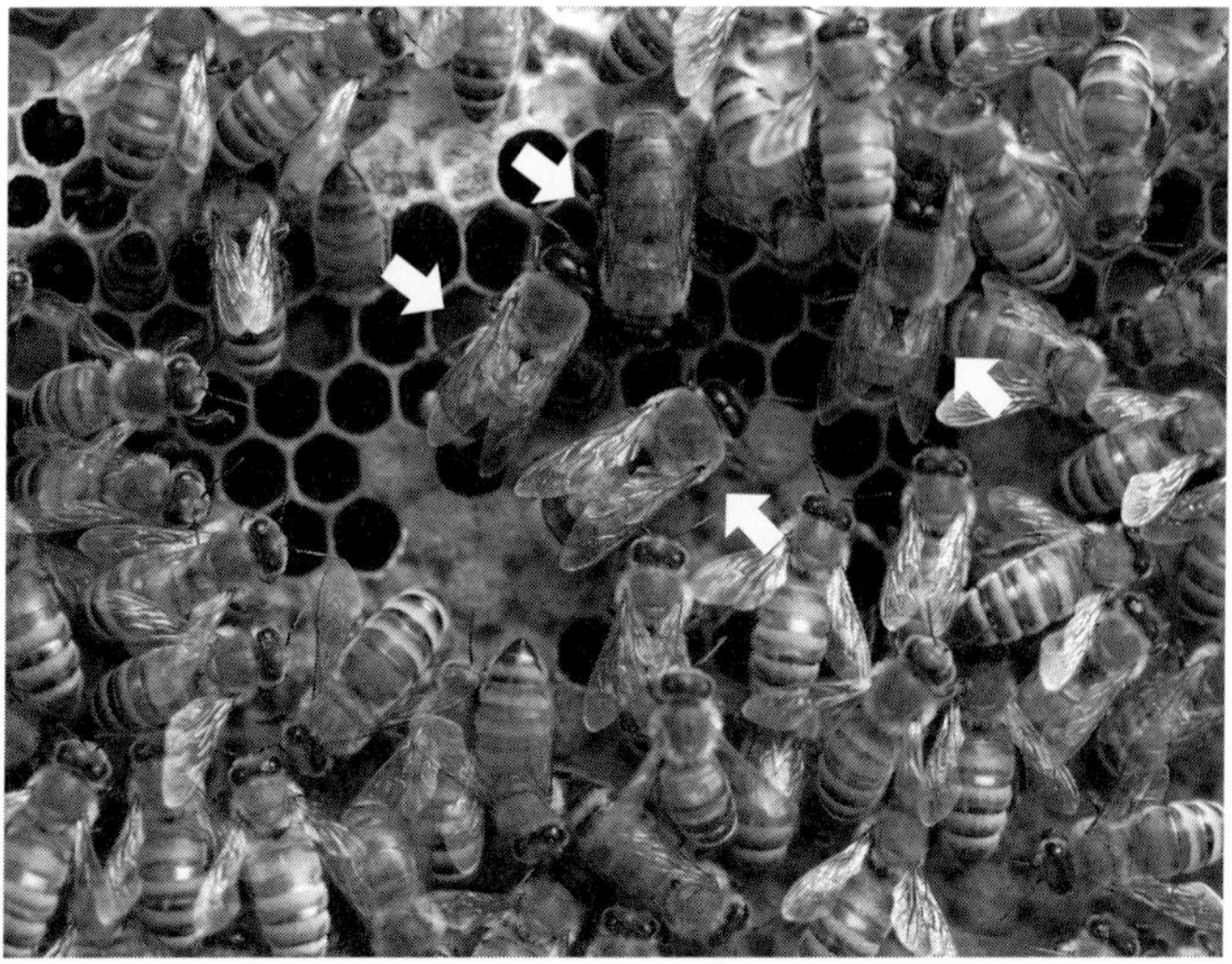

図1・5　セイヨウミツバチのオス．

ている。オスには、針もない。これはミツバチにかぎったことではなく、ハチ目のオスはどの種でも針をもたず、刺すことはない。これは、蜂の針は産卵管が変化したものだからだ。

このようなオスも、コロニーにとってたいへん重要な役割を担っている。それは、交尾をすることだ。ミツバチの交尾は空中でおこなわれる。繁殖期には、新女王が育てられるので（第4章「女王蜂の作り方」、コラム「蜂たちの一年」参照）、それらと交尾をして遺伝子を次世代に残すためにオスは存在する。メスに比べて、一見不格好に見えるその体も、じつは不要な機能を削ぎ落とし、交尾を効率よくおこなうために洗練されたデザインをもっている。大きな目もその一つで、空中で新女王を捕捉するのに都合よくできている。そのような大事な個体であるオスも、繁殖期が終わり、新女王が育てられなくなると、働き蜂たちによって巣から追放されてしまう。この頃には、働き蜂に嚙みつかれ、ボロボロになって巣の外へ引き出されているオスを見ることがある。しかし、コロニーにとっては、交尾の望みのないオスを巣からとり除いて、餌の消費を抑えることは、長い冬を生き延びるために、重要なことなのだ。

オスは働かないので、繁殖期以外にオスを産まないようにすることも大事なことだ。私たち人間にとって、男児と女児を産み分けることはかなり難しいことだが、ミツバチはこれを難なくやってのける。それは、ハチ目の昆虫では、性がちょっと変わった仕組みによって決まるからだ。私たち人間を含む多くの生物では、卵が精子によって授精されることで、生命が始まる。そして人間の場合は、X染色体を二本受け継いだ受精卵は女の子に、X染色体とY染色体を一本ずつ受け継いだ受精卵は、男の子になる。ところがハチ目昆虫では、卵が授精した場合それはすべてメスになり、受精されなかった卵がオスになるというルールになっているのだ。そのため、女王はメスを産みたければ受精卵を産み、オスを生みたければ未受精卵を産めばよい。しかも、昆虫のメスは、オスと交尾をしたときに卵を授精させるのではなく、オスから受けとった精子を受精囊（図1・4上）という袋に貯蔵していて、産卵直前に卵を授精させる。このこともあって、女王は雌雄を簡単に産み分けることができる。

オスが未受精卵から生まれるということは、オスは母親（女王）の遺伝子は受け継ぐが、母親の配偶者（女王と交尾したオス）の遺伝子は受け継がないということだ。つまり、オス蜂には生物学的な父親がいない。ただし、その母親（女王）には父親がいるので、オス蜂には父はいないがおじいさんはいる、ということになる。

働き蜂とオス蜂が育つ巣房の大きさは異なり、オス蜂用の巣房の方が少しだけ大きい。女王は、産卵の前に前足を使って巣房のサイズを測り、働き蜂用の小さめの巣房であれば、受精嚢のバルブを開いて、卵に精子をかけて産卵し、オス蜂用の大きな巣房であれば、未受精のままで卵を産み落とす。このように、最終的に産まれる子の性を決めるのは女王だが、巣房を作るのは働き蜂なので、働き蜂も産み分けに関与しているといえる。実際、繁殖期には働き蜂によってたくさんのオス巣房が作られるが、それが終わるとオス巣房が作られることはほとんどなくなる。

ミツバチは、繁殖と労働を分業することで、コロニーという単位で、効率よく生長・繁殖できるように進化してきた生物だ。分業することでどのくらい効率が上がっているかということは、たとえば女王の産卵数を見るとよくわかる。セイヨウミツバチの女王は、一日に一千個ほどの卵を産むことができる。これは、重さにして、女王自身の体重に匹敵する量だ。単独性の昆虫で、このような芸当ができる種はいないだろう。なぜなら、そういった昆虫では、自分で探しだせる餌の量にかぎりがあるのがふつうだし、それがふつうであるからそれほど大きな卵巣をもたない。仮に、大きな卵巣を発達させて、大量の卵を生産したとしても、今度はそれが体の動きを制限して、捕食の危険性が高まったり、採餌行動など他の活動を阻害するかもしれない。つまり、ミツバチの女王が大量の卵を産むことができるのは、採餌や防衛といった活動を、働き蜂が代行してくれるからなのだ。それだけではなく、女王は、働き蜂が花粉を消化し、その栄養素をもとに作りだした消化効率の良い餌（ローヤルゼリー）を与えられて生きている。これは、女王は餌の消化も部分的に働き蜂にやってもらっている、ということに他ならない。

働き蜂の分業

ミツバチのコロニーの中では、働き蜂が労働をおこない、女王とオスが繁殖をおこなうというように分業がなされていることを述べた。働き蜂は、すべてのコロニー維持活動をおこなうので、さまざまな仕事をこなさなくてはならないのだが、それらの仕事も働き蜂の中で分業されることによって、効率よく進められる。まずは、働き蜂がどのような仕事をしているのかを知るために、巣内外でのおもな活動を見てみよう。

巣房の清掃

ミツバチのコロニーは、ものすごく人口密度の高い街のようなものだ。狭いスペースに多くの個体が生活しているので、廃棄物もそれだけ多くの量が出される。そして、それを放置して病気が発生すれば、蔓延を避けることはできないだろう。だから、ミツバチはコロニーを清潔に保つことに、かなりの労力をさいている。羽化した働き蜂（図1・6）が、まず最初にするのが、この巣房の清掃だ。働き蜂は六角形の巣房の中で幼虫から蛹になり、そして羽化する。働き蜂が羽化した後の巣房の底には、幼虫が蛹になるときに排出した糞や脱皮の際に脱ぎ捨てられた皮などの老廃物が溜まっている。働き蜂は、自分が羽化した巣房かそうでないかに関わらず、これらの汚れを舐めとってきれいにする。巣房は何度も育児に使われるし、働き蜂が羽化した巣房にハチミツや花粉が貯められることもあるので、このような老廃物を適切に処

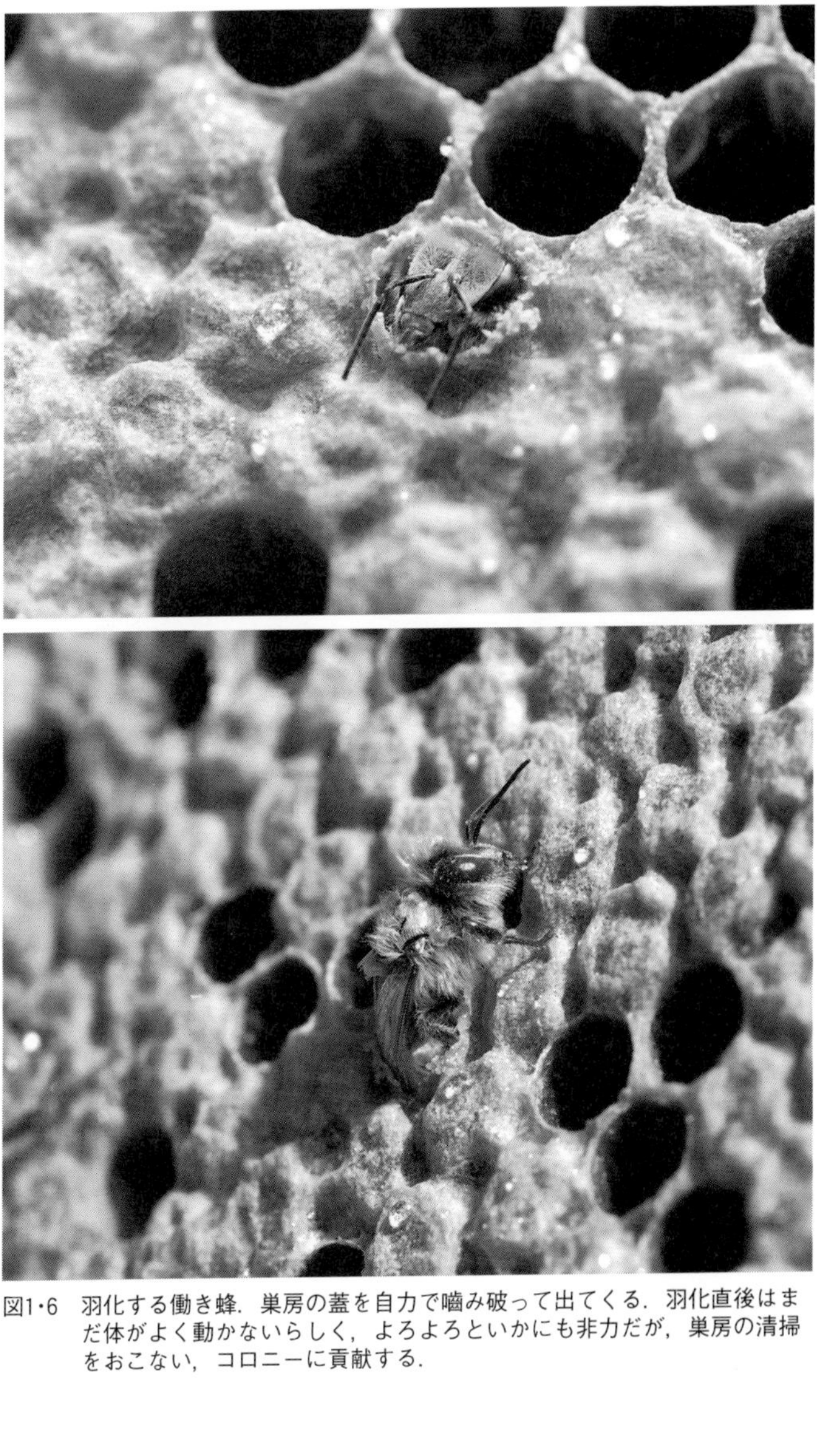

図1·6　羽化する働き蜂．巣房の蓋を自力で噛み破って出てくる．羽化直後はまだ体がよく動かないらしく，よろよろといかにも非力だが，巣房の清掃をおこない，コロニーに貢献する．

図1・7　蜂蜜巣房の蓋（左）と育児巣房の蓋（右）のちがい．ハチミツは，分泌されたばかりの新しい蝋で封がされるが，蛹の巣房の蓋には再利用された蝋が使われる．

理することは、病気の発生を防ぐうえで重要なはずだ。

幼虫巣房の蓋掛け

働き蜂の巣房は、中の幼虫が蛹になるタイミングで蓋がされる（図1・8下）。この蓋掛けは、成虫の働き蜂によっておこなわれる。熟成されたハチミツが入った巣房も、蓋がされるが、育児巣房にされる蓋とは、色や質感が異なる。蜂蜜巣房が白っぽく、のっぺりした蓋であるのに対して、育児巣房の蓋は、茶色で多少ざらざらした感じである（図1・7）。どちらの蓋も、働き蜂が分泌した蝋で作られるのだが、蜂蜜巣房は分泌されたばかりの新しい蝋で、育児巣房は他の場所で使われた蝋をかじりとって、再利用して作られるために、このようなちがいができる。そして、このちがいには機能的な意味があると言われている。蛹といえども、呼吸をするので、完全に密閉してはよくない。再利用された蝋は多孔質であり、そのような材料で蓋を作れば、呼吸のための通気を確保することができるだろう。一方、新しい蝋でならば、隙間なく巣房を塞ぐことができる。熟成されたハチミツは、吸湿を避けなければならないので、そのような蝋で蜂蜜巣房に蓋をすることは、合理的である。また、衛生上の観点からも食物に触れる部分は新しい蝋を使った方が良いのかもしれない。

育児

巣の中心部、蜂児圏《ほうじけん》の巣房を覗き込んでみよう。透きとおるような白い肌をした幼虫が一匹、底に横たわっているのが見えただろうか？　あるいは、巣房一杯になるくらいに育っていたかもしれない。これが働き蜂の幼虫だ（図1・8）。卵と幼虫、蛹を合わせて蜂児《ほうじ》と呼ぶ。ミツバチの幼虫はたいへん無力だ。餌を求めて移動することはとてもできないし、体表は薄い皮で覆われているだけで、ひどく傷つきやすい。そのような皮膚しかもっていないのだから、おそらく他の昆虫の幼虫に比べても、病原菌などに感染しやすいはずだ。それなのに、自分の体を舐めてきれいにすることもできない。幼虫であろうと、これほど生き延びる能力をもたないということは、単独性の昆虫ではありえないが、働き蜂が献身的な世話をしてくれるミツバチなら可能だ。育児蜂と呼ばれる若い働き蜂のグループは、頻繁に幼虫のいる巣房を覗き込む。頭部だけでなく胸部あるいは腹部の一部まで入れてしまうので、巣房は塞がれて、この蜂が何をしているのかは見ることができないが、もし中のようすを見ることができれば、幼虫の体表を舐めたり、餌を与えたりしているのがわかるだろう。これらの育児蜂は、もちろん幼虫の母親ではない。同じ女王が先に産んだ働き蜂なので、幼虫にとっては、姉にあたる。

幼虫が孵化して三日ほどは、ワーカーゼリーと呼ばれる流動食が与えられる（図1・8上）。これは、

図1·8　（上）働き蜂巣房の中の孵化直後の幼虫．幼虫はワーカーゼリーと呼ばれる液体状の餌の上に浮いている状態で見える．（下）成長した幼虫．蛹になる直前に，巣房は働き蜂によって蓋がされる．

働き蜂（育児蜂）が分泌するもので、後に詳しく紹介する、女王に与えられるローヤルゼリーとよく似た成分組成をもつ。この餌は働き蜂の頭部にある下咽頭腺と大顎腺（図1・9）の分泌物であり、育児蜂は花粉を消化して得た栄養素を元にこれらの分泌腺で幼虫用の餌を作りだしている。育児蜂の下咽頭腺は、他の仕事をしている働き蜂のものよりもよく発達しているが、これは、人間の女性が子を産んで母乳を与える必要が生じた時に、乳腺が発達してくるのとある意味で同じことだ。哺乳類の乳とは、母親が食物を通して得た栄養素を、乳腺という分泌腺で栄養価の高い食べ物に変えたものだから、そういう意味でミツバチが幼虫に与えているのも乳だということができる。ただ、それが分泌されるのが胸ではなく頭であるということと、母親ではなく姉から授乳されるというだけだ。そういうことから、ワーカーゼリーやローヤルゼリーは、別名ビーミルク（bee milk）とも呼ばれる。このミツバチのミルクは、孵化後三日までの若い幼虫にのみ与えられ、それ以降は、花粉にハチミツが混ぜられた餌が与えられる。育児蜂は、働き蜂の幼虫だけでなく、オスや女王の幼虫の世話もおこなう。オスの幼虫は、働き蜂用巣房よりも少し大きい六角形の巣房で育ち、働き蜂の幼虫とほぼ同じように世話をされるのだが、女王の幼虫は育つ場所もされる世話も働き蜂の幼虫とは異なる。これについては、後に詳しく説明しよう（第4章「女王蜂の作り方」参照）。

女王の世話

働き蜂は、幼虫だけでなく、成虫の女王の世話も担当している。前にも述べたように、多数の働き蜂が

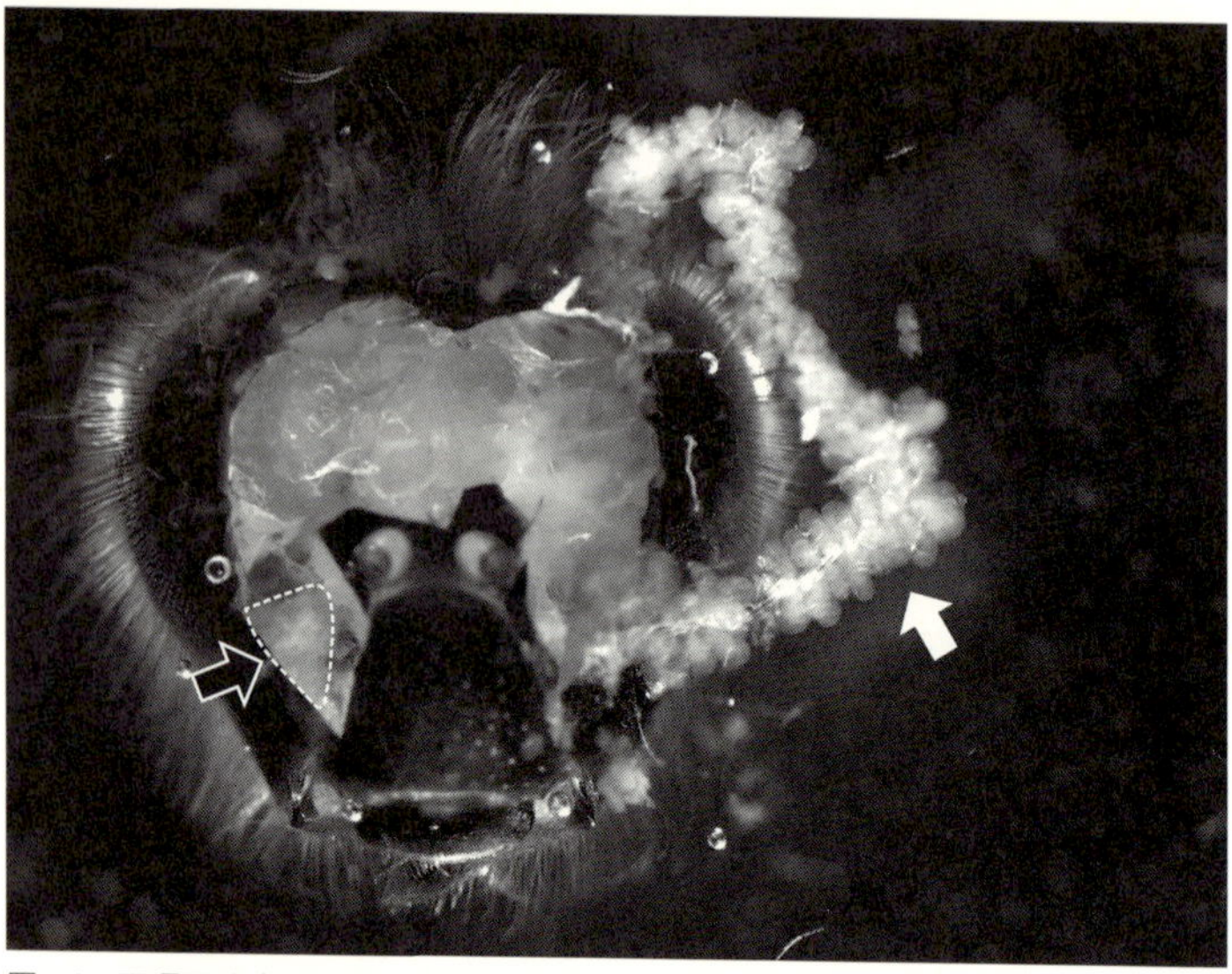
図1･9　下咽頭腺（白矢印）と大顎腺（黒矢印）．育児蜂の頭部前面の外骨格（クチクラ）を除去して，内部から下咽頭腺を引き出したところ．

世話をすることで、女王は単独性昆虫ではとても一匹では成し得ないような、高い繁殖能力を発揮できるのだ。幼虫を世話しているような、下咽頭腺がよく発達した若い働き蜂が女王の世話をおこなう。女王は、働き蜂の下咽頭腺と大顎腺の分泌物であるローヤルゼリーを口移しでもらって、その栄養素をもとに卵を生産する。ローヤルゼリーは驚くほど吸収効率がよい餌で、ほとんど不消化物を生じない。そのため、女王はたまにごく微量の水のような排泄物を出すだけだ。これは巣の中で排出されるが、すぐに働き蜂によって舐めとられてしまう。一方で、花粉を食べてローヤルゼリーを作っている育児蜂は、花粉の不消化物を処理する必要があるので、それなりに糞をするが、必ず巣外へ出て排泄する。

蜜の受けとりと加工

蜂児圏から少し外側に出てみると、ハチミツが貯められているエリアに出る（三十五頁 図1・21参照）。ここに貯められる蜜は、もちろん働き蜂によって花から集められるのだが、採餌をおこなった蜂自身がその蜜を直接巣房に貯めることはしない。彼女ら（メスなので）は、巣へ戻ると収穫してきた蜜を別の蜂に受け渡して（図1・10）、すぐにまた花のところへ飛んでいく。花を訪れているミツバチはのんびり蜜を集めているように見えるかもしれないが、ミツバチにとっての採餌は、時間との戦いだ。多くの花では、蜜は一日のうちで限られた時間しか分泌されないし、別の巣のミツバチや他種の昆虫との競争となることもある。だから、巣に帰ってきた採餌蜂から蜜をすぐに受けとってあげることは、採餌蜂が巣で費やす時間を節約して、効率よく蜜を集めるために重要なのだ。

蜜受けとり蜂が受けとった蜜は、さらに別の蜂に受け渡されることもある。そして、また別の蜂へと、口移しで蜜がコロニー内に分配されていく。この一部は、成虫の働き蜂や幼虫の餌として消費されるが、残りは冬を乗り切るための貯蔵食糧として保存される。そのために蜜を加工するのも、これらの蜂の役目だ。巣の中の気温は、通常三十四〜三十五度に維持されているが、そのような場所で何か月も食物を保存することを考えてほしい。腐らせずに保存するのは、なかなか難しいことだ。しかし、ミツバチは私たちが肉や野菜を塩漬けにして保存食を作るのと同じ原理で、花の蜜の保存性を高めている。塩漬けが腐りにくいのは、高濃度の食塩が浸透圧という化学的な圧力を生じて、そこにいる微生物の細胞から水を吸い出し、生存や繁殖を難しくさせるからだ。塩漬けにした野菜などから水が出るのは、この浸透圧のためなの

図1・10　働き蜂による蜜の受け渡し（栄養交換）．左の個体がもっている蜜を，右の個体が受けとっている．

で、同様のことが細菌などでも起こると考えるとわかりやすい。浸透圧は、濃度が高いほど高まるので、ミツバチは、花の蜜を濃縮して浸透圧を高めることで、微生物の増殖を抑えている。

ミツバチが集めてくる花蜜の糖濃度は通常、二十〜六十パーセントであるが、働き蜂はここから水分を蒸発させて、最終的には糖度八十パーセント程度まで濃縮する。私たちは、缶ジュースを一缶渡されて、それを火も道具も使わずに半分の量に濃縮しろと言われたら、どれだけたいへんだろう。ミツバチは、この作業を蜜を少しずつ口器に出して水滴を作り、そこで水を蒸発させることでこなす。濃縮することで、蜜のかさも減るので、限られたスペースに巣を作るミツバチにとっては、一石二鳥というわけだ。

ハチミツの浸透圧を高めるのに、ミツバチは化学的な道具も使う。その道具の一つは、α-

グルコシダーゼという酵素だ。この酵素は集められた花蜜に添加されて、花蜜の主要な糖であるショ糖を、ブドウ糖と果糖に分解する。浸透圧は、溶け込んでいる分子の濃度で決まるので、一分子だった糖を分解して二分子にすることで、飛躍的に浸透圧を高めることができる。おもしろいことに、α‐グルコシダーゼは、ビーミルクを作る分泌腺として前に紹介した下咽頭腺（図1・9）で生産される。ただし、ミルクを作っている間はこの酵素は作られず、育児を終えて比較的歳をとってくると生産されるようになる。

もう一つ、別の酵素も、ハチミツの保存性を高めるために使われる。その酵素は、グルコースオキシダーゼと呼ばれ、α‐グルコシダーゼによって作られたブドウ糖を酸化して、グルコン酸という有機酸を作ったり、過酸化水素を作ることに関わる。じつは、ハチミツはかなり酸性（pH3.7程度）なのだが、それはグルコン酸などの有機酸が含まれているからだ。このような酸性条件は、多くの微生物の増殖を抑える。ハチミツが十分濃縮されるまでは、浸透圧による抗菌効果は期待できないが、そのような低濃度の蜜では過酸化水素の作用によって腐敗から一時的に守られる。

花粉詰め

ミツバチは、花蜜だけでなく花粉も餌として集めてくるが、花粉の場合は花蜜とちがい、集めた当の蜂が巣房に直接それを入れる。花粉は、採餌蜂の後脚に団子状にして巣へもち帰られ、適当な巣房を見つけた採餌蜂は、脚を花粉団子ごと巣房に差し入れ、別の足でしごくようにして、花粉団子を巣房へと落としていく。だから、採餌蜂が花粉を下ろしたばかりの巣房を見ると、団子状の花粉が二つ、ごろっと転がっ

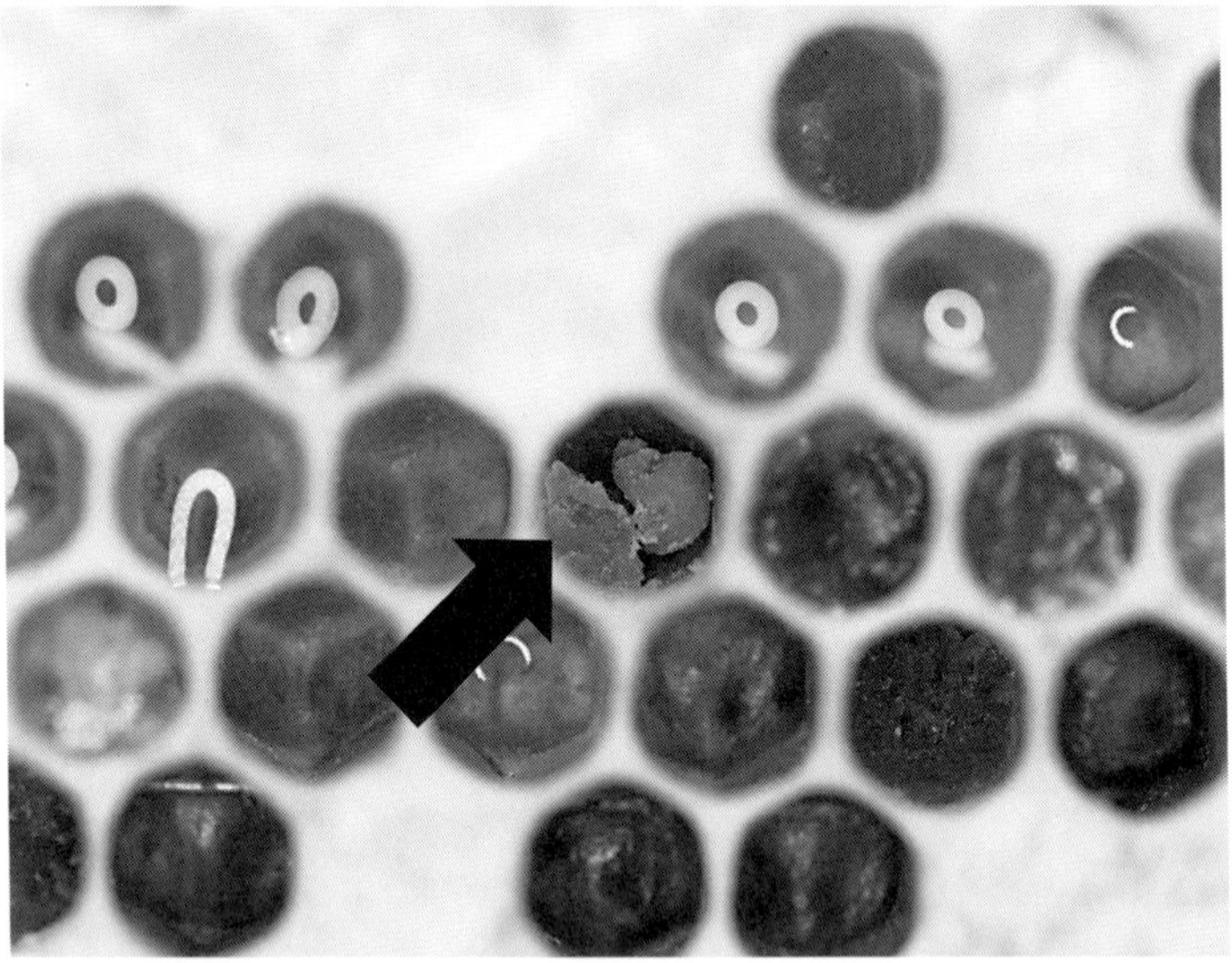

図1・11　花粉は，働き蜂の後ろ脚に団子状にまとめられて，巣へ運ばれる（上）．花粉採餌蜂は，もち帰った花粉団子を自分で巣房の中へ落とし込む．自分で巣房の中に落とされたばかりの花粉団子（下）．

図1・12　働き蜂の腹部にある蝋腺から分泌された蜂蝋（左）．この個体では，蝋がかなり厚くなっているが，通常はもっと薄い「鱗」のような状態の時に使われる．働き蜂は，この蝋の鱗を，脚で器用にとり，噛み砕いて巣を作る（右）．

ているのが見える（図1・11）。これを頭で押し込んで、巣房の奥に詰めるのが花粉詰めの仕事だ（口絵12）。

巣板建築

ミツバチの場合、巣板は働き蜂が分泌する蝋《ろう》（蜜蝋《みつろう》あるいは蜂蝋《はちろう》 beeswax）で作られる。働き蜂の腹部下面には、この蝋を分泌する蝋腺があり、腹板（ミツバチの腹部は、戦国時代の鎧のように、何枚かの板状の構造が重なってできている。腹側の板を腹板と呼ぶ）の間からは、薄い鱗のような蝋片が作りだされる（図1・12）。巣造りをする働き蜂は、この蝋片を脚で器用に口へ運び、噛み砕いて巣房の壁を作りあげる。

蜂蝋の原材料はハチミツだ。巣造りの蜂は、一キログラムの蝋を分泌するのに、その十倍近い量のハチミツを消費しなくてはならないので、ミツバチにとって蜂蝋はたいへん貴重なものだ。できるだけ蝋を節約しつつ、かつ巣板に必要な機能をもたせるために、巣房の形が六角形になったと考えられている。機能的には、巣房の形は丸（円筒）でよい。しかし、そのような形の巣房を寄せ集めて巣板

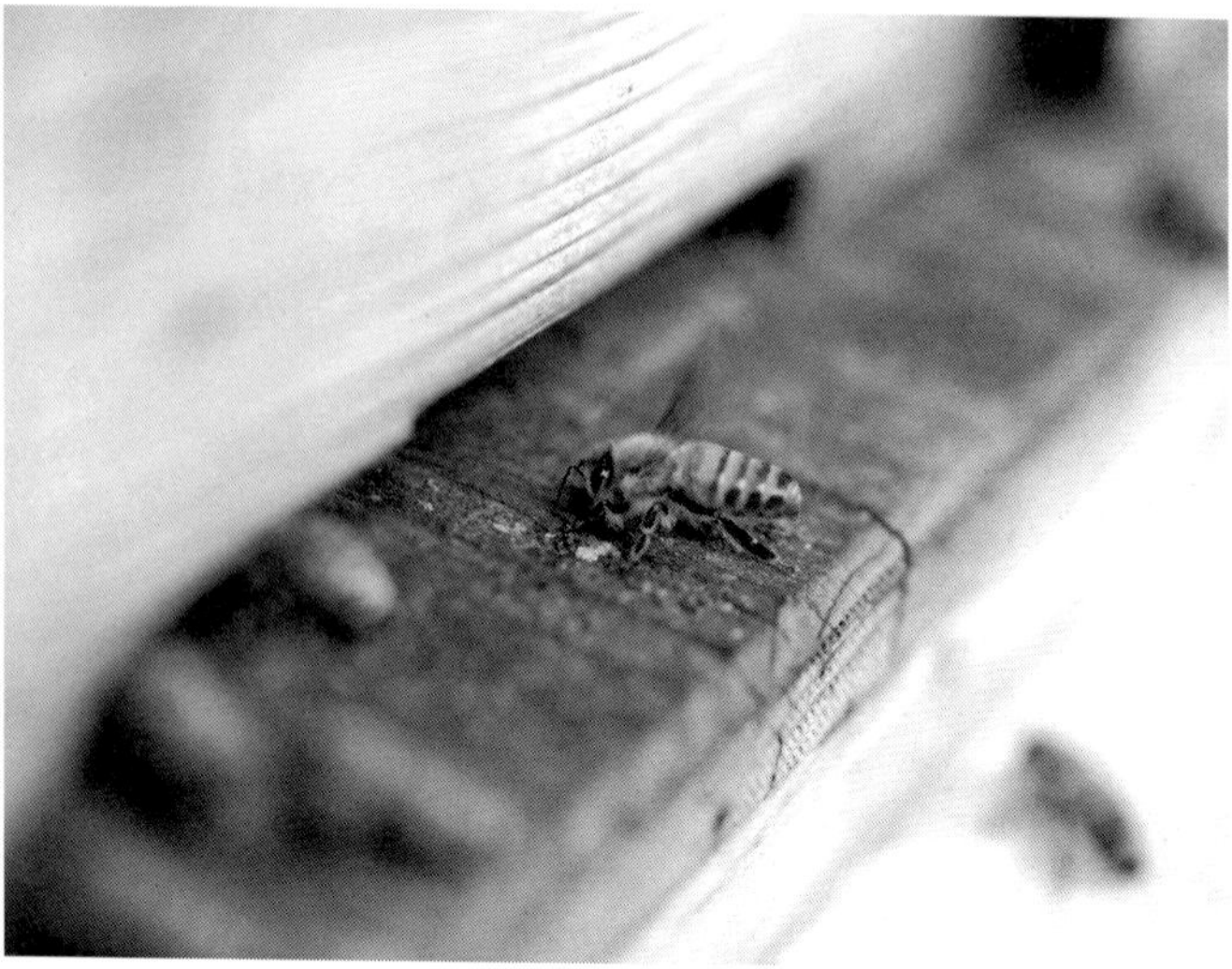

図1・13　巣門での扇風行動.

を作ると、巣房と巣房の間に空間ができてしまう。この空間を残しておけば、巣としての強度に問題がでるだろうし、蝋で埋めれば貴重な蝋を大量に消費することになる。六角形の巣房であれば、そのような隙間は生じないし、隣の巣房と壁や底を共有できるので、蝋をあまり使う必要がないのだ。巣板を実際に手にとってみれば、想像される重さよりもずっと軽くて驚くはずだ。この構造はハニカム（ミツバチの蜜巣板を意味するhoney combに由来する）構造として知られ、少ない材料で頑丈な構造を作ることができるので、飛行機の構造材や建築材料にも応用されている。

扇風・換気

前に述べたように巣内は一定の温度に保たれているが、季節によってはこの温度を越えてしまうことがある。そのような時に、働き蜂がとる行動にはいくつかパターンがあるが、その一つが扇風だ。夏の暑い日には、たくさんの蜂が巣門で翅を動かし、風を送っているのがよく見られる。これはよく統制された行動で、複数の蜂が扇風をする場合には、みな同じ方向を向いて風を送るし、すでに他の蜂によって作られた空気の流れがあれば、それに沿った方向に扇風をおこなう。おそらく、風の流れを感知して、それによって体の向きを決めているのだろう。巣門の外での扇風は、セイヨウミツバチの場合、かならず巣の外へ空気の流れを作るような形でおこなわれる。つまり、頭を巣門の方に向けて扇風するのだ（図1・13）。しかし、この習性は種によって異なり、日本在来のニホンミツバチ（トウヨウミツバチ）は頭を外に向けて、風を巣内へ送り込むように扇風する。

巣内の湿度や二酸化炭素濃度が著しく上昇した時にも、扇風はおこなわれ、巣内の換気に貢献する。

門番

人間の城や豪邸に門番がいるように、ミツバチのコロニーにも門番が存在する（図1・14、口絵7）。それは、コロニーの中にも貴重品が蓄えられているからだ。貴重品とはハチミツのことだ。自然界に、高濃度の糖液がこれほど大量に存在する例は他にないだろう。だから、さまざまな生物にミツバチのコロニーは狙われる。しかし、ミツバチがもっとも注意しなくてはならないのは、別の巣から来るミツバチかもしれない。野外に花のない時期になり、コロニー内の貯蜜量が減少してくると、ミツバチは蜜の匂いにひどく敏感になり、引き寄せられるようになる。もし、このような時に無防備な蜜巣板があれば、あっという間に何百という働き蜂がやって来て、蜜を運び去ってしまう。これは、蜂のいる巣に対しても起こるこ

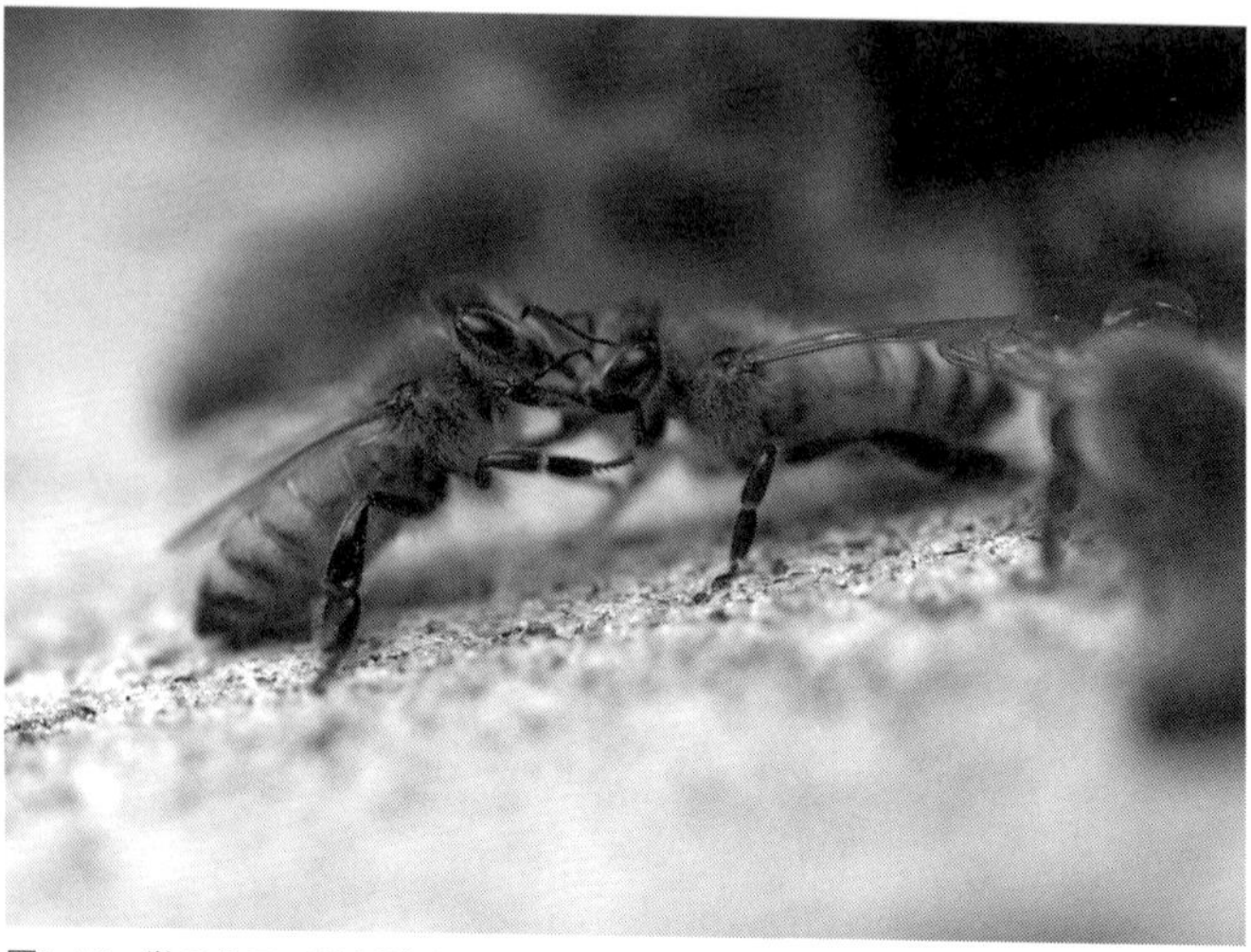

図1・14　巣の入口で他個体をチェックする門番．触角で体表の匂いを調べ，仲間でないと判断すれば，攻撃をおこなう．

とがある。他コロニーから来た採餌蜂の侵入を一匹でも許すと、その蜂は巣へ戻って、仲間の採餌蜂にひじょうに良い餌場を見つけたことを知らせ、その場所をダンスで伝えてしまう（ダンスによるコミュニケーションについては第7章で詳しく述べる）。その結果、多数の採餌蜂が、巣の貯蜜を狙って押し寄せることになり、こうなるとそれらの蜂すべての侵入を防ぐことは、なお難しくなる。このようにして、侵入者は雪だるま式に増えてゆき、巣の貯蜜はすべてもち去られてしまうのだ。この現象は、盗蜂と呼ばれ、門番の少ない小さなコロニーが被害に遭いやすい。門番の役割の少なくとも一つが、他巣からの侵入者を防ぐことであることは、いろいろな仕事をしている蜂に巣仲間とそうでない蜂を見分けさせるとよくわかる。門番は他の蜂に比べてより敏感に反応して、非巣仲間に対して攻撃行動を示すのだ（Breed et al., 1992）。

図1・15　集めた蜜は，蜜胃(矢印)という器官に入れて巣へもち帰る．

採餌

多くの人が、もっともよく目にするのは花で蜜や花粉を集めているミツバチだろう。採集された蜜は、蜜胃《みつい》と呼ばれる消化管の一部が袋状になった器官に貯められる（図1・15）。蜜胃と中腸の間には弁が存在し、エネルギーが必要なときはこの弁を開いて、蜜を腸に送るが、そうでないときには弁を閉じて花蜜を消化しないようにして保持できる。そうして、その蜜は巣にもち帰られて、コロニーの共有財産となる。だから、働き蜂の蜜胃はある個体の胃というよりも、コロニーという「社会の」胃であり、蜜を一時的に運ぶための入れ物だ。

花粉の採集はもう少し手間がかかる。まず、体にたくさん生えている毛を利用して、体表に花粉を付着させる。蜜をとる過程でついてしまう場合もあるし、たくさんの花粉がつくようにおしべの中を這いまわって集める場合もある。そして、たいていはホバリングをしながら、足を使って体中の花粉を拭い、最終的には後脚の外側にある「花粉かご」に団子状にした花粉を付着させてもち帰る（図1・16）。花粉かごとは、カールした

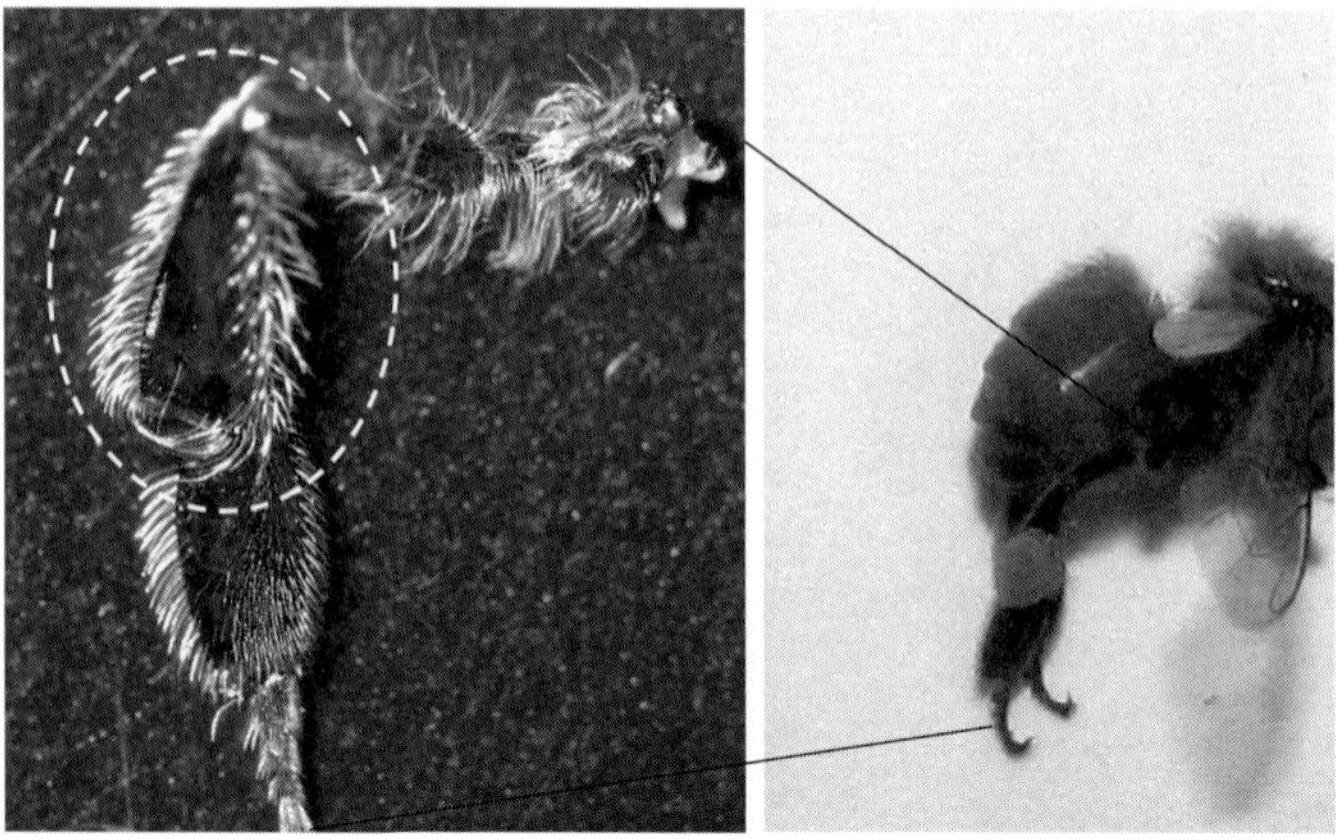

図1・16　花粉かごと呼ばれる剛毛でできた構造（点線内）．採餌蜂は，体についた花粉をホバリングしながら，後脚の花粉かごにまとめ，団子状にしてもち帰る．

毛でできた構造で、中央に太い毛が一本あり、働き蜂はこれを軸にして花粉団子を作る。しかし、団子を作る特別な構造をもっているからといって、それだけでは細かい粒状の花粉を団子にすることはできない。花粉採餌蜂は、ホバリングしているときに少量の蜜を吐き戻して、これを花粉に混ぜ込むことで粘り気をだし、団子としてまとめやすくしている。

ミツバチは、蜜と花粉の他に水と樹脂を集める。水をよく集める時期は、早春と盛夏だ（図１・17）。ミツバチは多くの花資源が利用できる春に向けて、かなり早い時期から働き蜂の幼虫を育て始めるが、この頃のコロニーの貯蜜は、長期保存用のひじょうに濃いものしかない。このような濃い蜜は、たいへん浸透圧が高いため、幼虫に与えるときには水で薄める必要がある。早春には餌を薄めるための水を集める蜂が、巣の近くの水場で見られる。気温の高いときにも、温度調節のために水の採集が盛んになる。集めた水を巣の中で蒸発させることにより、気化熱を利用して

図1・17　ミツバチの採餌蜂は，巣を冷やすためあるいは，幼虫の餌としてハチミツを薄めるために，水を集める.

巣の内部気温を下げるのだ。花蜜を濃縮するときのように、吐き戻した水を口器のところで揮発させることもするだろうし、吐き戻した水滴を巣房の天井からつり下げるようにして付けていく行動も知られている。昔の日本人は暑い夏をのり切るのに、庭や路地に打ち水をして気温を下げたが、ミツバチがコロニーの中で用いているのも、それとまったく同じ仕組みの冷却術だ。

セイヨウミツバチは、植物の新芽などから分泌されるベタベタした樹脂（図1・18）を集めてきて、巣の内側の壁に塗りつけたり、巣内の小さな隙間を塞いだり、巣材の蝋に混ぜて、巣の強度を増加させたりする。このような、ミツバチが巣内で利用する植物の樹脂は、プロポリスと呼ばれる。プロポリスの原料となる樹脂は、植物が病原菌や食植者、あるいは紫外線から新芽などを保護するために分泌している物質で、抗菌作用をもっていることが知られている。そのような物質を巣内に塗りつけることで、巣内での病気の発生を防いでいるのだろう。プロポリスも花粉と同じように後脚に団子状にしてもち帰るが、花粉とちがいたいへん粘着性が高いので、自分では後脚から外すことができない。プロポリスが使用される巣の部位には、プロポリス採集

図1・18　セイヨウミツバチはポプラ等の新芽が分泌する樹脂を集め，巣にもち帰る．これはプロポリスと呼ばれ，巣内の隙間を埋めるのに使われるだけでなく，衛生環境を保つためにも一役かっているといわれている(上)．樹脂は，花粉同様，後脚につけてもち帰られる(下)．

蜂の脚からプロポリスを回収する役目の蜂がいる。しかし、プロポリスを採集した蜂も、他の蜂の後脚からプロポリスを回収する仕事をおこなうので、プロポリスに関しては採集と回収の仕事は、はっきりと分業されていないのではないようだ（Nakamura & Seeley, 2006）。

死体捨て

ミツバチの働き蜂の寿命は、通常三十〜四十日である。ほとんどの働き蜂は採餌中に死亡するので、巣の中で死体を見ることはあまりないが、巣内で寿命を終える蜂もいる。数が少ないとはいえ、そのような蜂の死体を放置しておくのは、衛生上好ましくない。もしかしたら、伝染病の最初の犠牲者なのかもしれないのだ。ミツバチのコロニーでは、そのような死体は、すみやかに巣外へもち出される。死体捨ての係は、死体を咥えて飛び立ち、巣の外おそらく数メートルから数十メートルの場所まで運んで捨てる（図1・19）。死体捨ての蜂は、巣の中の死体だけではなく、巣の周辺に落ちている死体も遠くへ運ぶ。巣の近くをゆっくり低く、何かを探すように飛んでいる蜂がいたら、それは死体捨ての蜂だろう。

グルーミング

衛生行動とされている行動の一つに、グルーミングがある。サルの仲間などでよく知られている毛づくろい行動だ。ただし、ミツバチの場合は大顎（口）を使って、他個体のグルーミングをおこなう（口絵8）。自分自身の毛づくろいをすることもよく観察できるが、当然届かないところもある。そのような場

図1・19　死体捨てをおこなう働き蜂.

所は、他の個体にお願いする。一部の働き蜂は、グルーミングを専門におこなうので、そういう蜂が来てくれれば、届かない場所をグルーミングしてもらえる。さらに、働き蜂はもっと積極的に周りの蜂にグルーミングを要求することもできる。しばしば働き蜂がみせる体全体を激しく揺するような動きは、グルーミング要求ダンスと呼ばれ、周囲の蜂にグルーミング行動を引き起こす。たいていの場合、このダンスが踊られ始めると、数秒の間にすぐ隣にいた働き蜂のうちの一匹がダンスに反応してグルーミングを始める。しかし、ダンスを踊ってもなかなかグルーミングをしてもらえない場合もある。どのような個体あるいは状況だとグルーミングがされやすいのかはまだよくわかっていない。

サルなど脊椎動物では、グルーミングには寄生虫やゴミの除去などの機能の他に、個体間の関係を良好に保つという重要な働きがある。ミツバチでもそのような機能があればおもしろいのだが、今のところ純粋な衛生行動と位置づけられている。

日齢と分業

ここまで述べてきた以外にも、働き蜂がおこなう仕事は存在するのだが、だいたいミツバチのコロニーで何がおこなわれているか把握できたかと思う。これらの仕事は、分業されておこなわれるが、働き蜂は一つの仕事に専念するわけではなく、いくつかの仕事を掛けもちでおこなうことが多い。そして、その仕事を日齢（働き蜂は寿命が一か月程度と短いため、歳を日数で数える）によって変えていく。すなわちこんな具合だ。まず、羽化したばかりの働き蜂は、巣房の掃除をおこなう。この時は他の仕事を掛けもちすることは少なく、掃除だけをおこなうことが多い。三日齢くらいになると、育児を中心として、育児巣房の蓋掛けや女王の世話をするようになる。これらの仕事をしばらくおこなった後、十二日齢くらいから蜜の受けとり・加工や花粉詰めなどをする。個体によっては、この後門番をするものもいる。そして多くの個体は、二十日齢以降に、巣を出て採餌をおこなうようになる。働き蜂の一生は通常一か月程度なので、これが最後の仕事になる。このように、日齢によっておこなう仕事を変えていくことを日齢分業という（図1・20）。ただし、扇風やグルーミングのように、あまり日齢と関係なくおこなわれる仕事もある。

なぜミツバチは、一つの仕事だけをするではなく、一度にいくつもの仕事を掛けもちするような中途半端な分業の仕方をしているのだろうか？　一つの仕事に専念した方が、より仕事に熟練することができて、

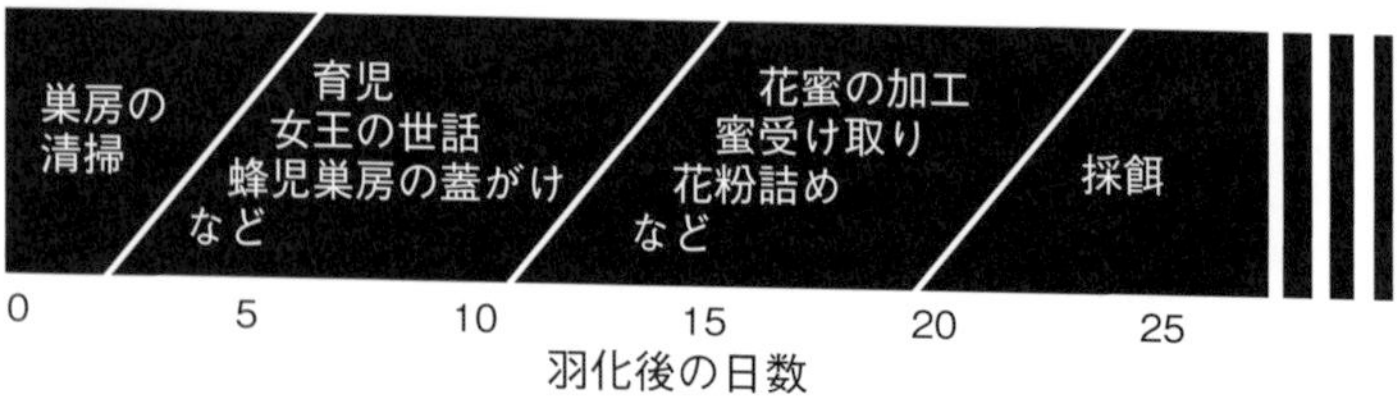

図1・20　働き蜂の日齢分業についての模式図．日齢と仕事の種類の関係は個体差が大きく，コロニーの状態によっても変わってくるため，ここに示した日齢は絶対的なものではない．

作業効率は上がりそうなものだ。彼女らがそうしないのは、仕事を細かく分業してしまうと、その仕事に出会う確率が下がってしまうからではないかと考えられている。一つの仕事の専門家になってしまうと、その仕事を探している時間が長くなり、むしろ仕事の効率は悪くなってしまうおそれがある。だから、ミツバチは大雑把な分業しかしていないというのだ（スィーレイ、一九八九）。

巣の構造と分業

ミツバチは、巣の中心部で羽化し、加齢に伴って巣の周辺部へと移動していく。この移動と分業、あるいは日齢による仕事の変化とは、ひじょうに密な関係がある。巣の部位によって見つかる仕事がちがうからだ。このことを理解するために、ミツバチの巣の利用様式について説明したい。

ミツバチの巣板は、巣の中での相対的な位置によって利用のされ方が異なる。女王は、巣の中心部に卵を産む性質があるので、中心部の巣房は育児に利用される。卵や幼虫、蛹をまとめて蜂児といい、それらが存在する巣の中央部の区域を蜂児圏と呼ぶ。巣の周辺部には蜜が貯められ（貯蜜圏）、花粉

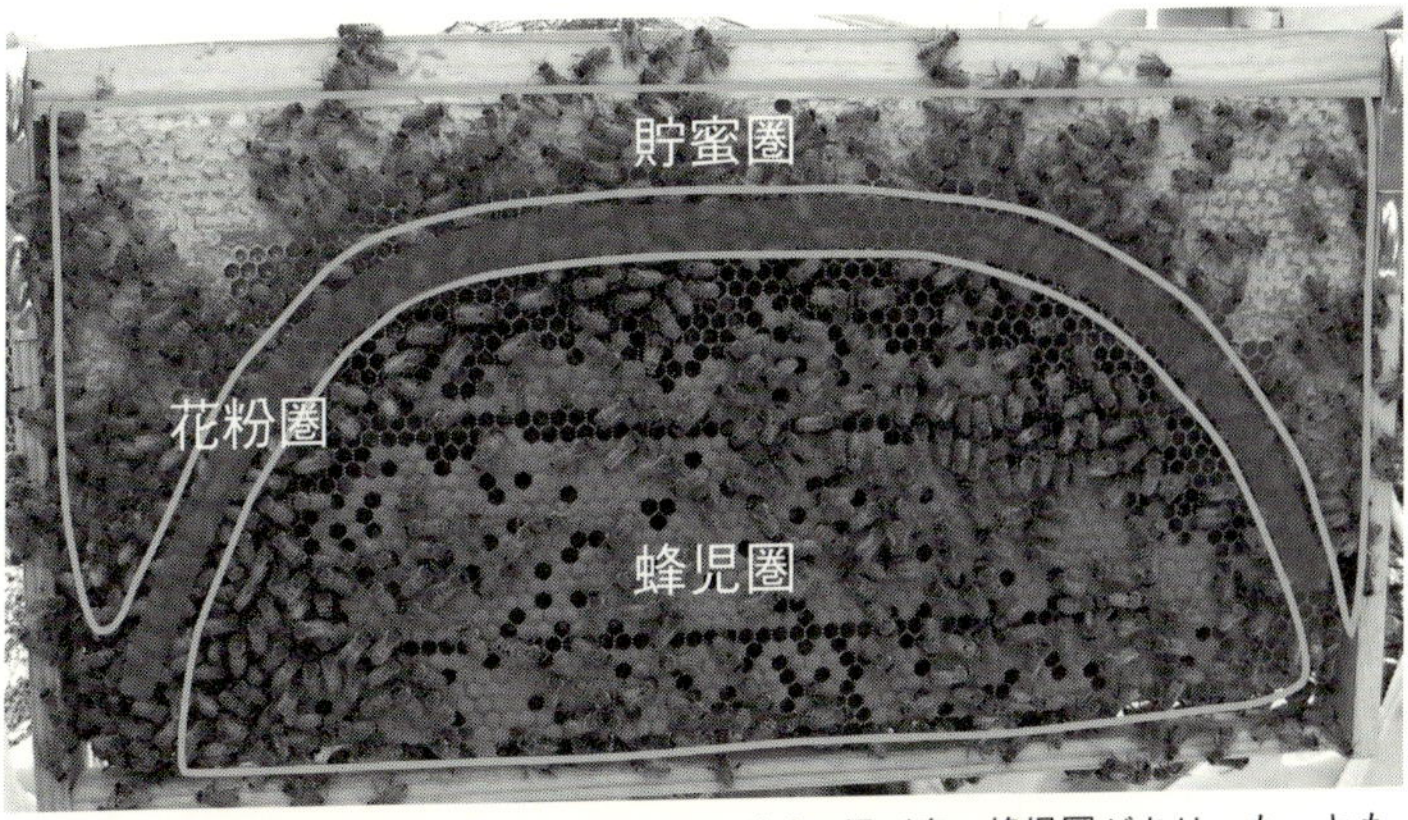

図1・21　巣板利用のパターン．中心部に卵・幼虫・蛹が育つ蜂児圏があり，もっとも外側（少し上寄りになることが多い）にハチミツを貯蔵している貯蜜圏が，その間の帯状の区域に花粉が貯蔵された花粉圏が形成されるというのが典型的なパターン．

は蜂児圏と貯蜜圏の間に貯蔵される、というのが典型的なミツバチの巣の利用様式だ（図１・21）。巣がこのような構造になっているので、働き蜂は中心部で羽化する。そこでは他の働き蜂も羽化するので、羽化後に空になった、すなわち掃除が必要な巣房には事欠かない。もちろん、まだ世話の必要な若い幼虫もたくさんいるので、育児の仕事も簡単に見つかる。羽化した後すぐに育児に従事しないのは、幼虫の餌を分泌するのに必要な分泌腺がまだ発達していないからだろう。この辺りには、産卵をするために女王が滞在しているので、女王の世話もすることができる。一方で、巣の周辺部にはあまり産卵されないので、このような仕事は少ないが、花から集められたばかりの薄い花蜜が運び込まれてくるので、これを受けとったり、濃縮・加工したりする仕事はたくさんある。このように巣の部位によって、見つかる仕事が異なる。

そして、働き蜂は、日齢を経るごとに巣の外側へと移動していく傾向がある。巣の中心部で羽化し、しばらく

図1・22　カマキリに補食されたミツバチ（左）．クモの糸にかかったミツバチ（右）．採餌は危険な仕事であるため，歳をとった残りの寿命が短い働き蜂が担当する．

蜂児圏ですごした後、巣の周辺部に移り、巣門へ行き、そして最後に巣外へ飛行するようになる。この大きな流れに従って、それぞれの区域で見つかる仕事をするのが、働き蜂の日齢分業だ。

日齢分業の利点

ワーカー（蜂であれば働き蜂）間の日齢分業は、アリや真社会性アブラムシなど他の社会性昆虫種でも見ることができるが、ミツバチと同じように若い個体が巣内の仕事（内勤）を、歳をとった個体が採餌（外勤）をおこなう場合が多い。これは、危険な仕事を後回しにすることで、コロニーがワーカーという労働力を温存できるからだと考えられている。社会性昆虫の巣の中は、気温や湿度が安定していたり、外敵から守られていたりと、巣外よりも安全で、巣内にいる個体の死亡率は通常かなり低い。しかし、巣外で仕事をすれば、突然の雨や低温、あるいは捕食などのたくさんの危険に遭遇することになる（図1・22）。そのような危険な仕事によって若い個体を死なせてしまえば、それらの個体がその後コロニーに提供するはずだった労働力が失われてしまう。それよりは、すでにコロニーに十分貢献した、すなわち歳をとった個体にそのような危険な活動を任せた方がよい、ということのようだ。

分業システムの柔軟性

ここまでの説明では、働き蜂はスケジュールどおりに仕事を変えていくようプログラムされたロボットのようなものだと思われた方もいるかもしれない。しかし、実際の日齢分業は、もっと可塑性に富みしなやかだ。一匹の働き蜂は、先ほど述べた仕事を必ずしもすべてこなすわけではなく、途中の段階を飛ばす者もいる。たとえば、蜜の受けとりをしていたものが、巣門での仕事をおこなわずに採餌をする、というようにだ。ある仕事の必要性が増すと、基本的なスケジュールを大幅に変更して、その需要に応えるということもよく知られている。通常の状態では、働き蜂が採餌を始めるのは羽化後二十日以降だが、何らかの原因で、採餌蜂が大幅に足りなくなった時には、羽化後数日の若い蜂が採餌蜂として動員され、この不足を補う。逆に、育児蜂が少ないようなときには、通常採餌をおこなうような日齢になっても、育児を続ける場合がある。コロニーの状況によっては、日齢によるスケジュールを逆行するようなことも起こる。実験的に育児蜂をとり除くなどして、急に育児蜂が不足すると、採餌蜂だったものが下咽頭腺をミルクが作れるように再び発達させ、育児蜂になるのだ。このように、働き蜂の分業は日齢によって基本的な進み方が決まっているものの、それを仕事の需要に合わせて変えられる、ひじょうに可塑的なものだ。

リーダーをもたない不思議な社会

コロニーの中の誰がどの仕事をするのかについての指示は、誰がだしているのだろうか？　それは当然女王だろうと思われるのも無理はないが、そうではない。女王という名がついているものの、この個体がコロニーを統率しているわけではないのだ。女王はコロニーの産卵装置であると考えた方が、実際の働きに近いかもしれない。

では、いったい誰が働き蜂に指示を与えているのか？　じつは、ミツバチなどの社会性昆虫のコロニーには、全体の状況を把握してコロニーメンバーに指示をだすリーダーのような個体は、どこにも存在しない。だれも巣内の全貌を把握しておらず、働き蜂一匹一匹が、目の前にある状況に簡単なルールで反応しているだけなのだが、全体としてはうまく機能するようになっている。

これが私たちの社会とはまったくちがう点で、なかなか感覚的に理解しにくい。私たち人間の組織には、全体の状況を把握して、組織のメンバーに指示をだすリーダーが存在するのがふつうだ。会社であれば、トップには社長が、各部署には部長や課長がいて、部下に指示をだすことで、組織として目標に向かうことができる。特定の個人が判断を下していなくとも、少数の代表者が会議などで意見をまとめて、集団の方針を決めるようなことが多い。各人がそれぞれの判断で動いていると、なかなかうまくいかないのが私たち人間だ。ところがミツバチなどの社会性昆虫は、トップダウン的な指示系統がなくともコロニーメンバーが協調できるような、単純だが巧妙な「仕組み」を作りだすことに成功している。

コロニーの中での仕事の分担については、刺激への反応性＝仕事の始めやすさが個体によって異なることを仮定する「反応閾値モデル」という考え方で説明されることが多い。仕事が少ないときには、反応性の高い一部の個体だけが仕事をするが、たくさんの仕事が生じたときには、反応性の低い個体もその仕事をすることで、需要に応じた数の個体が仕事に従事するというモデルだ（コラム「リーダーなしで適切な判断をする」参照）。

このような、集団を構成する要素が単純なルールに従うだけで、全体として複雑なパターンを作りあげていく過程は、自己組織化と呼ばれている。ミツバチでは、巣板のパターンが作られるときの自己組織化過程もよく研究されている。この過程は興味深いが少々複雑なので、コラムにまとめてみた（「巣板パターンの形成」）。

コラム　蜂たちの一年

気候区分のうち温帯にあたる地域には四季があり、冬という昆虫の生息に適さない季節が周期的に巡ってくる。この冬をどのように乗りきるかが、こういった地域に生息する昆虫にとっては大きな問題だ。

コロニーを作る社会性の蜂でも、スズメバチやアシナガバチ、マルハナバチとミツバチでは、冬を乗りきる方法が異なる。

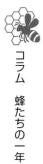

スズメバチやアシナガバチ、マルハナバチのコロニーは単年性といって、一年間しか存続しない。春に越冬から目覚めた女王は、一匹で巣を作り始める。この頃の女王は、巣作りだけでなく、採餌も育児もすべての仕事を一匹でこなす。働き蜂が生まれてはじめて、女王は産卵に専念できるのだ。その後は、働き蜂の力を借りてコロニーを大きくし、次世代を担う新女王やオスを作りだす。こういった蜂のコロニーは冬が来る前に滅び、コロニーの女王や働き蜂、オス蜂はすべて、越冬せずに死んでしまう。新女王だけが、オス蜂と交尾を終えた後に越冬して次の春まで生き延びるのだ。春にはそのような新女王がコロニーを作り始め、新しいサイクルが回る。

一方、ミツバチのコロニーは周年性で、冬の間もコロニーは存続し、働き蜂がいなくなる時期というのがない。冬にはコロニーは休止状態となり、蜂たちは巣に蓄えられたハチミツを食料にして、春がやってくるのをじっと待つ。暖かくなれば、コロニーはまた活動を再開する。つまり、ミツバチのコロニーは、たくさんの働き手をもった状態でスタートするのだ。だから、早春から大量の餌を集めることができ（図コラム①）、コロニーが大きくなるのも早い。

春から夏にかけては、ミツバチのコロニーの生育期だ。次々と咲く花から花粉と蜜を集めて、働き蜂を育て、越冬のため縮小してしまったコロニーを大きくする。働き蜂の数は、越冬時の数倍にもなり、それらが多量の花蜜を集めるので、巣内のハチミツ貯蔵量も増加する。

この時期は、ミツバチの繁殖期でもある。十分に大きくなったコロニーは、二つに分かれることで、新しいコロニーを生みだす。新しいコロニーにも女王が必要なので、コロニーは巣分かれをする前に、新女王を育てる。ミツバチの場合、この新女王が巣を受け継ぎ、それまでいた女王（旧女王）が働き蜂の半数と共に巣から出て行き、新しい巣を建築する。この巣分かれのことを分蜂《ぶんぽう》という。この時期には、オス蜂

図コラム① 雪の残る早春にウメを訪花するセイヨウミツバチの働き蜂.

も育てられており、交尾場所に飛んで行き、新女王蜂との交尾を試みる（分蜂や交尾、巣の相続に関しては、第4章で詳しく説明する）。

ミツバチコロニーは春に大きくなった後、働き蜂が入れ替わりつつ（歳をとった蜂が死に、新しい蜂が生まれてくる）、冬まで続く。その間も働き蜂による採餌は続くが、春のように餌が大量に獲得できることは少なく、コロニーが消費する分もあるので、かならずしも貯蜜が増えるとはかぎらない。たいてい貯蔵していたハチミツを消費しつつ、だんだんとコロニーは縮小していく。

冬になると、女王は産卵を止め、コロニーの活動はほぼ停止する。働き蜂は巣の中に留まり、飛行もほとんどおこなわない。蜂たちは冬の間、巣に蓄えたハチミツを少しずつ消費して生き延びる。コロニーが春まで生き延びれば、そこからまた新しいサイクルが始まる（図コラム②）。

図コラム② 冬の間に巣内の貯蜜を食べつくし，餓死したコロニー．最後まで生き残っていたと思われる働き蜂たちの中心で女王が見つかった(矢印).

コラム　蜂を飼うための道具

人類は古代から養蜂をおこなってきたため、ミツバチの飼育道具には、他の昆虫では考えられないような多様な道具が揃っている。ここでは、そういった養蜂具の一部を紹介したい。

面布《めんぷ》（図コラム③左上）

巣箱を開けて作業するときに、蜂の刺針から頭と顔を守るための網。

燻煙器《くんえんき》（図コラム③右上）

働き蜂の攻撃性を抑えるために、巣箱を開けて作業するときには、蜂に煙を吹きかける。そのための煙を作りだす道具。金属製の胴の中で、落ち葉や紙、布などを燃やして煙を作る。ミツバチに煙をかけるとおとなしくなることは古くから知られていたようで、東南アジア等で現在でもおこなわれているハニーハンティング（野生のミツバチの巣からハチミツを収穫する伝統的な方法）でも、松明《たいまつ》等で煙を作り、蜂を追い払う。

セイヨウミツバチの養蜂では燻煙器を使うのがスタンダードだが、ニホンミツバチに煙は刺激が強すぎるようで、通常この道具は使用しない。

図コラム③　面布(左上)，燻煙器(右上)，ハイブツール(左下)，給餌板(右下)．

図コラム④　隔王板は，働き蜂は通れるが女王は通れないサイズの柵 (a)．養蜂家は，ハチミツを生産するときに，2段の巣箱の間に隔王板を挟み，女王を下段に閉じ込める (b)．そうすることによって，ハチミツだけが貯められた (蜂児のいない) 巣板を作ることができる．私の実験では，プラスチック製の隔王板を巣門にとり付け，女王に飛行させせないようにした(c)(第5章 参照)．

ハイブツール（図コラム③左下）

　ハイブ（hive）はミツバチの巣箱のこと。何の変哲もないように見える金属のヘラだが、ミツバチの飼育作業には欠かせない。巣箱の蓋や巣枠は、プロポリスという植物由来の樹脂（二十九頁 参照）や蝋で固められて動かないことがある。そのような場合には、この道具をてこのようにして使って引きはがすことが必要になる。巣枠の外に作られてしまった巣をとり除くためにも用いる。

巣箱と巣枠

　セイヨウミツバチは、ラングストロース式と呼ばれる寸法の統一された巣箱と巣枠で飼育されるのが一般的だ。これは十九世紀にアメリカのロレンツォ・ラングストロース氏が開発した規格で、現在では世界中で採用されている。同じ規格の巣箱・巣枠を用いることで、巣箱間で蓋や巣枠を交換することが可能になる。その他の道具も、この規格に合うように作られている。

給餌板《きゅうじばん》（図コラム③右下）

ミツバチは基本的に自分たちで餌を集めて自活しているが、花の少ない時期には砂糖水を給餌する必要がある。そのような場合に砂糖水を入れるための箱。

隔王板《かくおうばん》（図コラム④）

働き蜂は通れるが、女王は通れないサイズの柵。通常、二段にした巣箱の上段と下段の間に挟み、女王が産卵できない区域を作るために使われる。ハチミツ生産をする場合には、この道具を使って上段に女王が産卵しないようにして、ハチミツだけを巣板に貯めさせる。実験でも、これを巣門にとり付けて女王が交尾飛行に出られないようにしたり、女王の行けない区域を作るのによく使われる。

コラム　リーダーなしで適切な判断をする

社会性昆虫のコロニーが生存していくためには、さまざまな仕事をこなさなくてはならないが、その仕事の量は日夜変動している。たとえば、平和な時には門番はあまりいなくてもよいが、敵の襲撃があれば、防衛に関わる個体を増やさなくてはならない。逆に、平和な時に多くの個体が防衛関係の仕事をしていれば、餌集めが十分おこなえず、コロニーは飢えてしまうかもしれない。このようにコロニーは、需要に応じてメンバーに仕事を割り当てる必要がある。コロニーのメンバーは、自分がいま何をすべきなのかをどのようにして知るのだろう? トップダウン式の指示系統をもたない社会性昆虫のコロニーが、仕事の需要に応じて働き手の数を調整する仕組みとしてよくもちだされるのが反応閾値モデルだ。

このモデルでは、個体はある強さ以上の刺激に出会ったときに、特定の仕事を始めると考える。仕事がおこなわれると、刺激は減少する。仕事を始めさせるぎりぎりの刺激の強さを閾値という。

たとえば、部屋の中が散らかっているというのが「刺激」だ。ある程度散らかっていれば、部屋を片づけたくなるだろう。刺激があなたのもっている閾値を超えたので、あなたは片づけという「仕事」をしたくなったのだ。あなたがこの仕事をすると部屋は片づき、刺激は減少していく。すると、刺激が閾値を下回り、あなたはこれくらいでいいかと思って、仕事をやめる。しかし、いつの間にか部屋には物が散乱していくもので、この仕事をしないでいると、「刺激」はだんだん大きくなって、また片づけをしたくなる。これが、仕事に関する「刺激」と「閾値」の関係だ。

そして、個体によって「閾値」は異なる。あなたが片づけをしたくなる散らかり具合と、別の人が片づけをしなくてはと思う散らかり具合はちがう。きれい好きな人は、少しでも散らかっていると片づけたくなるし、もっと散らかっていても平気、という人もいる。

反応閾値モデルでは、社会性昆虫のコロニーも閾値の異なる個体からなっており、閾値の低い個体から仕事をおこなうと考える。たとえば、何らかの原因で巣内に汚れが発生した場合には、閾値の低い個体からこの仕事をおこなう。汚れが小さければ、少数の個体がこの仕事をするだけで刺激をとり除くことができ、閾値の高い個体はこの仕事をすることはない。ところが、汚れが大きい場合には、反応閾値の低い個体だけでは刺激をとり除くことができず、比較的閾値の高い個体もこの仕事をするようになる。その結果、汚れがとり除かれていくにしたがって、刺激は低下し、今度は閾値の高いものから、この仕事を止めるようになる。このようにして、誰の指示がなくとも、必要なだけの個体が仕事に従事する、というのが反応閾値モデルの基本的な考え方だ。

コラム　巣板パターンの形成

巣板のパターン形成の過程については、スコット・カマジン博士がコーネル大学にいた頃におこなった研究が有名だ（Camazine, 1991）。ここでは、その研究成果をもとに、巣板のパターンがどのような仕組みで形成されてくるのかを簡単に紹介する。

ミツバチの巣板は、中心部に蜂児が育てられる蜂児圏があり、その周りに帯状の花粉圏、そしてもっとも外側に蜜が貯められ蜜圏を形成している。これが巣板利用の典型的なパターンだ（図1・21）。このようなパターンをもつことによって、蜂児をもっとも温度の安定している中心部で育てることができ、しかも蜂児が集中して存在するために、育児蜂による世話が効率よく行き届くという、適応的な意義がある。さらに、蜂児圏のすぐ外側に花粉が存在するため、育児蜂は幼虫用の餌を長い距離を移動せずとも手に入れることができる。

このような巣板のパターンは、女王が働き蜂に指示して作らせるわけでも、働き蜂が最初から意図して作るわけでもない。働き蜂が、計画的にこのようなパターンを作っているのではないことは、野外で採集された蜜と花粉が空の巣板に、どのように貯められていくのかを記録するとよくわかる。蜜も花粉も、ランダムな位置に運び込まれ、けっして初めから蜜や花粉が決まった場所に貯められるのではないのだ。しかし、時間がたつと、蜜が外側に、その内側に花粉が貯蔵されるという典型的な巣板のパターンができあがる。

巣板のパターンは、蜜や花粉といった餌がどこに運び込まれるかではなく、どこに貯められた餌が食べられやすいかで決まる。このことは、巣板のどこに幼虫がいるのかということと関係が深いので、まず、蜂児圏がなぜ中心部に作られるか、から説明していきたい。

蜂児圏が巣板の中心部に作られるのは、女王の産卵ルールによるところが大きい。女王は、空の巣板が与えられると、その中心部に比較的集中して産卵する傾向がある。そのために、時間とともに蜂児圏は巣板の中央から外側に向かって広がっていく。

一方で、巣板の周辺部の巣房には、野外から運び込まれた餌が蓄えられていく。卵のある巣房に餌が貯められることはないし、花粉と蜜は異なる巣房に貯蔵される。ミツバチは、通常花粉よりも花蜜をずっとたくさん集めるので、産卵された巣板の中央部をのぞいて、巣板の大部分は蜜で埋まっていくことになる。花粉もランダムな位置に運び込まれるが、その量は多くはない。しかも花粉の消費速度は速いので、花粉が消費されて空きになったところは、蜜が運び込まれることが多い。そのようにして、蜂児のいないところは蜜で埋まっていくのだ。この段階で、中心部には蜂児圏が、その外側には貯蜜圏がある、というようにパターンが大まかにできてくる。

では、貯蜜圏と蜂児圏に挟まれた帯状の花粉圏はどのようにしてできてくるのだろうか？　典型的な花粉圏のパターンが作られるためには、育児蜂による巣房からの餌のとり出しのルールが、重要な役目をはたす。

育児蜂は、蜂児圏で幼虫の世話をしているが、幼虫に与えるための餌が必要になると、巣房に蓄えられている蜜や花粉をとりに行く。そのときに、育児圏の近くに餌があるのであれば、それらを使うというルールに従って行動する。このルールによって、蜂児圏の近くに貯められた蜜や花粉はすぐに消費されるので、蜂児圏の周りの巣房には空きができることが多い。巣板の他の部分は、すでに蜜で埋まっているので、花粉はこの蜂児圏の周りにできた空き巣房に運び込まれる。このようにして、この帯状の区域に、花粉の貯蔵ができるのだ。

カマジン博士は、コンピューターシミュレーションを使って、典型的な巣板パターンが「自動的に」できてくるためには、（一）女王が集中的に（巣板中央部にまとめて）産卵すること、（二）働き蜂が巣房に貯められた餌を食べるときに、蜂児から遠く離れた巣房よりも蜂児に近い巣房から食べる傾向があること、（三）蜜および花粉の巣への搬入速度と消費の速度が自然条件で見られる値に近い（搬入された花粉のほとんどが消費されるが、蜜はそれほど消費されず、花粉より蜜の方がたくさん搬入される）ことが重要であることを突きとめている。ミツバチは、（一）や（二）のような性質を進化させることで、誰も指示を出さなくとも、適応的な巣板のパターンが出来上がってくるようなシステムを獲得したのかもしれない。

第2章

巣仲間認識

―まとまりを保つ仕組み

超個体の免疫機構

第1章で述べてきたように、ミツバチのコロニーでは多くの仕事が分業されていて、個々の個体がおこなう仕事は、コロニーが存続するために必要な全仕事のほんの一部でしかない。しかし、個々が自分の役割をまっとうすることで、コロニー全体としてはうまく機能できるので、コロニーを一つの個体のようなものとして見る考え方が古くから存在する。つまり、女王やオスは、コロニーの中で生殖を担当する生殖器官のようなものだし、花蜜をハチミツに変える酵素を作っている働き蜂は、消化酵素を分泌する消化管の細胞のようなものだ、という考え方だ。実際には、コロニーは多くの個体が集まってできているので、コロニーを個体の上の単位であるという意味で、超個体と呼ぶ人もいる。

ある仕組みがうまくできていればできているほど、その仕組みの中に入り込むことで得られる利益は大きくなる。生物の個体は、とてもよくできている仕組みをもっているので、それを利用して増殖しようとする生物が存在する。それは、病原菌を含む、大きな意味の寄生者だ。個体は、体内に寄生者が侵入しないようにするために、免疫のような自他を識別し異物を排除する仕組みをもっている。同様に、社会性昆虫のワーカーは巣仲間認識機構と呼ばれる仕組みにより、巣の仲間と他の巣の個体を識別し、外敵の侵入を防ぐ。

ミツバチに出会ったばかりの学生だった私が、最初に興味をもったのは、この巣仲間認識に関する現象だった。その頃の記憶から話を起こしていきたいと思う。

ミツバチとの出会い

研究者でない一般の人に、自分がミツバチの研究をしているというと、「子どもの頃からミツバチが好きだったんですか?」という反応が返ってくることが多い。研究者というものは、ずっと好きだった対象を追い求めて、ついには学問の道に入った人というイメージがあるのだろう。たしかに、子どもの頃からの虫好きでそれが長じて昆虫学者になっている人もいる。あるアリの研究者は、幼少の頃両親が「あの子は社会性がない。将来は大丈夫だろうか…」と話しているのを偶然耳にし、「社会性ってなんだろう?」と思ったのが、社会性昆虫であるアリの研究を始めたきっかけだったそうだ。そのようなエピソードをもっている人を羨ましく思うのだが、私の場合はそうではなかった。虫好きの子どもではあったが、とくにミツバチに関心があったわけではなく、むしろ偶然が重なって、この研究対象に出会った感じだ。

最初の転機は、大学入試だった。その頃から、うっすらと将来は動物の行動や生態を研究する研究者になりたいと思っていた私は、はじめは生物学科がある理学部を志望していた。しかし、あまり試験勉強をまじめにできなかった私の学力では、どの大学の理学部も入学は難しいということが、そのうちにわかってきた。試験勉強をもっと頑張ればよかったのだが、どうしてもそれはできず、より安易な解決策に流れた。すなわち、より入学しやすい農水産学系学部の受験に切り替えたのだ。そうして決めた第一志望の大学は、模試の結果では八割方は合格、という判定だった。しかし、入試本番で数学の問題が解けず、不合格。あとで冷静になってわかったのだが、掛け算と足し算を間違えるようなふつうありえない間違いをしていた。他に受験していた大学にも次々に落ち、唯一受かったのは、東京都内にある玉川大学という私大の農学部だけだった。けっきょく、他に選択肢がなくなった私は、この大学に入学することになった。じつは、私は出願するまで玉川大学に農学部があることを知らなかった。たぶん、他の志望校が受かっていたら、この大学には入学していなかっただろう。

入学してしばらくは、志望した大学に進学できなかったことで落ち込んでいたが、あるとき、この大学の農学部には蜂を研究している研究室があるということを聞いた。そこは昆虫学の研究室で、ミツバチから生産物を得る研究だけでなく、さまざまな蜂の行動や生態なども研究しているらしい。しかし、それですぐに昆虫を研究したいと思ったわけではない。動物の研究をしたいとは思っていたものの、その頃動物といってイメージしていたのは、哺乳類や鳥類、魚類など、つまり脊椎動物だった（もちろん、昆虫も動物だけれども）。できればそのような「動物」の研究がしたい、と思った私は、畜産学の研究室にも見学に行ってみた。当時、その研究室が学科内で脊椎動物を扱っていた研究室だったからだ。しかし、そこでおこなわれていたのは、基礎生物学的な研究とは少し路線のちがった研究だった。やはり、私の興味に近いことができるのは、昆虫学の研究室のようだ。けっきょく、大学二年生の終わり頃おこなわれる、研究室の志望調査では、昆虫学研究室を第一志望とした。そして、三年生の春には希望どおり、その研究室に配属されることになった。

昆虫学研究室では、ミツバチだけでなく、スズメバチやマルハナバチなど他の社会性ハチ類や、テントウムシなどの農業上有益な天敵を研究していたが、研究室に配属されると比較的すぐに心の中にミツバチが占める割合が大きくなった。最初に見せてもらったミツバチの巣の中のようすが印象的だったからかもしれない。巣箱の中を見せてもらえたのは、ほんの少しの時間だったのだが、巣箱を閉めてからも、中でたくさんの蜂がひしめき合って、いろいろな活動をしていると思うと、箱の中にすばらしい世界があるような気がして、立ち去り難かった。そのときは、その場に一人で残って、巣を出入りしている蜂を夕方になるまで眺めさせてもらったのだが、後で案内してくれた先生にその話をすると「観察巣箱で巣の中を見るならまだしも、巣箱の外からじゃ何も見えなかっただろう。よくそんなに長い間見ていたね」と半ばあきれられながら、笑われたのを覚えている。

ミツバチのことが気になりだすと、学内にいても学外にいてもミツバチの姿がよく目に留まるようになってきた。ある日、授業が午前中で終わって家に戻る途中で、帰り道の陸橋の辺りを小さな虫がたくさん飛び交っているところに遭遇した。はじめは、蝿だと思った。しかし、あまりにも数が多いので、立ち止まって眺めていると、それはどんどん増えてゆき、今までに見たことないほどの数になった。数千匹はいただろうか。まるで、雲が渦を巻くように頭の上を飛んでいく。よく見ると、それは蝿ではなくミツバチだった。私の他にも何人かそこを通りすぎたが、ちょっと視線を上げるくらいで何事もなかったように通りすぎていくのはとても不思議だった。その蜂の群れは、しばらく空中を舞っていたが、そのうち松の枝に集まり始め、直径三十センチメートルほどの蜂の塊になった。カメラをとりに急いで家に帰り、その場に戻ってくると、またその蜂たちは松の枝を離れて飛び始めており、そのうちにどこかへ飛んでいってしまった。ミツバチについての本を読んでいた私には、その現象に心当たりがあった。ミツバチのコロニーは、巣が大きくなると、分蜂といって巣別れをする。そのときに、多数の働き蜂が女王とともに巣を飛び出すのだが、私は、この分蜂群と呼ばれる巣分かれした蜂の群れに遭遇したようなのだ。

テーマを決める

ミツバチを研究対象にしたいと思った矢先に分蜂群に遭遇し、ますますミツバチへの関心は高まっていった。しかし、ミツバチの何を調べるのかということを決めなければ、卒業研究は始められないし、指導教官さえも決まらない。

卒業研究は、指導教官の先生からテーマをもらって、それにとり組むことが多い。しかし、私はせっかく研究する機会がもてるのだから、テーマを決めるところから自分でやりたいと思った。そうはいっても、ミツバチのことも研究のこともまだほとんど知らなかったのだから、すぐに気のきいたテーマなど思い浮かぶはずはない。四苦八苦して、どうにかテーマをひねり出そうとしているときに思い出したのは、以前研究室で聞いた盗蜂の話だった。盗蜂とは、他のコロニーに入り込んで、貯められている蜜を盗む蜂あるいはその現象のことだ。ミツバチといえば、働き者の代名詞であるし、実直に花から蜜を集めるだけだと思っていた私には、意外なことだった。驚いたのは、それだけではない。ミツバチには巣仲間認識という、巣の仲間とそうでない蜂を見分ける能力があるので、盗みに入る蜂は、見つけられしだい、攻撃を受けて巣から追い出される。これが教科書的な説明だが、実際には攻撃を受けない場合も多いらしいのだ。盗蜂

図2・1　佐々木正己先生（左）．1997年ベトナム・ハノイで開催されたアジア養蜂研究協会大会に参加した際の写真．私（中央）は大学3年生で初めての海外だった．

が起こり始めたばかりの時には、攻撃行動が見られるが、だんだん門番が侵入者を見逃すようになるという。これは、盗蜂に入る蜂が攻撃を避けるために、何かしているからなのかもしれない。卒業研究では、盗蜂がなぜ攻撃を受けなくなるのか、それを調べたい。そう思い、実験計画を自分なりに立てて、研究室の教授である佐々木正己先生のところへ持っていった（図2・1）。佐々木先生にはそれまでにも、卒論のテーマについて何度も相談にのっていただいていた。この時のことはあまり正確に覚えていないのだが、話し合いのすえ、指導教官を佐々木先生にお願いし、卒論をこのテーマで進めることを認めていただいた。どこまでできるか、やってごらん、というようなことを笑いながら言われたような気もする。

　しかし、この措置はとても寛大なものだったと思う。たぶん私の研究計画を見た佐々木先生は、これは簡単にはいかないことがすぐわかったはずだ。卒論がまとまらなければ、学生も困るが指導する教員も困る。そんなふうになるのが目に見えていても、私の意思を尊重してくださった、ということが今になってとてもありがたく思えるのだ。

ただ、佐々木先生もそのうち私があきらめて、ちがうテーマに乗り換えるだろうと思われていた節もある。先生は私の卒論テーマが決まった後も、いろいろな研究アイディアを話してくれた。私はそれに、

「それはおもしろいですねー」

と応じていただけだったのだが、どうやらそのテーマをやらないかというお誘いだったようなのだ。佐々木先生は、とても物腰の柔らかな方で、けっして「これをやりなさい」と居丈高に言うことはなかった。言葉の裏を読むのが苦手な私は、そのような先生の意図にまったく気づいていなかった。ずいぶん後でわかったことだが、

「原野君はいくら誘っても乗ってこない」

と他の先生にこぼしていたらしい。

たしかに、佐々木先生と話していると

「原野君は頑固だな」

と、言われることがよくあった。しかし、

「頑固だけれども、自分が正しいと思ったことを簡単に譲らないというのは、いい」

というような意味のことも言ってもらえていたので、とくに何かを変えなくてはならないとは思っていな

図2・2　かつての学内蜂場のようす．これは2007年の写真だが，私が学部生だった頃（1990年代後半）のようすとほぼ変わらない．屋根もなかったので，雨の日には作業がしにくかった．現在では屋根のある網室と，観察巣箱用のプレハブが建っている．

かった。そのような先生の理解もあり、卒論のテーマは盗蜂時に侵入者がなぜ攻撃を受けないかを調べることに決まった。

最初の一歩　卒論の成果

自分で考えたテーマにとり組むために、実験を組み立て、それを実行できるのだから、卒業研究はとても楽しかった。とくに、前半は実験に関していろいろなアイデアがわいてきて、それを実行したら大発見につながるのではないか、と思われて、毎日興奮ぎみで研究室に通っていた。実験用にミツバチのコロニーの世話をさせてもらったのも、とてもおもしろかった（図2・2）。巣箱を開けるたびに、コロニーの状態は変わっていて、それにあわせて、蜂の活動をサポートするようなさまざまな作業をするのだ。うまい具合に世話をしてやると、コロニーの状態は良くなるし、必要な世話ができないと、コロニーは弱っていく。実際のところ、卒業研究でミツバチを飼わせてもらった時には、十分うまく世話をできなかったが、ミツバチという生き物を間近に見て、肌で感じることができた（時々、刺された）こと、あるいは生き物をよく見る習慣ができたことは、後に研究を進めるうえでとても役に立った。

実験を計画して、夢を見ているうちは楽しかったのだが、それを実行していくと、だんだん研究というものが思いどおりにいかないことがわかってきた。本を読むと驚くほどたくさんの現象が、いとも簡単に明らかにされたかのように書かれている。だから、それほど大きくない発見なら、自分でも一つや二つはできるだろうと思っていた。しかし、そんなに簡単なことではなかった。

私の実験は最初からつまずいた。実験的にセイヨウミツバチのコロニー間で盗蜂をさせて、その時の蜂の行動を解析しようと考えたのだが、まず盗蜂を引き起こすことがうまくいかなかった。給餌用の砂糖水等が引き金になって、盗蜂が起こるとの情報を基に、巣の周りに砂糖水を播いてみたり、蜜の入った巣板を巣の外に置いてみたりしたのだが、巣の外まで蜂を呼ぶことはできても、侵入して蜜を盗るところまでいかない。どうやっても、はっきりした盗蜂状態にはならなかったので、そこで考えていた一連の実験はまったくできなかった。

より人工的な条件で実験をいくつかやったが、実際に盗蜂を見ないで盗蜂について何かを明らかにするというのはやはり無理があった。そんなことで、卒業研究では、ほとんど学術的に意味のある実験結果を得ることはできなかった。ただし、自分の実力がどれほどのものかということと、研究がどれほどうまくいかないかを理解できたことは何よりも大きな成果だった。卒業研究では、失敗の経験だけはたくさん積んだので、どのような研究計画だと失敗するかということも、なんとなくわかってきたような気がした。

卒業研究が思うように進まなかったので、一時はかなり暗澹としていたが、一方で、また一から始めたら、もう少しうまい具合に研究を進められるのではないかとも感じていた。失敗続きの卒業研究の後、どこからそんな気持ちが生まれてくるのか不思議なものだが、もともと私には楽観的なところがあるのだろう。

卒業研究で痛感したのは、盗蜂は魅力的な現象だが、それじたいを研究対象にするのは難しいということだ。頻繁に起こることではないし、実験的に引き起こすことも簡単にはできない。やるのであれば、盗蜂そのものではなく、盗蜂を防ぐ仕組みである巣仲間認識のメカニズムの解明だろう。しかし、私は大学卒業後にすぐに大学院に進学することはなく、この研究がまとまるのは、何年も後のことだ。その間、研究から遠ざかっていた時期もあったが、その時の話は後でするとして、ここではこの研究の話を続けたい。そのために、ミツバチの巣仲間認識機構について、もう少し詳しく説明をしておきたい。

ミツバチの巣仲間認識

ミツバチの巣仲間認識は、体表についている匂い、つまり体臭のようなものをもとにおこなわれている。巣ごとに、特徴的な匂いがあり、自分の巣の匂いのする蜂は巣仲間、そうでない蜂は非巣仲間というような風に見分けていると考えてもらえばよい。もう少しちがう言い方をすれば、巣によって体表に付着している化学物質が異なり、そのちがいを読み分けていると言うこともできる。

ミツバチの巣仲間認識に「匂い」が使われていると聞いたとき、最初に浮かんだ疑問は、花から蜜や花粉をとってきたミツバチは、花の匂いを体につけて帰ってくるので、自分の巣の蜂から攻撃されてしまうのではないか？　ということだ。ミツバチの体表は薄いワックスの層で覆われていて、さまざまな匂い物質を吸着する。しかし、私が懸念したように花の匂いによって巣仲間から攻撃を受けることは、実際には起こらない。巣仲間認識には、ある特定の物質群が使われていて、花の匂いに含まれる物質は識別には用いられないからのようだ。このような巣仲間認識に使われる特定の匂い物質の組み合わせを、巣仲間認識指標と呼ぶ。私たちは、ＩＤカードを身に着けてある組織に所属していることを示すことがあるが、巣仲間認識指標は化学的なＩＤのようなものだ。

ミツバチと同じように巣仲間認識をおこなうアリでは、体表に存在する炭化水素と呼ばれる物質群が巣仲間認識指標として使われていることがわかっている。働きアリの体表炭化水素の組成を見てみると、存在する物質の種類はだいたい同じだが、その組成比がコロニーごとにちがう。特定の物質の有無ではなく、この組成比のちがいをコロニーのＩＤとしているのだ。ミツバチでは、巣仲間認識指標として脂肪酸が使われている可能性が指摘されているが、まだ詳細は明らかになっていない。

巣仲間認識指標の供給源

このコロニーごとに特徴のある巣仲間認識指標はどこからくるのだろう？　コロニーが一つのまとまりとして機能するためには、コロニーの構成員が少なくともある程度共通した認識指標をもつ必要があると考えられる。体表炭化水素や脂肪酸は体内で合成されるのだが、ミツバチのように一つのコロニーに数万の個体がいる昆虫では、それぞれの個体がこれらの物質を同じ組成で体表に分泌することは難しいかもしれない。しかも、環境中の物質も巣仲間認識に使われることがあるので、ある環境を経験した個体だけが、コロニーの他の個体とちがう認識指標をもってしまうということも起こりうる。どのようにミツバチがこの問題を解決しているのかというと、個体どうしが接触することで体表の物質を交換し、認識指標の均一化をおこなっているようだ。さらにミツバチでは、巣板が巣仲間認識指標の供給源になっており、巣板と接触することで、コロニーの構成員は同じ認識指標を体表にもつことができると言われている（Breed et al., 1995）。

巣仲間の記憶

巣仲間認識には、学習が関与していると考えられている。羽化したばかりの蜂は、まだ体表に認識指標を何ももっていないので、どのコロニーに入れてやっても受け入れられる。そのようにして、生まれたコロニーとは異なるコロニーで育てられた蜂は、育ったコロニーの蜂は受け入れるが、生まれたコロニーの蜂は攻撃するようになる。つまり、羽化した後に自分のコロニーの匂い（認識指標）を覚えるのだ。働き蜂は出会った蜂の体表上の認識指標を、記憶している認識指標と比較して、合致していれば受け入れるし、食いちがっていれば攻撃をするのだろう。

自分のコロニーの匂いとして記憶された認識指標を巣仲間認識テンプレートと呼ぶ。もともとテンプレート（鋳型）とは、鋳物を作るときに使う凹んだ型のことを指すが、門番蜂が自分の頭の中にある型に、出会った蜂の体表の炭化水素のパターンがぴったり当てはまるか検討しているというイメージから、この語が使われているのではないだろうか。

テンプレートの書き換え

巣仲間認識テンプレートは、羽化後に一度形成（学習）されると変化しないと当初考えられていた。コロニーに特徴的な巣仲間認識指標（コロニー臭）が不変であれば、それでもよい。しかし、ロバート・ヴァンデルミーア博士らがあるアリの体表炭化水素パターンを長期間にわたって調べた結果、それが大きく変化していることが明らかになった（Vander Meer et al., 1989）。アリでは、体表炭化水素が巣仲間認識に使われているので、この結果はコロニーの巣仲間認識指標は不変ではなく、時間とともに変わっていくものである可能性を強く示唆するものだ。

もしそうであれば、巣仲間認識指標の変化にしたがって、テンプレートも書き換えられるような柔軟なものでなくてはならない。しかし、テンプレートの書き換えがどのように起こっており、どんな時に書き換えられるのかということはまったくわかってなかった。

一方で養蜂家にとっては、働き蜂がテンプレートを書き換えるというのは、常識的なことだった。というのは、養蜂では小さなコロニーや女王を失ったコロニーをちょっとしたテクニックを使って、別のコロニーに合体させる「合同」という作業を日常的におこなうからだ（コラム「合同の方法」参照）。もし、働き蜂がテンプレートを書き換えるのでなければ、いつまでも二つのコロニーは喧嘩を続けるだろうが、そのようなことはない。

この頃、巣仲間認識の研究といえば、巣仲間認識指標にどのような物質が使われているのかとか、それがどこからどのように蜂の体表に移ってくるか、という研究が多く、テンプレートに関してはあまり調べられていなかった。今、テンプレートがどのようなものなのかを調べれば、ミツバチの巣仲間認識における重要な知見を得ることができるのではないかと思い、実験を始めた。アリとちがい、ミツバチではコロニーの認識指標（コロニー臭）が時間とともに変化しているという報告はなかったが、アリと同様のことが起こっている可能性は高いし、少なくとも合同の時にはそれが起きている。その時の変化を追えば、テンプレートのもつ性質に迫ることができるだろう。

テンプレートが学習によって形成されるものであるとすれば、このテーマは佐々木先生から再三勧められていたものにたいへん近い。佐々木先生は、学習という観点から見てこそ、巣仲間認識のおもしろいことがわかるよ、と言っていたのだ。後に書くように、私は訳あって卒業後に研究生という形で研究室に残してもらっていた。それまで勝手放題やっていたにもかかわらず、このテーマで研究したい旨を佐々木先生に伝えると、嫌な顔ひとつせず、こころよく許可してくださった。

テンプレートの書き換え実験（短期暴露）

私は、卒業研究の際に、小さな箱に働き蜂を数匹入れて、そこへ別のコロニーの働き蜂を一匹入れるという実験をよくやっていた。ミツバチでは巣仲間認識行動を調べるオーソドックスな方法だ。一定時間観察して、攻撃があったかなかったかを記録する。小箱に入れられた蜂の行動は数分間の観察時間以外、観察されることはほとんどないのだが、あるとき、観察終了時に攻撃を受けていた蜂はその後どうなるのだろうかということがふと気になった。刺針されて、殺される蜂もいるのだが、殺されなかった場合には、ひたすら攻撃され続けるのだろうか？　どうもそうとは思えなかったので、実験で使った蜂を片づけずに置いておき、しばらくしてからまた観察してみた。すると、実験終了時に攻撃を受けていた蜂も、その時には攻撃を受けることはなくなっていた。これは、攻撃をしていた蜂のテンプレートが、非巣仲間を受け入れられるよう変化してしまった結果なのではないだろうか？　しかし、この観察だけでは、そうでない可能性もある。攻撃側の蜂から匂い（巣仲間認識指標）が移ったために、攻撃されなくなるのかもしれない。そこで、小箱の中で異なるコロニーの蜂としばらく同居させた後、それとは別の個体に対する攻撃を測定することで、本当にテンプレートの書き換えがおこっているかどうかを確かめる実験をすることにした。

使用するのは、手のひらに乗るくらいのダンボール製の小箱だ。上側には、薄いプラスチック板を置き、中のようすが観察できるようになっている。ここに働き蜂十匹（以降、「受け入れ蜂」と呼ぶ）を入れておき、その後、別のコロニーからとってきた五匹の働き蜂（「前提示蜂」）をいっしょにして、二十五分間すごさせる。十匹の受け入れ蜂にとって、五匹の前提示蜂は非巣仲間なので、当然攻撃行動が起きるが、とにかくそのままにしておく。まったく攻撃が起こらない場合もあるし、数匹の前提示蜂が刺し殺される場合もあるが、たいていは二十五分間を生き延びる。この二十五分間に、受け入れ蜂は頻繁に前提示蜂と遭遇するので、前提示蜂のような認識指標をもった蜂も受け入れるように、テンプレートを書き換えるのではないか。もしそうであれば、前提示蜂と同じ認識指標をもった蜂に再び遭遇したときには、もう攻撃をしないが、自分のコロニーとも前提示蜂のコロニーともちがう第三のコロニーの蜂に対しては、攻撃行動を示すだろうと考えた。

結果は、この予測どおりになった（図2・3）。前提示蜂のコロニーからとってきた別の個体に対しては、まったく攻撃をしないというわけではないが、第三のコロニーの蜂に対してと比べると、明らかに攻撃する頻度は低くなっていた。働き蜂は、自分のテンプレートと異なる認識指標をもった蜂と頻繁に接触すると、テンプレートじたいを変えてしまうようだ。テンプレート（鋳型）という用語が使われていることからもわかるように、コロニー臭についての「記憶」（巣仲間認識テンプレート）は、強固で変わりに

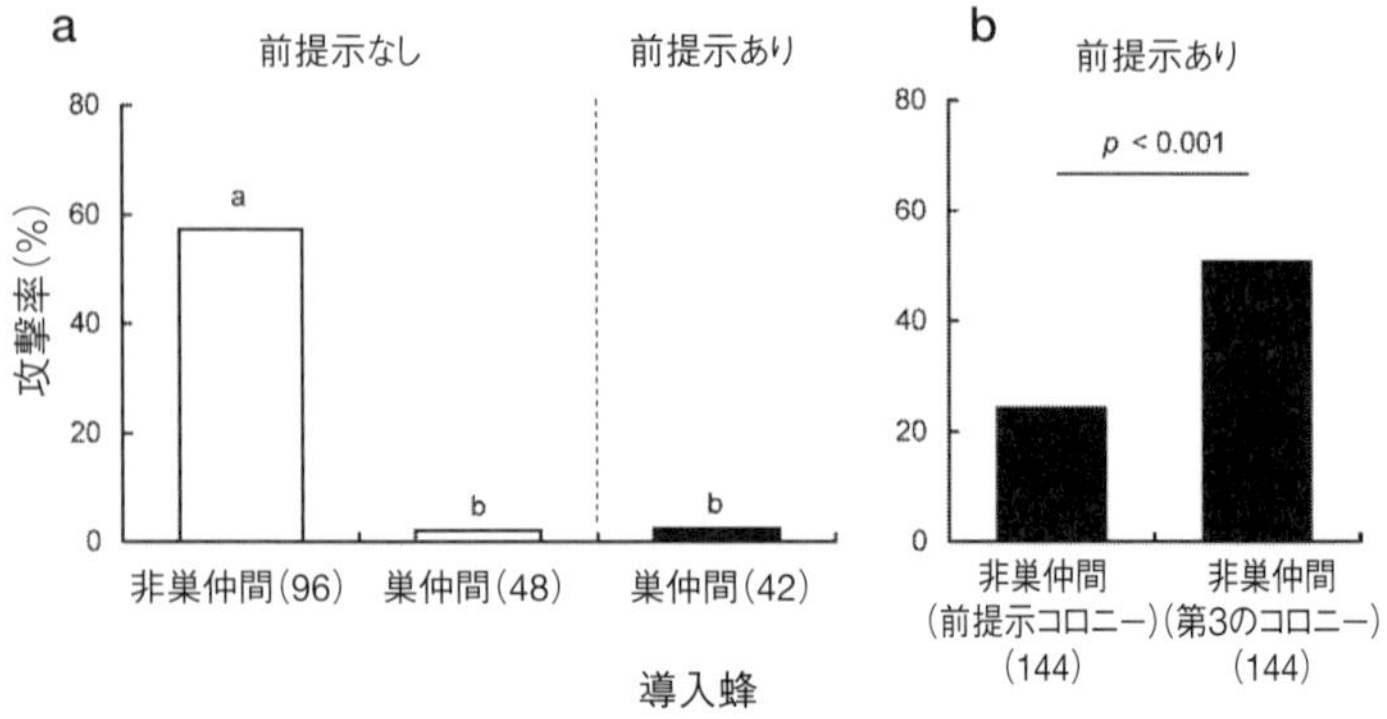

c

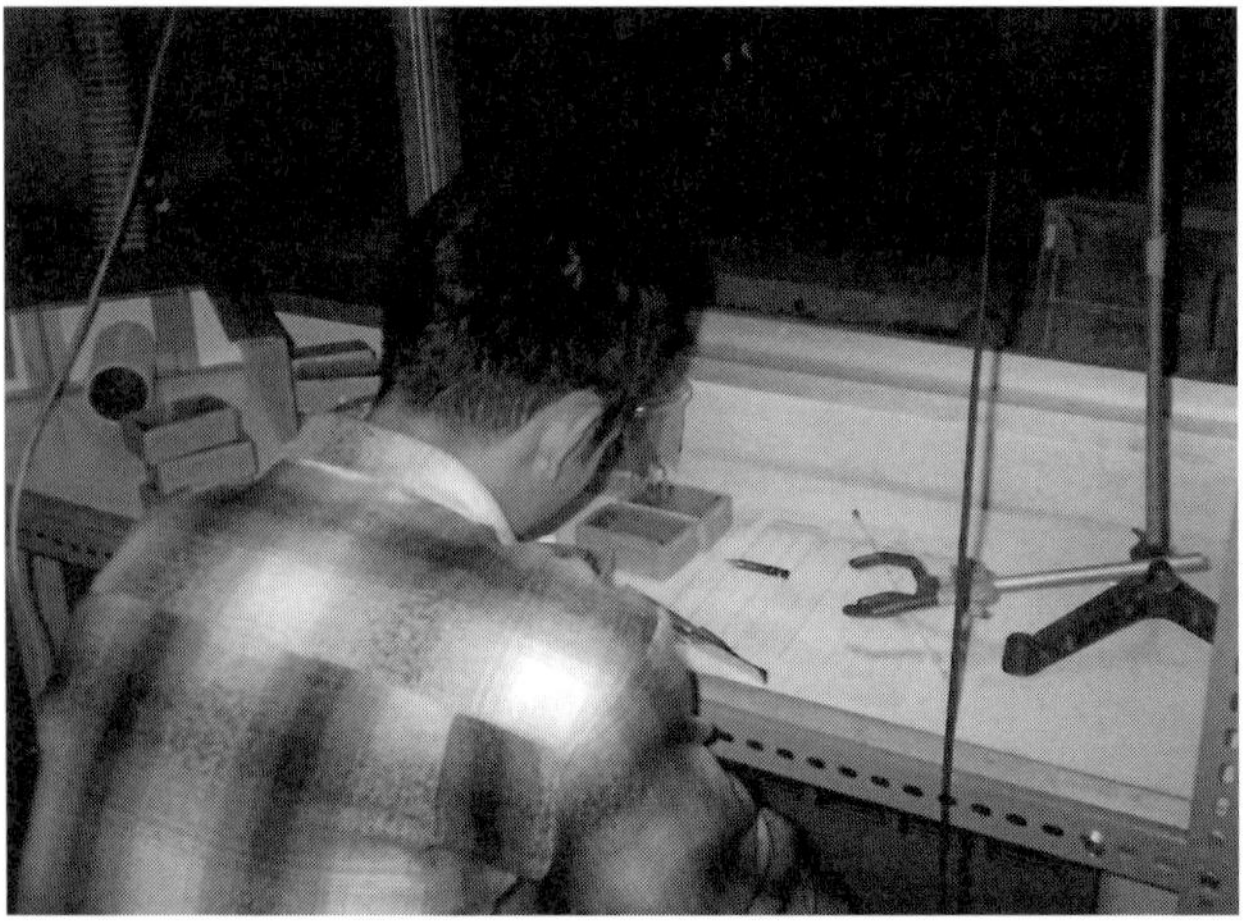

図2・3　「前提示」が巣仲間認識におよぼす影響．縦軸は受け入れ蜂が導入蜂に対して攻撃をおこなった割合．テスト前に受け入れ蜂を非巣仲間に25分間暴露する「前提示」をおこなった．異なるアルファベットはテューキーのWSD検定（α＝0.01）で有意差があることを示す(a)．対データはマクネマー検定で検定した(b)．括弧内の数字はN．Harano & Sasaki, 2006を改変．(c)実験をする著者．

くいものという認識がされていた。ところが、それはたった二十五分で変化してしまうくらい変わりやすいものだということが示された。

二十五分間の非巣仲間への暴露で、テンプレートに変化が起きることはわかったが、それは元の巣仲間を攻撃するほどの変化ではなかった（図2・3）。するとやはり気になるのは、暴露の時間がもっと長ければ、完全にテンプレートは書き換えられ、元の巣仲間も攻撃するようになるのだろうか？　ということだ。この疑問に答えるため、丸一日受け入れ蜂と導入蜂を同居させてみたのだが、小箱という環境があまりにも巣とはかけ離れていたためか、どのような蜂に対しても攻撃は起こらなくなってしまっていた。そこで、働き蜂を別のコロニーに預けて、元の巣仲間を攻撃するようになるかどうかを調べる別の実験をおこなうことにした。

テンプレートの書き換え実験（長期暴露）

この実験では、門番を務めている蜂を別のコロニーに一定期間預けて、その門番蜂がどの程度、預けられたコロニーの蜂を受け入れるようになったか、あるいは元の巣仲間を攻撃するようになったかを調べた。四匹の門番を一つの小さな網かごに入れて、血縁のないコロニーの巣板と巣板の間に挟み込むようにして預けることにした。こうしておけば、かごの外から口移しで餌をもらうことができ、攻撃を受けることもないので、数日間であれば比較的容易に預けておくことができる。そこで、三時間、一日あるいは三日間門番を預けた後に、その門番が示す預けられたコロニーの働き蜂、あるいは元の巣仲間への攻撃率を調べた。すると、門番が、預けられたコロニーの蜂を受け入れるようになるのは比較的早いことがわかった。このような蜂への攻撃率は、預けられて一日後にはすでに、統計的に有意な減少を示していた。ところが、元の巣仲間への攻撃はなかなか見られず、三日たってやっと、統計的に有意な増加が観察された（図2・4）。

私たちは、この結果からテンプレートの更新には二つの段階があると考えた。テンプレートに合致しない認識指標に頻繁に遭遇すると、まずは一つ目の段階が進み、すみやかに新しいテンプレートが形成される。しかし、この時には古いテンプレートも一時的に残存しており、元の巣仲間も受け入れる。二つ目の段階で、その古いテンプレートが消えると、元の巣仲間に対しての攻撃が起こるのではないだろうか。

変わりやすいテンプレートの意義

巣仲間認識が盗蜂を防ぐことを目的としているのであれば、非巣仲間と出会ったときに、それを受け入れるようにテンプレートを変えてしまうというのは不思議なことに思える。

しかし、短期暴露実験で作りだしたような、異常な高頻度で非巣仲間に出会うようなことは、盗蜂末期でもなければないだろう。盗蜂を防ぐのに大事なのは、蜜の匂いにひかれた最初の数匹の侵入を防ぐことだ。その程度の頻度であれば、非巣仲間と出会ってもテンプレートが大きく変化することはないのかもし

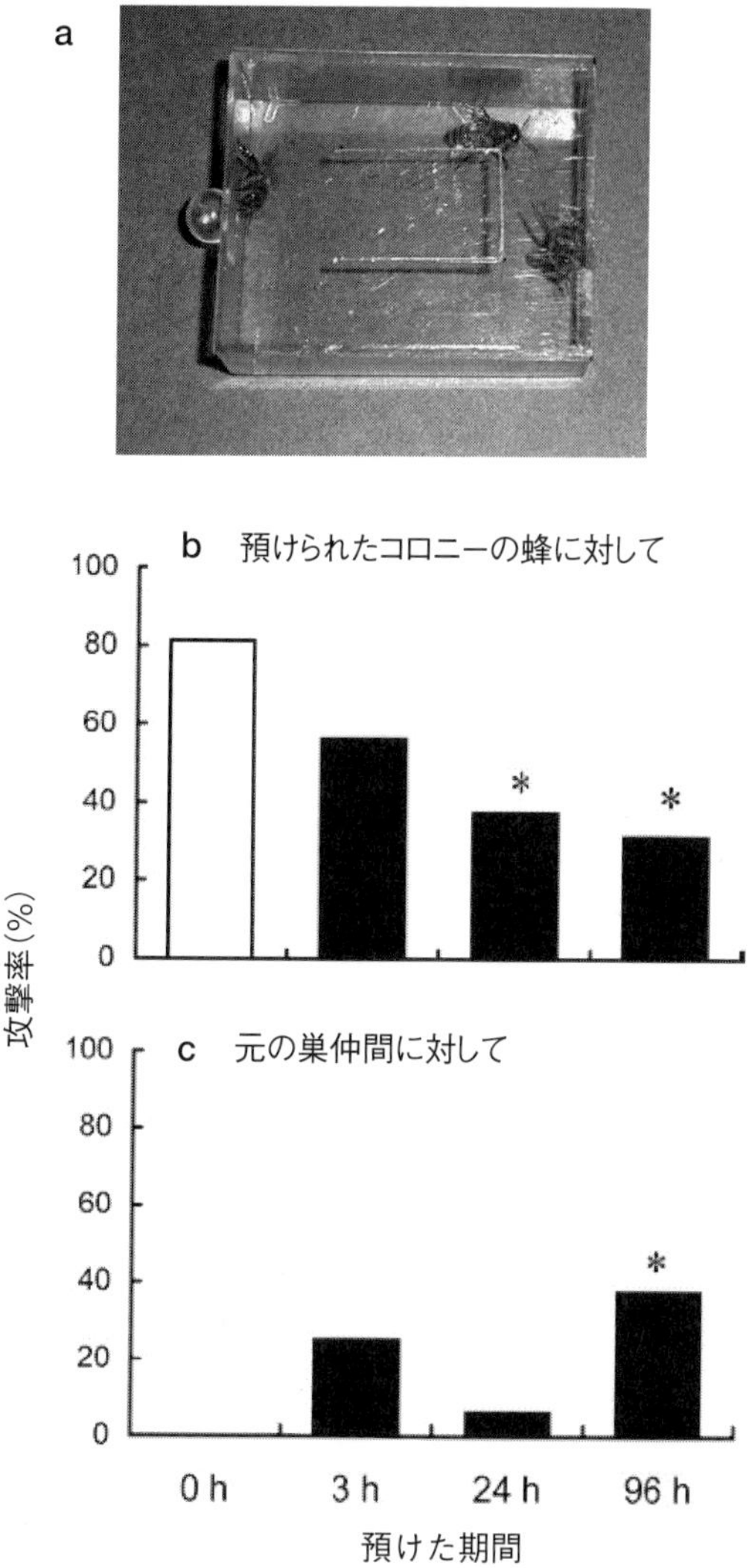

図2･4　門番を他コロニーに異なる期間預けた時の，預けられたコロニーの蜂(b)と元の巣仲間（c）への攻撃率．＊はテューキー のWSD検定（α＝0.05）で，0 hとの間に有意差があることを示す．N＝各16．Harano & Sasaki, 2006を改変．(a)実験で用いた小箱．ここに蜂を導入にして攻撃率を調べた．

れない。また多くの門番は、一時間程度で他の働き蜂と門番の役目を交代するので、もし頻繁な盗蜂の襲撃で門番のテンプレートが変化しつつあっても、門番を務める個体が入れ替わることで、侵入者を防ぐことができるのかもしれない。

なぜ、ミツバチのテンプレートがこのように変わりやすいのかは、よくわかっていない。しかし、ある種のアリで確認されているように、巣仲間認識指標が時間とともに変化しているのであれば、それに対応するためにテンプレートも変化しやすくなっているということはあってもおかしくない。今はまだ、どのような物質がミツバチの巣仲間認識指標として使われているのかは不明だが、それが明らかになったとき、認識指標の時間的な変化も、それにともなうテンプレートの更新もより詳細に調べることが可能になるだろう。

私たちはこれらの結果を、小さな論文としてまとめた。後で述べるようにこの研究が終わるまでには紆余曲折があり、けっきょくこの論文が『Applied Entomology and Zoology（応用動物昆虫学）』誌に掲載されたのは、私が卒論を始めた一九九七年から九年後の二〇〇六年だった（Harano and Sasaki, 2006）。

私が四年生の時調べようとした「なぜ盗蜂が攻撃されないか？」の謎は、その後も解明されることはなく、今も謎のままだ。頻繁な盗蜂との接触で門番のテンプレートが書き換えられるからだ、という可能性はあるが、そうだと言い切る証拠もない。そもそも、盗蜂時の門番の攻撃性が通常時に比べどの程度低下しているか、というような定量的なデータもない。そのようなデータをとるのが難しいからなのだが、本気で調べるのであれば、このような基礎データの収集が不可欠だろう。

コラム　合同の方法

ミツバチを飼っていると、二つの異なるコロニーをまとめて一つのコロニーにしたい、ということがある。たとえば、女王が死んでしまったコロニーは、働き蜂を生みだす個体がいないので、放っておけば、崩壊するだけだ。そこで、女王のいる健全なコロニーと合体させることを考える。このように、異なるコロニーを合体させることを養蜂用語で合同という。

　しかし、ミツバチには巣仲間認識機構があり、通常の状態であれば、異なるコロニーの蜂を攻撃して排除しようとする。とくに他コロニーの女王に対しては厳しく、毒針を使って刺し殺してしまうために、ただ巣板と蜂を同じ巣箱に入れてやるだけでは、合同はうまくいかない。そこで、養蜂家はさまざまなテクニックを使って巣仲間認識をごまかし、異なるコロニーを喧嘩しないように合同する。

　やり方の一つに日本酒を用いる方法がある。紙パック入りの安酒でかまわない。これを合同の前に二つのコロニーの蜂にまんべんなくスプレーしてやるのだ。こうしてやると、不思議なことに働き蜂どうしの喧嘩はもちろん、無王群になってしまったコロニーの働き蜂が、新しい女王を攻撃することもまず起こらない。これが、一杯やっていい気分になったからなのかどうかはよくわかっていない。ただ確かなのは、酒を飲んでむやみと絡み出すような蜂はいないということだ。

コラム　蜂に刺されたら

蜂に刺されたら、どうするのがいいのだろう? ミツバチが人を刺すと、針が働き蜂の腹端から外れ、皮膚に残る。そのため、まずこれをとり除かなくてはならないのだが、針をつまんで抜くのはよした方がいい。というのは、この針には毒の入った袋（毒嚢）がついているからだ（図コラム⑤）。針をつまむと毒を自分で注入することになる。だから、針を抜くときは、毒嚢を圧迫しないように、爪などでひっかくようにして抜くとよい。

ミツバチに刺された場合には、できるだけ針を早く抜くことも大事だ。というのは、ミツバチの針は、それを動かす筋肉と神経もいっしょに蜂の体から抜けるようになっており、それが皮膚の上に残った後でも、ドクドクと動いて毒を注入し続けるからだ。この仕組みは刺された側としてはやっかいだが、逆に言えば、それだけ優れた武器だということになる。ミツバチは刺した瞬間だけ敵に毒を注入するのではなく、針を毒袋ごと敵に残して、より大きなダメージを与えることを狙っているのだ。だから、早く針を抜くことができれば、それだけ毒が体に入ることを防ぐことができる。

できるだけ早く針を抜いた方がいい、もう一つの理由は、残った針からは特殊な匂いが放出され、それが他の働き蜂を攻撃に駆り立てるからだ。この匂いは、警報フェロモンと呼ばれ、人の鼻でも感じることができる。熟れたバナナのような匂いだ。この匂いは、他の働き蜂に

「こいつは敵だから攻撃しろ」

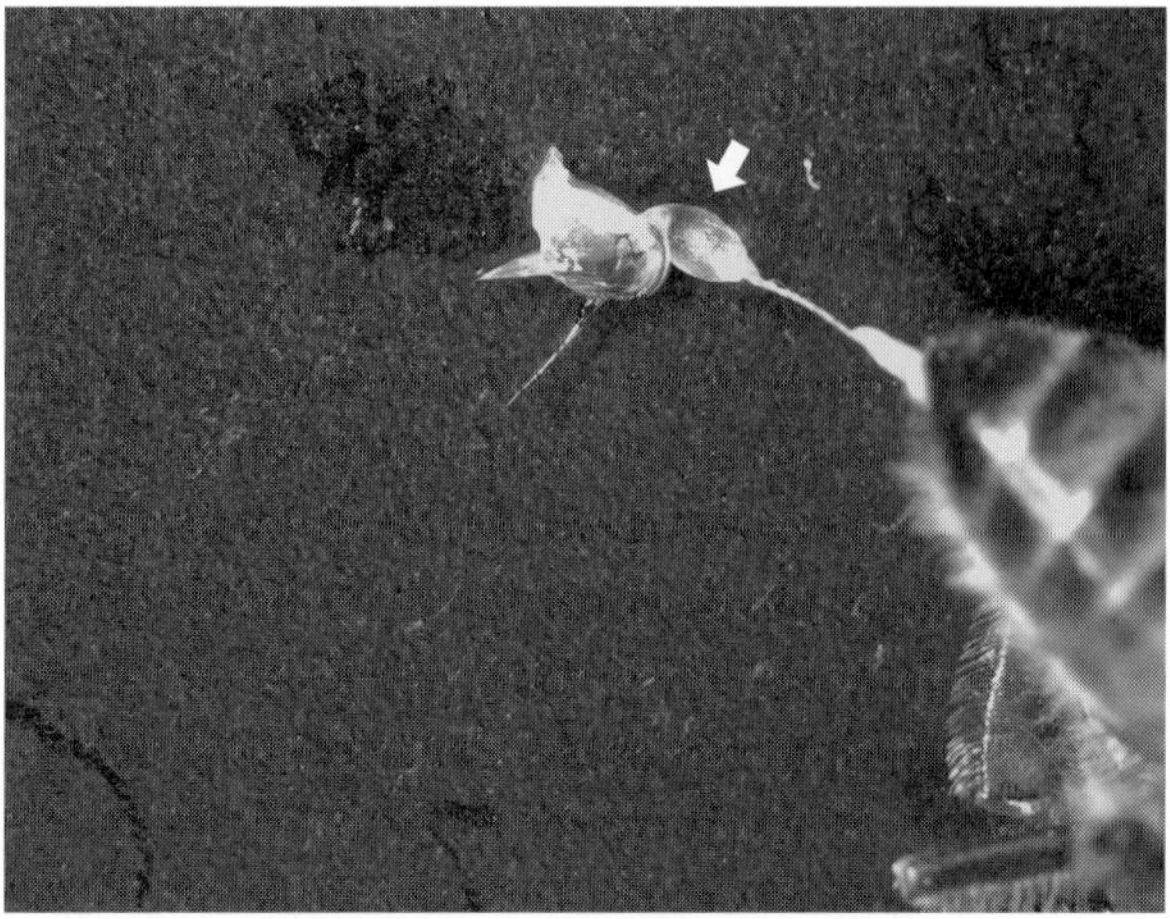

図コラム⑤　ミツバチの針は，刺さると腹部から外れて敵の皮膚に残る．この針には，毒嚢（矢印）や筋肉，神経がいっしょについてきており，敵の体内に毒を送り続ける．

ということを知らせる。だから、蜂の追撃を免れるためにも針は早く抜いた方がいい。

針を抜いたらまずは、そこを水で洗うのがいいだろう。警報フェロモンは、刺されたときに皮膚にもつくので、それを洗い流す意味もある。刺された場所はだんだん腫れて、痛みやかゆみがでてくる。アイスパックなどで、患部を冷やすと多少この症状は軽減される。

私が子どもの頃、仲間内では蜂に刺されたらおしっこをつけるとよい、ということがまことしやかに言われていたが、これは間違いだ。おそらく、蜂毒の作用がギ酸などの酸性成分によるものだと思われていた？　からだろうが（尿中のアンモニアが酸を中和するということだろう）、実際の蜂毒の有効成分はヒスタミンなどの生体アミンや各種ペプチド、酵素などなので、アンモニア水をつけても効果はない。

蜂に刺されると、刺された場所が腫れて痛みやかゆみが残る。これは一週間程度でひくので、さほど心配する必要はない。しかし、ごく稀に蜂毒に対して強い反応を起こす人がいる。もし、蜂に刺されて、めまいや吐き気、じんましん、呼吸困難といった全身症状が生じたら、アナフィラキシーショックを起こしている可能性があるので、できるだけはやく医療機関を受診した方がいい（蜂毒への反応は個人差があるので、心配な場合は医療機関を受診すること）。

刺されたときにどう対処するかも重要だが、刺されないようにすることはもっと大事だろう。蜂刺され話をすると、どうしても蜂に対する恐怖感をあおってしまうことになるのだが、蜂はめったやたらと刺す生き物ではない。蜂が人を刺すのは、多くの場合、みずからの身を守るためか、家族であるコロニーを守るためだ。だから、人の方で、蜂やコロニーが攻撃を受けていると勘違いさせないように注意することで、かなりの蜂刺されは予防できる。「危害を加えるつもりはなかった」という言い訳は通用しないので、蜂を追い払おうと、手や布を振り回したりするのはやめよう。また、巣の近くでは蜂はコロニーを守るために攻撃的になるので、巣に不用意に近づかないのは基本だ。観察のためなど、必要に迫られて巣に近づくときは、大きな動きや素早い動作を極力控える。それだけで、攻撃を受ける可能性はぐっと下がる。蜂は攻撃の際、黒くボサボサしたものを狙う性質があるので、髪を帽子やフードなどで隠すことも効果的だ。

第3章
フィリピンへ行ってきます

私は卒業研究でミツバチと出会い、今もおもな研究対象としてミツバチを扱っているわけだが、じつは初めての出会いの数年後に、ミツバチから離れようとしたことがある。卒論はどうにか終えたものの、思うような結果が得られず、暗澹とした気持でいた時だ。もともと、私は大学院への進学を希望していたのだが、そのまま同じ大学の大学院に進学するのではなく、国公立の大学院へ入学したいと思っていた。理由は学費が安いことと、研究をするうえでは、別の研究室での経験もあった方がよいだろうと考えたからだ。研究室を変わると、それまでのテーマをもち出せないことがあり、そのような場合には、研究テーマを変えなくてはならない。しかし、逆の見方をすれば、研究の方向性を大きく変えるいい機会でもある。卒論がうまくいかず、ミツバチの研究では何をしてよいかわからなくなっていた私は、研究対象を変えれば、もっとおもしろい結果がすんなり得られるのではないかと考えた。そこで再浮上してきたのが、脊椎動物研究への憧れだ。

「自分が興味があるのは、環境や他の個体の状態に対して、頭で考えて柔軟に対応できる動物だ。ミツバチは適応的にできているが、基本的には刺激に単純に反応するだけだ。自分はそういう動物に興味があるのではない。やっぱり、脊椎動物を研究しよう」

そこで私は、ある公立大学にある動物生態学の研究室を受験することにした。研究対象は、カラスということにした。なぜ、そのときカラスを選んだのかは、よく覚えていない。

大学院の入試というのは、大学入試とちがい、指導をしてもらう先生に入試前に会って、自分が希望するような研究がその研究室でできるのかを相談するのがふつうだ。私もその研究室の先生にお会いし、自分の研究計画などを話したところ、受験することはかまわないと、許可をもらった。大学院の入試は、四年生の夏の終わりにあった。一次試験は、筆記試験でこれはどうにか突破した。次は二次試験の面接だ。面接官は、受け入れ先の研究室の先生を含め四～五人だったろうか。

面接では、受験の動機や研究計画など一通りのことを聞かれた後で、次のようなやりとりがあった。

面接官「君は卒論ではミツバチをやってきたようだが、なぜ修士課程ではカラスを研究したいのかな？　ミツバチとカラスでは、羽があることくらいしか共通点はないようだが？」

私「……どちらも社会性があります」

面接官「……ふむ。では、鳥類学については、どのくらい勉強してきましたか？」

私「……していません。これからします」

なんとなく気まずい受け答えがいくつか続いた後、受け入れ教官でもある面接官の先生は、卒論の内容について尋ね、私がそれに答えて面接は終わった。私が退席する間際に、その先生は、一言つぶやいた。

「君は、ミツバチを続けた方がいいね」

この試験に受かっていたら、今頃私は鳥類の研究をしていたかもしれないが、結果は不合格だった。新しい動物の研究を始めるにしては、明らかに準備不足だったし、準備ができないというのは、本気でそれをするつもりがないからだ。それは受験をしてみて自分でもわかった。もう少し、これからどうするかをよく考えなくてはいけない。

この研究室には、数年後にセミナーに招かれ、私が修士課程でおこなった研究を紹介する機会に恵まれた。受け入れ（予定）教官だった先生は、私があの時の学生だと気づくと申し訳なさそうにされ、あの年は受験者が多く、仕方ない判断だったのだと言われた。そして、私が面接の最後の場面で聞いた一言について触れると、ミツバチの卒論のことを楽しそうに話していたから、とおっしゃった。

そのようにして、研究対象をカラスに変更するという計画は消え去った。しかし、これからどうしたらよいだろう？　大学院の入試は、九月頃（前期試験）と二月頃（後期試験）の二回あるのがふつうだ。だから、前期で失敗した私にも後期というチャンスがあったのだが、自分が何をやりたいのかわからなかった私は、とうとう後期試験も出願せずに見送ることになってしまった。

大学院にも進学しないが、かといって就職することにも踏み切れなかった私は、卒論の指導教官だった佐々木先生にお願いして、研究生という形で、一年間だけ研究室に籍を置かせてもらうことになった。私の両親も、このモラトリアムな息子を心配していたが、進路について考えるための猶予をくれた。ただし、その一年間が終わって進学しないなら、就職するという約束で。

研究生として在籍している間には、先に紹介した巣仲間認識の研究の一部をおこなった。この研究は比較的スムーズに結果が得られたこともあり、大学院の入試に再度挑戦してみようかと思い始めていた。

そんな時に、ある先生から教授室に来るように言われた。良いバイトがあるという。研究室では、実験の手伝いや虫の飼育の補助など、簡単な仕事をアルバイトとしてやらせてもらえることがあった。たいていは、実験の待ち時間などにこなせばよい作業が多く、街で働く場合の移動時間や拘束の厳しさを考えると、とてもありがたい小遣い稼ぎだった。そんなバイトを紹介してくれると思いこんで行ってみると、予期しないことを言われた。

「フィリピンに行って来い。二年間だ」

その先生は、青年海外協力隊（以降、協力隊という）の養蜂部門の技術顧問をしていた。その先生の話によれば、協力隊が養蜂を二年間だけフィリピンで教える人材を募集しているという。協力隊は、国際協力機構（ＪＩＣＡ：当時は国際協力事業団）のボランティア派遣事業だ。発展途上国から協力要請が寄せられると、その案件に適当な技能をもつ人材を募集する。だから、自分の専門性に合った要請が挙がっていないと、参加を希望していても、採用されることはない。そして、養蜂という職種は、協力隊でも特殊な職種で、なかなか要請が挙がらない。私の学部時代の同期に協力隊を志望し、この先生について養蜂の修行をしていた学生がいたが、卒業ギリギリまで待ったにもかかわらず、けっきょく要請が挙がらず、あきらめて就職していた。その半年後の話だ。希望する人間がいるときには要請が挙がらず、彼があきらめた途端に要請がくるとは、まったく人生とはうまくできていない。就職したばかりの彼を呼び戻すわけにはいかないし、研究室の学生は大学を離れることができない。そんなところに、ちょうどぶらぶらしている私がいたため、声をかけてくださったようだった。

今年こそは大学院に進学しようと思った矢先で、はじめはどう断ろうか、そればかり考えていたのだが、せっかくのチャンスを活かせとの周りの後押しがあり、その年の冬まではミツバチの研究をし、それから協力隊に参加することにした。

誤解がないように説明しておきたいが、協力隊は公募制で、多くの職種では何倍もの倍率（職種によっては百倍を超える）の試験で選抜された有能な人が参加している。しかし、養蜂という職種は要請が挙がるもの稀だが、その技能をもっている人が応募してくることも稀だ。私ももちろん試験を受けて合格したのだが、この時の倍率は一倍で、競争者のないごくゆるい関門を突破して隊員となることができた（図3・1）。

研究者志望の学生から協力隊員に

フィリピンは数千の島からなる島国で、首都マニラはその中でももっとも大きい島であるルソン島にある。私が協力隊員として赴任したのは、このルソン島の北西部にあるラウニオン州のドン・マリアノ・マルコス記念大学（図3・2）で、そこの養蜂訓練普及センターの技術向上のために活動することになっていた（図3・3）。進学希望だった私が、協力隊への参加を決めたのは、配属先が国立大学だったということもある。いくら途上国といえども、国立大学だ。本来の活動はそこそこにしつつ、うまくやれば研究もできるのではないかと考えていた。ところが、配属先の状況は思っていたようなものではなかった。ミツバチはかなりたくさん飼っているものの、それで研究をしようというスタッフは皆無だった。国連の援助で作られた実験室には実験器具はあるものの、ほとんど使われていなかっただけでなく、水も出ないことが多かった。結論から言うと、フィリピンにいる間はまったく研究をしなかった。しかし、それは設備や環境が整っていなかったからではなく、フィリピンの養蜂家の人たちと仕事をすることにやりがいを感じるようになったからだ。

図3・1　協力隊として派遣される前に，福島県二本松市で3か月間の訓練（研修）をうけた．語学(上)が中心だが，近所の農家の方に協力していただいて酪農体験？(下左)やうどんの打ち方の講座もあった(下右)．

フィリピンで活動していたのは、もうすでに十五年以上前のことだが、それがついこの前のような気がするくらい、印象深い経験だった（図3・4〜3・9）。その時のことを書き始めればきりがないので、ここではごくかいつまんだ話だけをしたいと思う（活動内容については原野（二〇〇二）に少し詳しく書いた）。

日本を発つ前、渡された書類には現地での要請内容が書かれていた。それによると、配属先はロ

図3・2　青年海外協力隊の養蜂隊員として派遣されたフィリピンの国立ドン・マリアノ・マルコス記念大学.（上）正門. キャンパスはひじょうに広く, 配属先となった養蜂研修センターはここから2 km. それでもまだ学内. 私は大学内の宿泊施設に部屋を借りて住んでいた.（下）キャンパスのようす.

図3·3　配属先だった養蜂研修センター．（上）センター長と握手．任期中は意見が対立することもあり，微妙な関係だったが，辛抱強く私を受け入れてくれた（下）センターのメンバー．

ーヤルゼリーの生産を始めたが、技術的に改善の余地があるので、その技術協力をしてほしいとのことだった。そのため、私は日本でローヤルゼリー生産について学んで行ったのだが、配属先に来てみると、いっこうにローヤルゼリーを採る気配がない。不思議に思い、センター長と話をしてみてわかったのは、彼らはローヤルゼリーを生産するつもりがないということだった。どうやら、ローヤルゼリー生産の技術協力というのは、協力隊を呼ぶための方便だったらしい。日本人が大学で活動していることが、大学にとっての箔のようなものになるのか、協力隊がもってくると思われている活動資金や機械（実際はほとんどそのようなものはない）が目当てだったのか…。

そのような理由で、配属直後に活動の目的を失ってしまった私は、初めの一年間を別段これといった仕事をするでもなく、無為にすごすことになった。オフィスに行ってもやることがないので、本でも読んで勉強しようとテラスに椅子を持ち出して座るのだが、熱帯の慣れない暑さで頭がぼーっとして、けっきょく居眠りしてばかりいた。配属先の若いスタッフからは、

「ケンはいつも寝てる！」

といって笑われていた。

南の島で何もしなくてよいなんて、うらやましいと思われるだろうか？　しかし、自分の力をどこにも活かせず、時間だけがすぎていく、というのはなかなかつらいものだ。私の協力隊活動における暗黒時代だ。

しかし、転機は突然訪れた。大学でトレーニングを受けて養蜂を始めた人たちのようすを見てきて、セ

図3・4　フィリピンでの任地ラウニオン州バクノータン．マニラからバスで7時間ほどの海沿いの町．中央に走っているのは，ジープニーという乗り合いバス．どこででも止まってくれるので便利．

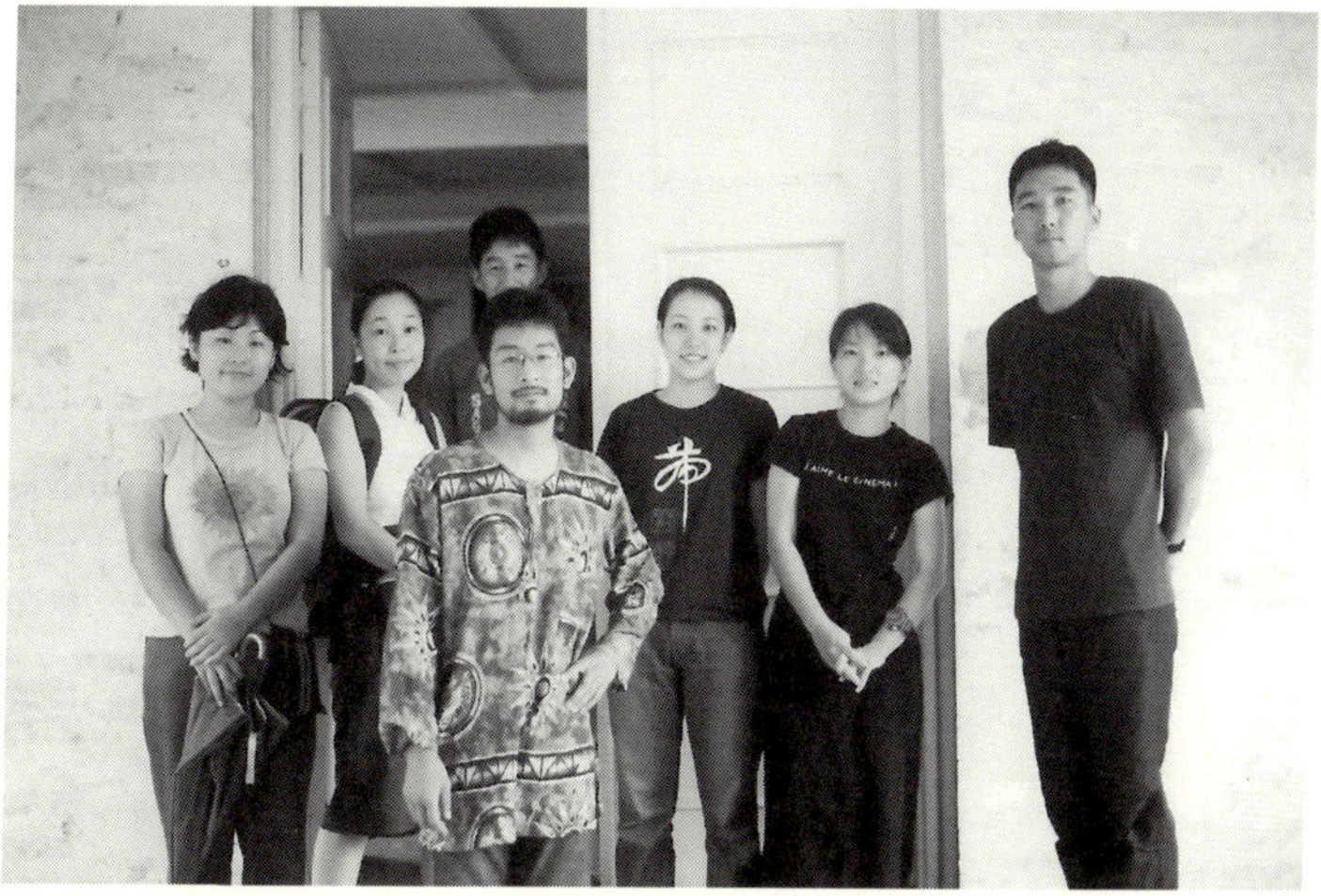

図3・5　協力隊の同期．それぞれ自動車整備，獣医学，村落開発，食品加工，植林が専門．

図3·6　フィリピン点景1．（上）同期の植林隊員（写真右）の活動している村で．（下）学校の前の屋台でアイスクリームを買う子ども．

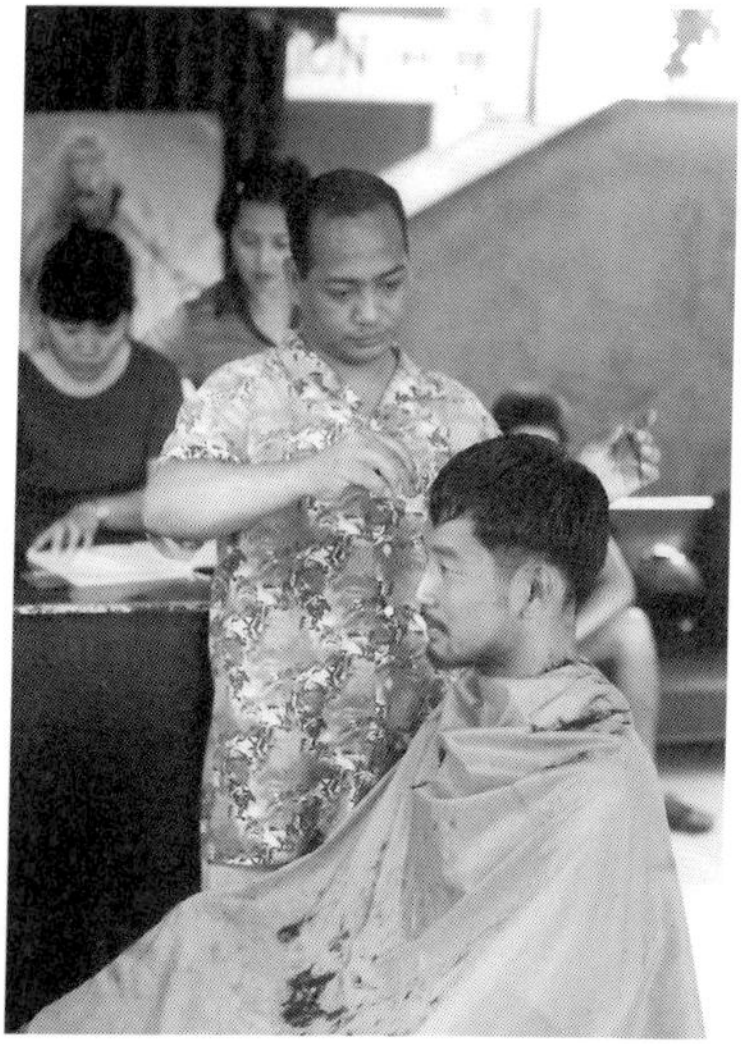

図3・7　フィリピン点景2．町の市場の美容院で散髪してもらう著者．フィリピンでは，オカマの人が美容師をやっていることが多い．いつも散髪をお願いしていたこの美容師さんもそう．フィリピンではオカマであることをあまり隠さないし，日本ほど特別感はない．

ンターに報告しろと言われたのだ。近くにそのような養蜂家がいるらしいということは薄々知っていたが、もともとの要請がセンターの養蜂技術向上だったので、技術協力の対象としては大学スタッフだけしか考えていなかった。しかし、大学のスタッフのほとんどは私よりもはるかに年上だったし、養蜂の経験も長かった。そのような人たちに、二十代でしかもちょっと大学で蜂を飼ったことがあるだけの私が技術的な指導をするのはとても難しい。ところが、村の養蜂家のところへ行ってみると、そこでは技術指導が求められていた。

「大学はトレーニングをして養蜂を始めさせはするが、その後いくら頼んでも蜂のようすを見に来てくれない。大学へ来て、何が問題なのか説明しろと言うんだ。だけども、その問題がわからないことだってあるだろう。お前のように、ちょっとだけでも見に来てくれれば、すぐにわかることもあるのに」

村の養蜂でもっとも問題になっていたのは、女王が

図3・8　フィリピン点景3．市場のようす．フィリピンのどこの町でも市場は活気に溢れている．大きな町にはスーパーもあるが，生鮮食品は市場で買うのがふつうだった．なにより，市場の買い物は楽しい．

図3・9　フィリピン点景4.（上）バケツで水浴び．村にも水道がきているところが多いが，井戸もまだまだ活躍している．（下）村の家の台所．

図3・10　ラウニオン州養蜂協会の会長と蜂のようすを見る．

うまく作れないことだった。ミツバチのコロニーは、一匹の女王がすべての産卵をおこなうので、女王の質が悪いとコロニーの成長も悪くなってしまう。また、大きくなったコロニーを二つに分ける時には、新しい女王が必要だ。彼らが飼っていたセイヨウミツバチでは、女王蜂を大量に育てる技術が確立されており、その技術を用いて女王が生産されていたのだが、そうして作られた女王の交尾がうまくいかないことと、交尾したとしても産卵が悪いのが問題だった。

任期の後半は、村の養蜂家たちとこの問題にとり組んだ（図3・10〜3・12）。私は日本からフィリピン人に養蜂を教えるために派遣されたボランティアだったが、彼らに何かをしてあげることよりも、教えられ助けられた経験の方が多かったような気がする。赴任したときには、ミツバチを飼い始めて二年少々だったのだから、十分な技術をもっていたはずはない。私の飼養技術の多くは、このときにフィリピン人たちといっしょに蜂を飼うなかで学んだものだ。人付き合いが苦手な私が、何とかこの異国の地でやってこられたのは、彼らが私を積極的に

図3･11　ラウニオン州養蜂協会のメンバー．トラックで7～8時間かけて蜂を運び，野生のヒマワリの蜜をとっているところ．

図3・12　蜂を見ていると子どもたちがやってくる．

図3・13　大学内に住んでいたので，食事は毎回学食で作ってもらっていた．帰国前に学食の人たちと記念撮影．たぶん，任期中に一番顔を合わせる機会が多かった人たちだ．

受け入れようとしてくれたからに他ならない。けっきょく半年間任期を延長し、赴任から二年半後に日本へ帰国することになったときには、村の女王生産の問題はだいぶ改善されていた。この改善をもたらしたのは、村の養蜂家たちが自分たちの事業をより良いものにしようとして試行錯誤した結果だ。そのような努力は私が赴任する前からされていたのだから、私の存在がどれだけその改善に貢献したのかはわからない。ただ言えることは、そのような過程を彼らといっしょに経験できたことは、とても幸せなことだったし、その後、再び研究の世界をめざすときに、私を支える大きな力となった、ということだ（図3・13）。

コラム　フィリピンの陽気なミツバチ　ジョリビー

フィリピンには、ファストフード店が多い。マクドナルド、ケンタッキーフライドチキン、シェーキーズなど、日本でおなじみのファストフードが簡単に食べられる。私が協力隊員として活動していた小さな村にも、小さいながらもミスタードーナツの店舗があって驚かされた。それらはほとんどが外資系企業だが、一番人気は「ジョリビー」というフィリピン生まれのファストフードチェーンだ。基本はマクドナルドのようなハンバーガーショップだが、

「米を食わないと力が出ない」

というフィリピン人のためにチキンとライスのセットなども売られている。すこし甘めの味付けも、フィ

リピン人好みだ。トマトケチャップの代わりに、バナナから作られたバナナケチャップ（赤く着色されている）が使われている、という特徴もある。

この「ジョリビー」というのは、店のイメージキャラクターの名前でもある。Jolly bee、つまり陽気なミツバチという意味だ。ジョリビーはどの店の前にもいるので、みなさんもフィリピンに行かれた際にはいっしょに記念撮影をしてみてはどうだろう（図コラム⑥）。

図コラム⑥　フィリピンのファストフードチェーンであるジョリビーのキャラクターは，少し太めのミツバチ．

コラム　蜂の毒に倒れる

ミツバチで実験をしていると、どうしても刺されることがある。刺された場所が腫れたり、かゆくなったりするだけであれば心配はないが、気をつけなくてはならないのは、蜂毒によるアナフィラキシーショックだ。体質によっては、一回かそれ以上刺される経験をすることで体内に蜂毒に対する抗体が多量に作られるようになり、さらに刺されるとじんましんや気管の腫れ、呼吸困難、吐き気、めまい、血圧低下などが起き、最悪の場合は死に至ることもある。ただし、蜂に刺されて、アナフィラキシーショックを起こすのは、ごく一部の人だけで、多くの場合は、重篤な症状がでることはない。刺され続けることによって、だんだん症状が軽くなっていき、刺されても腫れなくなる人もいる。

私の場合も、学生時代には数えきれないくらい刺されたが、とくに問題のある症状はでていなかった。しかし、フィリピンにいたとき、蜂に刺されて倒れたことがある。

協力隊員としてフィリピンに赴任して、まだ半年経たないくらいの頃だったと思う。その日は天気が悪く、配属先の人と養蜂場での作業を終えてオフィスに戻ってくると、雨が降ってきた。配属先で飼育されていたのは、セイヨウミツバチだったが、オフィスの庭に放置していた巣箱にトウヨウミツバチの分蜂群が入り込んで巣を作っていた。それにも餌をあげてやろうと、私が巣箱の蓋を持ち上げ、配属先の同僚が砂糖水を給餌することになった。

日本に生息するニホンミツバチは、トウヨウミツバチの一亜種だが、性質はセイヨウミツバチに比べても温和で、煙を使わなくても刺すことはあまりない。しかし、遅い時刻でしかも雨という条件がよくなかったのか、この蜂は蓋を開けた瞬間から怒り狂っていた。蓋を持っている私の手にたくさんの蜂が這い上ってきて刺してきた。砂糖水を与え終わるとすぐ蓋を閉めたが、手を見ると、指先に剣山のように多数の針が残っているのが見えた。ミツバチは刺針すると針が腹部から抜けて皮膚に残る。この時は、正確に数えることができなかったが、刺さっていた針は三十〜四十本か、もっとあったかもしれない。

「ケン！　だいぶ刺されたなー！」

ハハハ、と同僚たちは笑って、片づけに戻っていった。

刺されたときの痛さはたいしたことはなかったが、刺されて五分くらい経つと、立ちくらみのような強いめまいと吐き気がしてきた。誰もいないオフィスの床に横になったが、それでも症状は収まらず、そのまま気を失ってしまうかもしれないと思った。もしここで気を失ったら、同僚は私がなぜ床で寝ているかわかってくれるだろうか？　そんな心配をしていると、同僚の一人が倒れている私を見つけて、慌てて車に乗せ州都の病院へ運んでくれた。

けっきょく、搬送される途中から急激に症状が回復し、到着したときにはほとんど何の症状も残っていなかった。念のため一晩入院したが、何もなかったかのように元気になった。

一度、このようなアナフィラキシーショックがでると、次に刺されたときにも同様の症状がでることが多い。しかし、私の場合は幸いなことに、フィリピン滞在中は、刺されても再びこの症状がでることはなかった。ただ、アレルギー体質にはなったようで、帰国後病院で検査をすると、ミツバチ毒へのアレルギー反応は陽性だった。大学院時代には、刺された後に気分が悪くなることもあり、医者と相談の結果、減感作療法を受けることにした。簡単に言えば、少しずつ毒を注射し、毒に対して強い反応を起こさせないようにする治療法だ。三週間の入院とその後毎月一回の注射が必要だったが、おかげで今では、以前のような反応は起こらなくなっている。

第４章
ミツバチの遺産相続問題

帰国

フィリピンでの生活がとても気にいっていた私は、協力隊活動を終了した後の進路として、国際協力という仕事を視野に入れたことがあった。それまで関係のない仕事をしていた人が、協力隊への参加をきっかけに、国際協力の道へ入っていくことはよくある。基礎研究のような、ある意味で何の役にも立たないことをするよりも、求められて人に感謝されるような仕事をするのが、人として幸せなのかもしれない。実際、フィリピンを発つ前の数か月ほど、幸福感を感じて生活したことはない。それは、自分が誰かの役に立ち、そして同時に誰かに助けられているということを実感していたからだ。しかし、私は本当に国際協力をしたいのだろうか？　もし、資金が十分になく、生活に困るようなことになっても、その仕事をするだろうか？　そう自分に問いかけたときに、答えは意外とあっさりとでた。自分がめざしたいものは、国際協力ではない。

この結論がでると、大学へ戻ることを決めるまでにそれほど多くを考える必要はなかった。フィリピンにいる間、研究らしいことはまったくしていなかったので、研究への欲求が溜まっていたのだろうか。またアカデミックな世界に身をおけると思うと嬉しくなってきた。

協力隊はボランティアだが、帰国したときに仕事が見つかるまで暮らせるように、月々数万円が国内の口座に積み立てられる。これを学費に充てよう。私大の大学院の学費をまかなえる額ではないが、国公立の大学院ならば二年間の学費と生活費はどうにかなるだろう。

どの大学院の修士課程を受験するか考えたときに、候補として浮かんだのは、東京農工大学（以降、農工大）にある動物行動学の研究室だった。そこでは、研究対象としてさまざまな動物を扱っていたが、ミツバチもその中の一つだった。以前は、何を研究するのか迷っていた私だが、この時は研究対象をミツバチにすることは決まっていた。フィリピンでの協力隊経験でそれなりにミツバチをうまく飼えるようになっていたので、その経験を生かして、ミツバチの行動を研究したかった。東京には、蜂やアリ、シロアリなど社会性昆虫を研究する研究者や学生が集まって情報交換をする社会性昆虫勉強会という集まりがあり、そこで農工大の研究室の人とも面識があった。その研究室からきていた大学院生たちは、自分の研究を楽しんで進めているように見えただけでなく、新しい発見に向かう勢いのようなものをもっていた。そのような中で自分も研究をできたら思い、その研究室の教授であった小原嘉明先生に連絡をとると、帰国したら見学に来なさいとのことだった。

研究の再開

その時点で考えていた研究のアイディアなどを話して、小原先生から研究室への受け入れＯＫの返事をもらうと、入試は何の問題もなく通過することができた。協力隊参加前に受験した、散々な結果に終わった大学院入試の時とは、まるでちがっていた。試験の難易度がちがうわけではなく、何をやりたいかがある程度はっきりしていたことが結果に影響したのだろう。

修士課程では、ミツバチを対象とすることに決めていたが、問題はそれで何をするかだ。はじめは、巣仲間認識の研究の続きをやろうと考えていたのだが、フィリピンでおこなっていた女王生産のことがなかなか頭を離れない。女王を作るには、いろいろなコツが必要なのだが、それがわかってくると、女王生産は楽しい作業だ。だから、これを研究の中でとり入れられないかと思った。フィリピンで女王生産をしていたときに、生育中の女王蜂が、働き蜂によって間引かれることを何度か目撃していた。そのことじたいは良くあることなのだが、これを詳しく研究したら、おもしろいことがわからないだろうか？　と思った。まずは、どのような女王が間引かれるのか、調べてみようということで、修士課程に入学するとすぐに実験を開始した。

新しい研究室での生活

研究者をめざす学生にとって、研究をおこなう場となる研究室の環境はひじょうに大事なものだ。ここでいう環境とは、実験をするための設備もさることながら、研究室がもつ雰囲気や研究に対する姿勢といった目に見えないもののことだ。そういった環境は、もちろん研究室という部屋がもつものではなく、そこに所属する教員や学生が作りだしている。

私が修士課程でお世話になった小原嘉明先生は、自由な発想で研究を進めるということをとても大切にされていて、間違いなくその考え方が研究室の雰囲気に反映されていた。学生が何かするときも、あまり

細かいことを言わずに、

「怒られる時はおれが怒られてやるから、おまえらは精いっぱいやれ！」

とハッパをかけてくれた。私が在籍していた数年前には、この言葉を真に受けた学生たちが研究室の窓から打ち上げ花火を上げたというエピソードも、この研究室の特徴をよく表している。この雰囲気のおかげで、私などはのびのびと研究室生活をおくることができた。飲み会などで学生が小原先生と口論になることもよくあったのだが、それはやはり自由に行動し、発言できる雰囲気があったからこそなのだろう。

女王蜂の作り方

私が修士課程でおこなった研究の説明をするためには、ミツバチの女王生産とそれにまつわる現象について知っておいてもらう必要がある。まずは女王生産の方法から説明したい。

自然条件下では、ミツバチのコロニーは、繁殖期（日本であれば春）に新しい女王を育てるが、その数だけでは不十分なことが多いので、養蜂家は人工的に女王を育てる。女王生産の方法には何通りかあるが、もっとも一般的なのは「ドゥーリトル法」だ。これは、働き蜂の若い幼虫を、女王が育てられる特別な部屋に移してやることで、多数の女王を養成する方法である。

女王と働き蜂は異なる形態をしていて、行動もまるでちがうが、じつは遺伝的なちがいがあるわけではない。幼虫の時の餌しだいで、女王になったり、働き蜂になったりする。

働き蜂が育つのは六角形の働き蜂巣房だが、女王は「王台」と呼ばれる特別な巣房で育てられる（王台の初期の段階はカップ状でこれを「王椀」という）。典型的な王台は巣板から垂れ下がるように作られ、働き蜂巣房が横向きであるのに対して、下向きであるという特徴がある（図4・1）。働き蜂は、おもにこの巣房の向きで働き蜂が育てられているのか、女王が育てられているのかを判断する。働き蜂巣房で孵化した幼虫には、最初の三日間は、ワーカーゼリーと呼ばれる育児蜂の分泌腺から出されるビーミルクが与えられるが、その後はハチミツと花粉で育てられる。一方で、王台で育つ幼虫には蛹になるまでビーミルクが大量に与えられ続ける。このビーミルクはローヤルゼリーと呼ばれている。幼虫は、このローヤルゼリーを食べることによって、遺伝子の発現パターンを変え、女王へと発生していく。女王になるか働き蜂になるかが決定されるのは、孵化後三日齢あたりで、それまではどっちにもなれる可塑性を幼虫はもっている。ドゥーリトル法は、ミツバチのこの性質を利用する。

孵化したばかりの働き蜂の幼虫を、移虫針という特別な道具で巣房の底から丁寧にすくい上げる（図4・2）。そして、これを一匹ずつプラスチックでできた人工王椀と呼ばれるカップに移して、人工王椀が下向きになるように、女王をとり除いたコロニーの中にいれてやる。すると働き蜂は、巣房がプラスチックでできているにもかかわらず、下向きの巣房では女王が育てられていると判断して、幼虫にローヤルゼリーを与え始めるのだ。働き蜂幼虫を人工王椀に移すこの作業のことを、移虫という。

移虫をして十三日目に王台から女王が羽化してくるので、羽化日を予測して王台を一つずつ女王のいない小さなコロニーに移す。そして、そのコロニーの中で羽化させ、交尾をするのを待つのだ（図4・3）。

図4・1　女王の育房「王台」.（上）王台は巣板の下部にぶら下がるような形で作られることが多い.（左下）女王が幼虫の間は，王台の下側に空いた穴から，育児蜂によってローヤルゼリーが給餌される.（下中央と右下）蓋のされた王台を切って，中のようすを見られるようにしたところ.

図4・2　ドゥーリトル法による女王生産．働き蜂巣房で孵化したばかりの幼虫（左上）を移虫針という道具ですくい上げ（右上），プラスチック製の人工王腕（左下）に移す．これをコロニーに入れると，働き蜂がローヤルゼリーを与え，幼虫を女王に育てる．（右下）ローヤルゼリーが与えられ始めた人工王腕．王腕の天井に，白く見えるのがローヤルゼリー．

ミツバチの交尾は空中でおこなわれる。羽化してから一週間から十日ほどで女王は性成熟し、交尾飛行をおこなうようになる。交尾飛行では、「オス蜂の集合場所」と呼ばれる特別な空域に飛んで行き、そこで交尾をして元の巣へ戻ってくる。オス蜂の集合場所からの帰り道で迷ってしまうのか、あるいは途中で鳥にでも食べられてしまうのか、交尾飛行から戻らない女王も少なからずいる。未交尾の女王は産卵をしないので、女王の産卵は交尾が成功した印でもある。それを確認して、やっと女王生産は終了だ。

このように書くと女王生産を失敗することなどなさそうだが、失敗するポイントがいくつかある。

「女王生産で一番大切なのは、日にち

図4・3　（右上）移虫3日後の人工王腕．いっぱいにためられたローヤルゼリーの上に幼虫が浮かんでいる（左上）．蓋がけされた王台．羽化数日前に王台を1つずつ女王のいないコロニーに入れて，羽化させる（下）．

を数えることである」

これはある養蜂の教科書に書かれていた文句だ。通常、女王生産では複数の王台を一つのコロニーの中で育てさせる。そして、王台から女王が羽化してくる前に、個々の王台を別々のコロニーに入れるのだが、この作業を移虫してから十一日目か十二日目におこなうことがとても大切だ。それは、移虫十三日目というのが、女王が羽化する日だからだ。もし、十三日目までこの作業をしなかったら、女王が羽化し、殺し合いをしてしまう。日にちくらい間違わずに数えられるだろうと思われるかもしれないが、意外とよくここで失敗する。数え間違えたり、作業を忘れたりするのだ。フィリピンで女王を育てているときも、何度かこの凡ミスをし、養蜂家といっしょに肩を落としたことがある。そのときは、この失敗の経験が後に役立つとは思っていなかった。

女王の跡目争い

テレビドラマなどでは遺産をめぐった血縁者間の骨肉の争いが描かれることがある。資産家の親戚がいないので、自分の身内ではそのようなケースはないのだが、じつは、ミツバチではこの跡目争いとも言える現象が知られている。私は、図らずも修士課程でこの現象について研究することになったので（原野、二〇〇五）、ここのところを少し詳しく話しておくことにしたい。

ミツバチのコロニーは春に十分大きく成長すると、女王が約半数の働き蜂を連れて巣を離れる。これが分蜂だ（口絵14）。こうして巣から飛び出した蜂たちは、分蜂群と呼ばれ、いったん近くの木の枝などに蜂の球となってぶら下がった後、新しい巣場所を決めてそこへ向かう。残された巣では、通常複数の女王が育っているのだが、この巣を相続できるのは一匹だけだ。これらの女王には、残された働き蜂の一部を連れて新しい巣を作るために分蜂するという選択肢もあるが、その場合、巣板を一から作らなくてはならず、蜜や花粉の貯蔵もゼロの状態から始めなくてはならない。そうすると、冬が来るまでに巣を十分大きくして、越冬に備えることが難しくなり、コロニーの生存率はかなり低くなる。そのような意味で、新女王にとっては遺されたコロニーは大きな価値のある遺産なのだ。

ミツバチの新女王は、この遺産をめぐって殺し合いをする。コロニーの構成員はいつも協力して生活していると思われていた読者は驚くかもしれないが、これもミツバチの一面だ。

いっしょのコロニーで育てられた新女王は、互いに同じ母親をもつ姉妹であるが、コロニーという遺産をめぐるライバルどうしでもある。女王はライバル女王を、二つの方法で排除することができる。「王台破壊」と「決闘」だ。姉妹女王が王台の中にいる時には、新女王はこの王台の側面を大顎で齧って穴を開け、中にいる姉妹女王を殺す。これが「王台破壊」だ（図4・4）。一方、ライバル女王がすでに王台から出ている場合には、「決闘」で排除するほかはない。組み付いて、毒針で刺し殺すのだ（図4・4）。すなわち、どちらの方法でライバルを排除するかは、ライバルが王台から出ているかどうかで決まる。女王が王台から出てくることを「出房《しゅつぼう》」と呼び、羽化とは区別する。羽化は蛹から脱皮することだから、羽化しているけれど出房はしていない、という状況もありうる。実際、ミツバチの女王は、羽化後数時間は出房せずに王台の中に留まっていることが多い。

こうして、女王どうしの殺し合いはコロニー内にライバルがいなくなるまで続く。この競争に勝ち残った一匹はその後、交尾飛行に出て、交尾に成功すると産卵を始めるようになる。

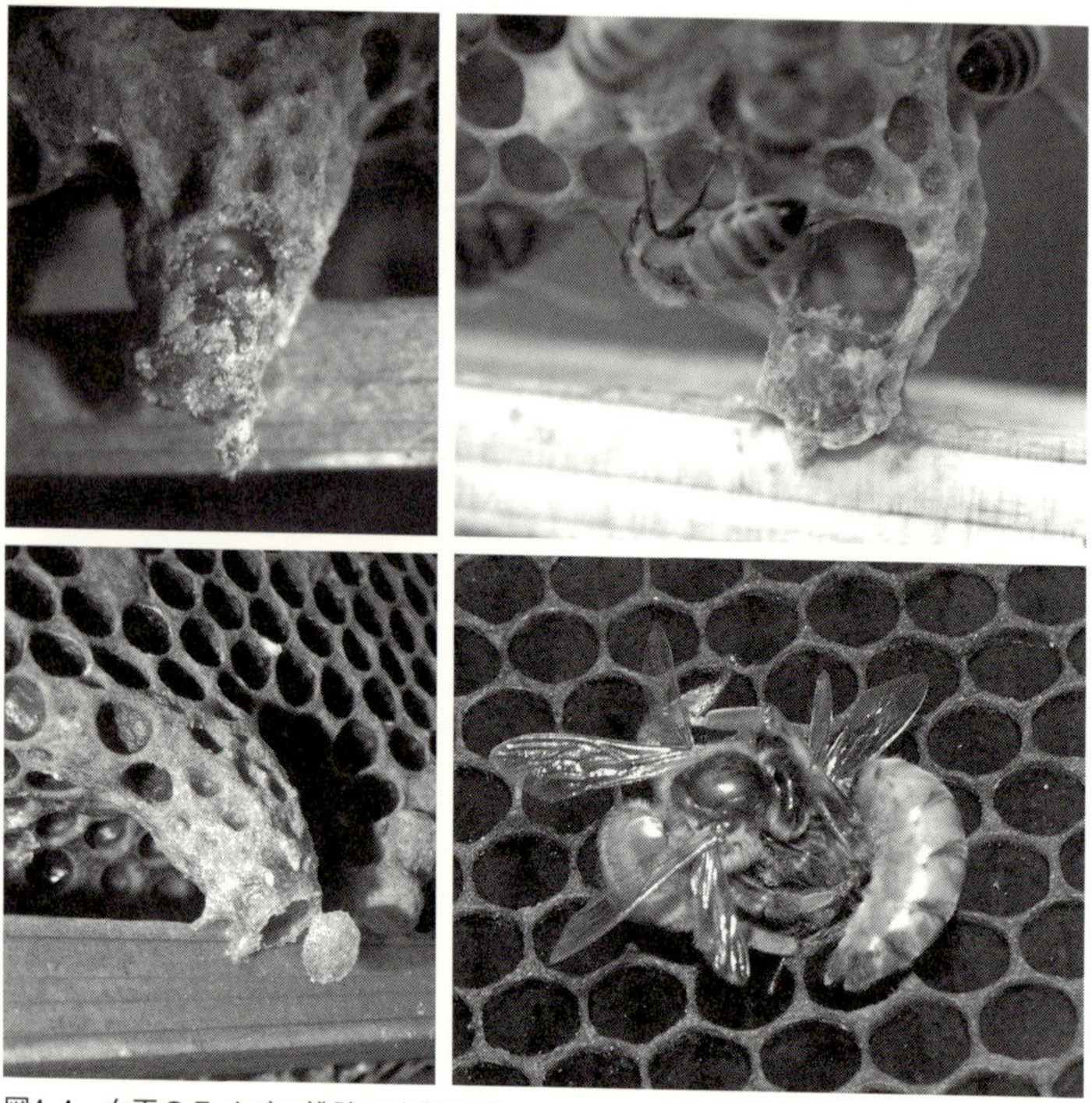

図4・4　女王のライバル排除の方法2種．ライバルが出房前で王台の中にいる場合は，王台を噛み破り，中の女王を殺す「王台破壊」をおこなう（左上）．破壊され，蛹が引き出されて空になった王台（右上）．女王が出房した王台は下部にきれいな丸い穴が開くので，破壊された王台と簡単に見分けられる（左下）．ライバルが出房した後は，「決闘」によって排除するほかない（右下）．

偶然の発見

はじめに私は、この過程ではなく、コロニーの大きさに対して、育てられている女王が多いと、王台中の幼虫期や蛹期の女王が働き蜂によって殺されるという、間引きの現象を調べようとしていた。これは働き蜂による新女王の間引きだろうから、きっと生育の悪い女王が排除されているのだろう。まずは、それを確かめようと、ある実験をおこなった。

コロニーを相続させる新

女王を作るには、孵化直後のひじょうに若い幼虫を移虫することが大切だ。孵化後三日までならば、女王になることも可能であるが、そのような歳をとった幼虫を移虫した場合は、卵巣が小さいなど生殖個体としての質が低い女王になってしまう場合が多い。そこで私は、一つのコロニーの中に孵化直後（〇日齢）の幼虫と二日齢の幼虫を同時に移虫した場合に、どちらの幼虫がより間引かれやすいかを調べてみた。もちろん、二日齢の幼虫の方が間引かれやすいだろうと予想してのことだ。

しかし、何度か実験を繰り返してみたものの、はっきりとした差は見られなかった。働き蜂による間引きのような現象はあるのだが、稀にしか起こらないということも差をわかりにくくしたのかもしれない。その当時のデータが手元にないので正確な数字は示せないが、六十匹移虫したうち間引かれるのは二〜三匹だったろうか。これがすべて、二日齢で移虫した幼虫であれば、話は簡単なのだが、少なくともそうではなかった。

他にも予備的な実験をいくつか平行して進めていたが、それらからもこれといった結果が得られない。希望を胸に研究を再開してはみたものの、何のとっ掛かりもつかめない状態で、私はまた途方にくれてしまった。

この実験を、五回くらい繰り返してみた。最後の結果を確認して、この実験はこのまま続けていても実りはないとわかると、実験の片づけをする気も起きなかった。本当は、実験で使った王台は女王が羽化する前にコロニーからとり出しておかなくてはならなかったのだが、なんだかすべてが面倒になってしまい、それをコロニーの中に放置して、その日は帰途についた。

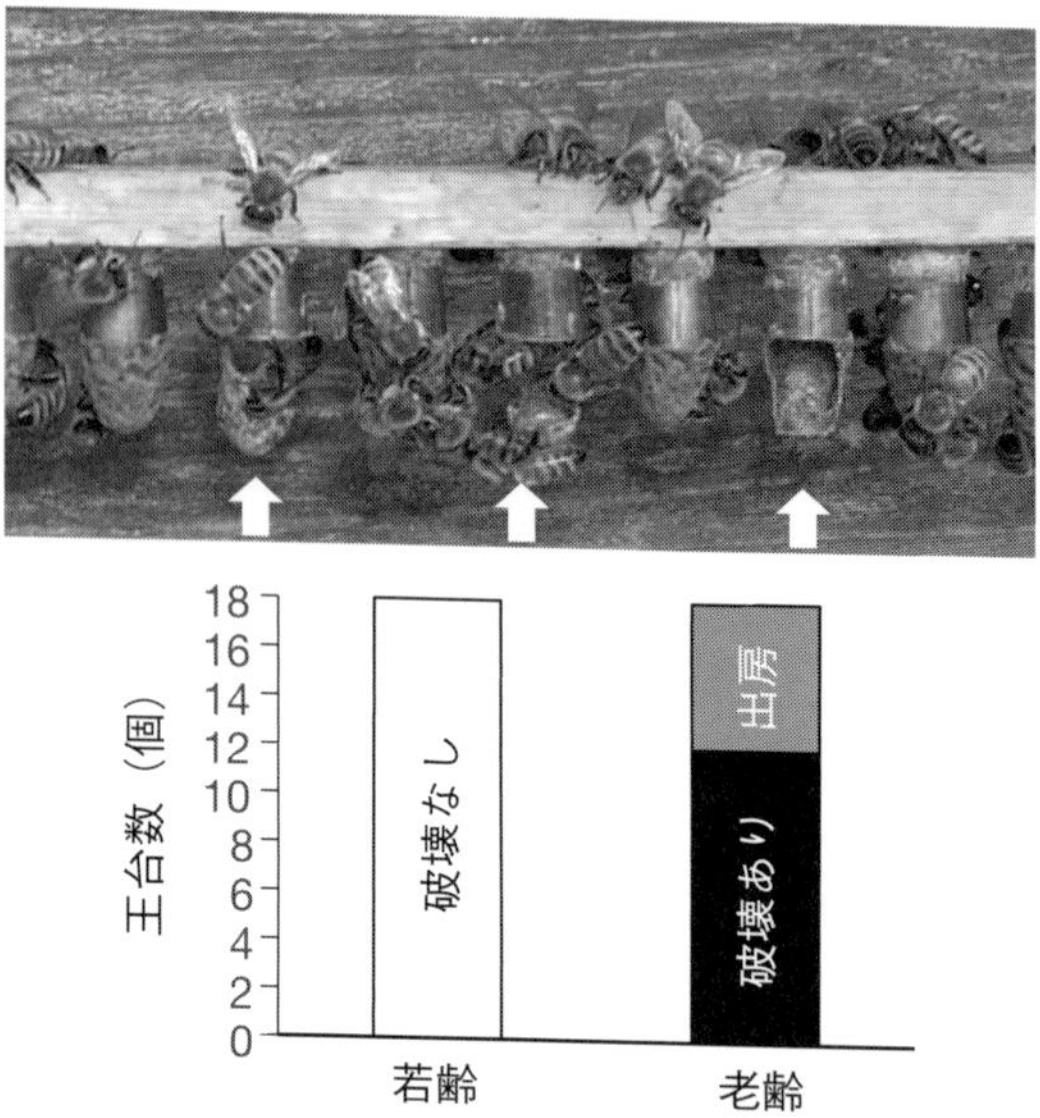

図4・5　(a) 1つおきに壊された王台（矢印）．より発育段階の進んだ蛹のいる王台が壊された．(b) 若齢王台と老齢王台の破壊数のちがい．老齢王台の方が若齢王台よりも2日分発育が進んでいる．Harano & Obara, 2004aのデータをもとに描く．

もうこの実験を続けないといっても、別の実験のためにコロニーは維持しておかなくてはならない。気が乗らなかったが、仕方なく実験の片づけをすることにした。王台を引き上げてみると、いくつかの王台は下部先端にきれいな丸い穴が開いていた。これはこの王台から女王が出房したことを示すサインだ（図4・4左下）。予想していたことではあるが、別の王台はすでに出房した女王に壊されていた。女王による王台破壊では、王台の側面に穴が開けられるので、出房した王台とは簡単に見分けることができる。しかし、出房していないすべての王台が壊されていたのではなかった。横に並んだ王台は、一つおきに穴を開けられていた（図4・5）。

この時の実験では、隣り合わせに並べた人工王椀に〇日齢と二日齢の幼虫を交互に移虫して王台を作らせていた。そのうち壊されていた王台はほとんどが、二日齢の幼虫を移虫したものだった。女王幼虫の生育速度は一定で、幼虫・蛹期間は十二日間[*1]と決まっているので、〇日齢と二日齢の幼虫を同じ日に移虫すると、二日齢で移虫した方が〇日齢よりも二日早く羽化（出房）してくる。つまり、出房した女王（二日齢で移虫）は、しばらくは出房しないライバル（〇日齢で移虫）を後回しにして、十分成熟していてすぐに出房するライバル（二日齢で移虫）の王台の破壊を優先しているかのように見えた。念のため、同じことをもう一度繰り返してみたのだが、やはりまず壊されるのは二日齢で移虫した王台だった。

選択的な王台破壊の意味

これはおそらく、女王のライバル排除戦略だろう。出房した女王は、ライバルを王台破壊でも決闘でも排除することができるが、決闘にもち込まれれば必ず勝てる保証はない。出房した女王にとっては、そのような決闘によるリスクを冒すよりも、安全な王台破壊でライバルを排除した方が、コロニーを相続するためには有利なはずだ。女王は、できるだけライバルを出房させないような順序で王台を破壊しているのではないか。

自然条件下でも、コロニーの中に、ある程度発達段階の異なった女王が育つ王台があることはふつうだ。そのような時に、最初に出房した女王はどのようにしたら、ライバルの出房を最小限にとどめられるだろうか？　ここで重要なのは、王台を破壊し終わるには三十～九十分もの時間がかかるということだ（Harano et al., 2008a）。つまり、王台破壊をしている間に、別の女王が出房する危険性がある。だから、もしそれぞれの王台について出房までの時間がわかるとしたら、まず一番出房までの時間が短い王台を先に壊すのがいいはずだ。出房した女王は実際にそれをやっているのではないだろうか？

しかし、別の可能性もある。先にも述べたように、二日齢の幼虫を移虫すると質の低い女王ができる。出房した女王は、質の低い女王がコロニーを相続することがないよう、そのようなライバルを先に排除している可能性も、ないとは言えない。

そこで、〇日齢と二日齢の幼虫を同時に移虫するのではなく、〇日齢の幼虫を二日ずらして移虫することにしてみた。そうすることで、育つ女王の質を変えることなく、発育段階を二日分ずらした。そのようにしてみても、発育段階の進んだ王台を先に壊すことが確認されたので、やはり女王はライバルを出房させないように、王台破壊に優先順位をつけている、と言ってよさそうだ（図4・5）。

本当に女王が破壊しているのか

ここまでの実験では、実際に女王が王台を破壊するところを観察しているわけではない。出房した女王が王台を破壊することはよく知られていたし、壊された王台は女王によって破壊された場合に見られる特徴を示していたが、それだけでは働き蜂が壊したという可能性を排除することはできない。

確かに女王が優先順位をつけて王台を破壊しているのだということを示すためには、働き蜂がいない条件で王台を破壊させられると都合がよい。ためしに、研究室にもち帰った王台を小さな網かごの天井にとり付け、そこに新女王を入れてみたところ、比較的すぐに王台破壊をするということがわかった（図4・6）。そこで、これを利用して次の実験をおこなった。

まず、移虫日をずらして、出房直前の状態の王台（十二〜十三日齢王台）と三日後に出房する予定の王台（九〜十日齢王台）を同じ日に用意し、それぞれ一つずつ網かごの天井にとり付ける。そこに、新女王を入れて、どちらの王台を先に壊すのかを直接観察した。発育段階を「出房直前」とした王台はできるだけ出房に近づけたかったので、同時に移虫した複数の王台のうち一つが出房したときに実験を開始することにした。こうすると、だいたい数時間のうちに他の王台からも女王が出房してくることが経験的にわかっていたからだ。しかし、最初の出房が何時になるかはコントロールすることができないので、夜中に実験を始めなくてはならないこともしばしばあり、その場合には徹夜で観察することになった。

そのような工夫の甲斐あってか、はっきりした結果を得ることができた。網かごという人工的な条件下でも、女王は出房直前の王台の方を先に壊したのだ（図4・6d）。

出房直前の王台かより発育の進んだ王台か

ここまで述べてきた実験で、女王がある種の王台を優先的に破壊していることが明らかになったが、ど

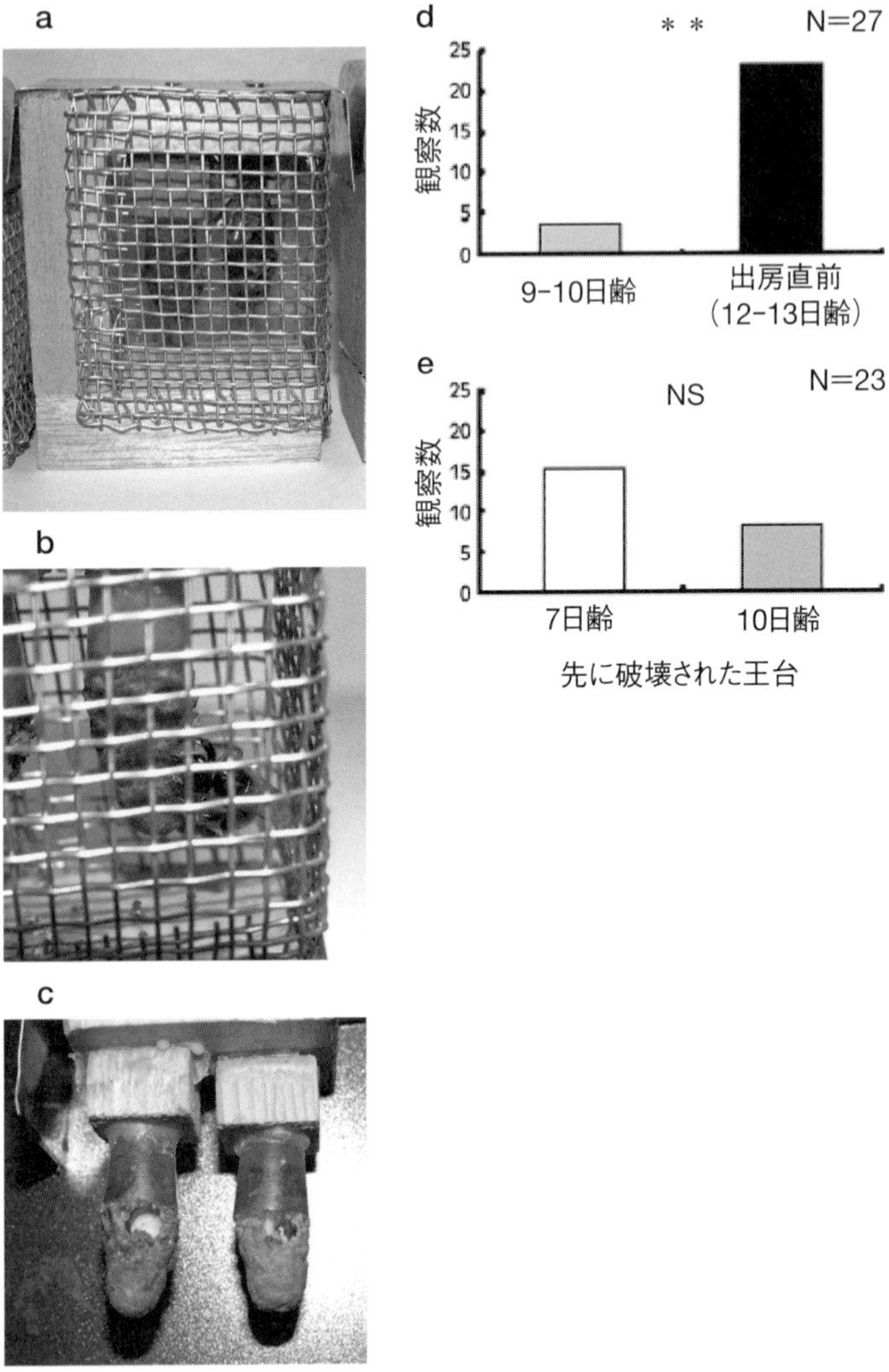

図4･6　研究室内で王台破壊の実験をおこなうために用いたケージ．2つの王台と1匹の女王が入っている (a)．ケージ内で王台破壊をおこなう女王 (b)．女王によって破壊された王台 (c)．(d, e) 異なる発育段階の王台2つを提示した場合に，どちらの王台が先に壊されたかを示した図．**, $P < 0.01$　カイ二乗検定．Harano & Obara, 2004a より改変．

のような王台を優先的に破壊しようとしているのかについては、まだわからない点があった。女王は、出房間近の王台がある場合だけ、それを先に壊そうとするのだろうか？　あるいは、出房間近の王台がコロニーの中にない場合でも、若い王台の中でもっとも発育段階の進んだ王台から壊していくのだろうか？今までの実験では、もっとも発育段階の進んだ王台が出房間近の王台だったため、この問題には答えられていなかった。

そこで、再び網かごの実験系を利用して、この問題にとり組むことにした。基本的には先ほどの実験と同じことをやるのだが、今度は出房までにどちらも三日以上ある十日齢の王台と七日齢の王台をペアにして、新女王がどちらを先に壊すかを調べた。もし、女王がより発育段階の進んだ王台を壊そうとしているのであれば、十日齢の王台を壊すだろう。

しかし、結果はそうはならなかった（図４・６ｅ）。つまり、女王は複数の王台を比較して、より発育段階が進んでいる方を壊そうとしているのではなく、出房直前の王台だけを選択的に破壊しようとしているのだ。

これは、女王はコロニーの中に存在する複数の王台の発育段階を一目で把握することができないということを考えれば、もっともなことだろう。もし、コロニーの中で一番発育が進んだ王台を壊そうと思ったら、コロニーの中をくまなくパトロールして、見つけ出した王台の発育段階をそれぞれについて把握し、それらを比較してからやっと破壊を始めることになるのだから。

最初の学術論文

私が修士課程で指導を受けた小原先生は、研究は論文として発表しないと終わらないんだ、ということをよく言われていた。学会発表はするにこしたことはないが、それで満足してはいけない。必ずしも大きな論文を書かなくてもいいから、自分のやった実験結果をメモするように論文にしていきなさい…。先生は学生たちにそう言うだけではなく、実際に自分で実験をおこない、その結果を少しずつ論文にしていた。大学の先生が実験をするのは当然だろうと思われるかもしれないが、日本の大学教員は、自分で実験をする時間をもてないほど他の業務で忙殺されている場合が多い。論文を書けるほど実験をおこなうことができる先生はそれほど多くないのが現状だ。そんな中、先生はいろいろなところで無理をとおして研究の時間を作っていた。そのため、大学内にたくさん敵を作ってしまったようだった。

そのような先生の考え方もあり、研究室では研究成果はすぐ論文にするという雰囲気が出来上がっていた。研究室の先輩の勧めもあり、私はこの時点で得られている実験結果を論文としてまとめて、学術雑誌に投稿することにした。学術論文は、世界中の研究者が読むものなので、基本的に英語で書かなくてはならない。私はフィリピンで二年半の間、英語（と現地語）を使っていたので、それほど英語への抵抗はなかったのだが、初めての学術論文の執筆は、かなり難航した。論文で使う英語に慣れていないという問題もあったが、それ以上に論理を文章で展開するということができなったことが一番の理由だった。この時は私も苦労したが、もっと苦労したのは、原稿を直してくれた先生たちだろう（同じ研究室の佐藤俊幸先生も論文を見てくれた)。初めの原稿は暗号のようだったにちがいない。何が書かれているのかを解読し、そこで主張しようとしていることを推測し、そのために適切な表現を考える。きっと、先生が自分で一から書いた方が楽に、しかも早く書けたはずだ。それでも先生たちは私の原稿を根気よく直してくれ、私と先生たちの間を原稿が何度も往復したすえに、ようやく投稿の運びとなった。ここで扱ったようなミツバチの行動についての論文を掲載してくれそうな雑誌はいくつかあったのだが、私は社会性昆虫全般を広く扱っている『Insectes Sociaux(社会性昆虫)』誌に原稿を投稿することにした。

学術論文は、専門の学術雑誌に掲載されるが、原稿を送ってもそれがすぐに掲載されるわけではない。まず、雑誌の編集者は、同じような分野で研究をしている別の研究者を査読者として選び、論文原稿を送って、それが雑誌に掲載する価値があるかどうか意見を求める。それをもとに、掲載の可否がきまるのだ。

原稿を投稿して二か月くらいたったある日、二名の査読者からのコメントともに、原稿が送り返されてきた。今は、この原稿のやりとりは電子メールでおこなうが、当時は紙の原稿をエアメールで送り、紙に書かれた返事が返って来るという手順だった。私が受けとった編集者からの手紙には、原稿は大幅に修正の必要があるので、査読者のコメントを参考に直すように、と書かれていた。掲載拒否の場合は、たいていこのタイミングでその旨連絡があるので、どうにか第一関門は突破というところだ。

論文査読は、利害が生じないよう査読者の名前は伏せておこなわれる。この時、二名の査読者は、大筋では研究の価値を認めるものの、論文にさまざまな不備があることを指摘していた。まず指摘されたのは英語のまずさだった。

「著者らが外国語である英語を用いて原稿を書いてくれていることには、感謝の意を表したい（たぶん英語圏の査読者だったのだろう）。しかし、この原稿はたいへん読みづらく、文章を改善する必要がある」原稿は小原先生に直してもらっていたのだが、じつは結果の解釈や考察の展開で先生と私とで一致しない点があり、（もう時効だと思うので白状するが…）その部分をこっそりと投稿前に書き換えていた。やはりそのあたりに問題があったのだろう。

もっと大きな指摘は、王台の発育段階をずらすやり方が不適当ということだった。この時点では、まだ若齢王台と老齢王台を得るのに、○日齢幼虫と同時に二日齢幼虫を移虫するという方法を用いていた。そのやり方では、女王として質の低いライバルのいる王台が先に壊されている可能性が否定できないというのだ。しかし、そのように指摘するのは簡単だが、追加実験は一朝一夕にできることではない。何とか理由をつけてこの指摘を突破できないかと考えたが、考えれば考えるほどこの査読者のコメントはもっともだと思えてきた。けっきょく、腹をくくって追加実験をおこなうことにした。査読者からのコメントが返ってきたのが、実験がもっともやりやすい春だったということもある。もし、これが夏以降であれば、実験をしたくとも次の春まで待たなくてはならなかっただろう。

この実験結果についてはすでに書いたが、指摘をふまえて実験をやりなおしてみたところ、一か月ほどで前の実験と同じ傾向の結果を得ることができた。この結果を組み込み、英語を整えた後に原稿を再投稿したところ、二、三の小さな修正の後に、掲載可の連絡をもらうことができた（Harano & Obara, 2004a）。

この論文はけっして大発見を報じるものではなかったが、私にとって最初の学術論文であり、特別なものだ。受理されるまでにはだいぶ苦労したが、雑誌にこの論文が記事として掲載されたのを見たときには、やっと自分も研究者としての第一歩を踏みだしたのかと感慨深かった。

＊1　昆虫は変温動物であり、変温動物の成長は環境の温度に左右される。暖かければ早く成長し、寒ければ成長に時間がかかる。しかし、ミツバチの巣内はほぼ一定の温度に保たれているため、そこで育つ蜂の成育はいつも一定のペースだ。つまり、巣内で育つかぎり、卵、幼虫、蛹の期間は決まっており、女王であれば、産卵されてから羽化するまで十六日間かかる。これを利用して、羽化日を予測し、その一〜二日前に王台を引き上げることができる。

出房直前の王台を見分ける手がかり

王台破壊に関する第一報目の論文を投稿し、その返事を待っている間に、修士課程二年目の春がやってきた。ミツバチの女王についての研究で難しいのは、夏以降になるとは実験で使えるほどの数の女王を育てにくくなるということだ。だから、女王に関する実験は、春から夏に集中しておこなわなくてはならない。私は、冬の間に論文を書くのと平行して、次の実験計画について考えていた。

ミツバチの女王が、出房直前の王台を選択的に壊しているのは間違いない。ということは、この段階の王台は他の段階の王台にはない何らかの刺激を発していて、それをもとに女王は出房直前の王台を見分けているはずだ。今度は、その刺激がどんなものなのかを明らかにしよう。

そのような刺激になり得るものとして、まず思い浮かぶのが匂いなどの化学的刺激だ。王台の中では、ライバル女王の蛹が成長を続け、羽化に向かっている。あるいはすでに羽化を終えて成虫の状態で、出房するタイミングを待っているところかもしれない。そのような発育段階に応じて、女王の体臭が変化していて、出房した女王はそれを王台の壁越しに感知しているのではないだろうか。とくに、王台中でライバル女王が羽化した後には、それまで蛹の皮があることによって外に漏れ出すのを阻まれていた匂い物質が、急に放出されることで、王台の匂いが大きく変わる、ということはいかにもありそうだ。

匂いではなく、別の刺激が使われているとしたら、それは音や振動といった物理的な刺激かもしれない。女王は出房するときに、王台の壁をかみ破って出てくる。そのときには、人の耳にも聞こえるほどのカリカリという音をだすので、それが出房直前であることを知らせる手がかりになっている可能性はある。出房のために、王台壁を齧る前にも、王台の中で羽化した女王はゴソゴソと動くこともあるので、その振動を感知できるかもしれない。

この二つのタイプの刺激がそれぞれ使われているのかどうかを調べるために、私は前年度におこなった網かごでの実験方法を利用することにした。

まず、化学的な刺激が関わっているかどうかについてだ。基本的な方法は先に説明したとおりで、新女王に提示する王台は出房直前の十三日齢とそれより三日遅く移虫した十日齢の王台とした。ただし、これらの王台からは中の蛹を抜き去っておいた。もし、出房直前の女王に特別な匂いがあり、それが手がかりにされているのであれば、王台の壁にその匂いが残っているかもしれない。そうだとしたら、中にライバルがいなくとも出房直前の王台を先に壊すのではないだろうか。

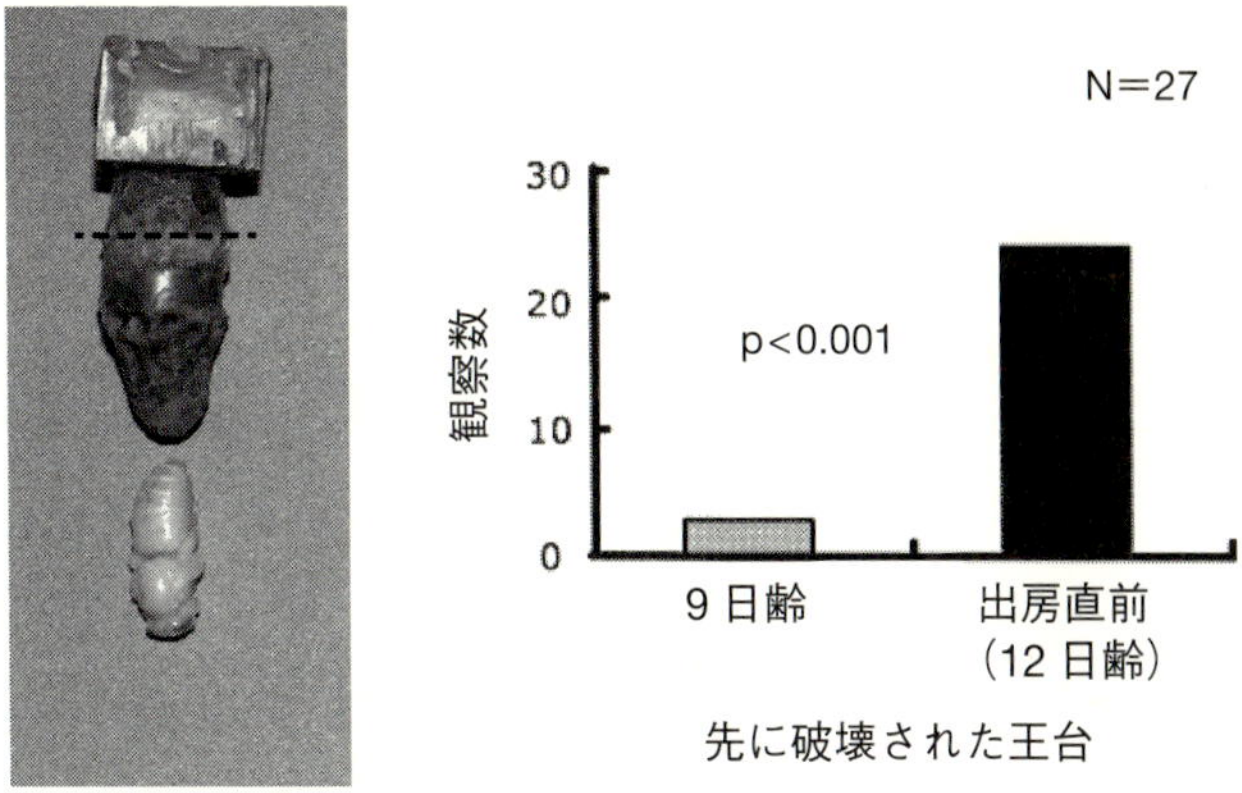

図4･7　空の王台に対する選択的破壊．人工王台のプラスチック腕部分を水平に切っておき，そこから中の蛹をとり出して空の王台を作った（左）．9日齢と12日齢のステージの空の王台をペアにして未交尾女王に提示したところ，後者が有意に先に破壊された（二項検定）（右）．Harano & Obara, 2004bより改変．

王台自身を壊さずに、蛹を抜きとった空の王台を作るため、あらかじめプラスチックの人工王台を水平に二つに切った後、溶かした蜂蝋で元のように貼り付けておいた。ここへ○日齢幼虫を移虫し、王台を作らせる。実験に用いる日齢になったら、この切れ目を開けて蛹をとり出すのだ。あとは、蝋を付けて王台をもとのように閉じればよい（図4・7）。

結果は、ライバルが中にいる王台での実験と同様にはっきりしたものだった。蛹を抜きとってしまっていても、新女王のほとんどは、出房直前の王台を先に壊した。これは、化学的な刺激が出房直前という段階を示す手がかりとして用いられているということだろう。

女王は空の王台であっても、これだけはっきりと出房直前のものを見分けるのだから、もう一つの候補刺激である音・振動などの物理刺激は、この現象には関与していないとはじめは思ったのだが、その後の実験結果は、女王が両方の刺激を利用しているということを示唆して

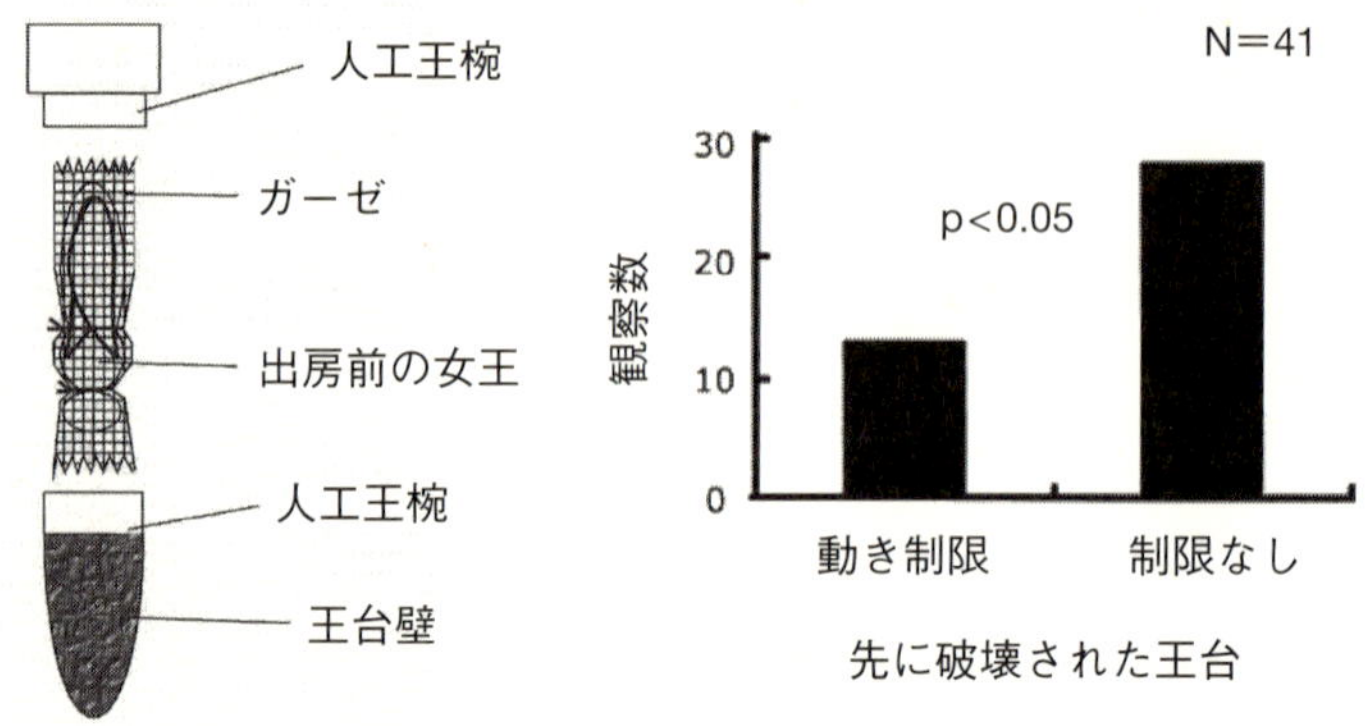

図4・8　王台中女王の動きを制限したことによる王台破壊への影響．人工王腕に入れた切れ目から，出房前の女王をとり出し，ガーゼで包んで王台中へ戻すことで，動きの制限をおこなった（左）．動きを制限した女王のいる王台と，制限していない王台をペアにして提示すると，後者が有意に先に破壊された（二項検定）（右）．Harano & Obara, 2004bより改変．

いた。

物理的な刺激の影響を調べるためには、そのような刺激をうまくコントロールしなくてはならないのだが、それはなかなか難しかった。いろいろ考えたすえ、王台中で羽化した女王をガーゼです巻きにし、王台中で身動きがとれないようにすることにした（図4・8）。そうした王台が、同じ発育段階の王台よりも壊されにくいのであれば、それは女王が王台中で動くライバルの動きを物理的刺激により検知しているということになるだろう。女王をす巻きにするためには、王台から女王をとり出してまた元に戻さなくてはならないが、それは空の王台を作ったときのように、あらかじめ切れ目を入れておいたプラスチック製人工王椀を用いれば、簡単にできる。実験結果は、化学的刺激の効果を調べた時ほどはっきりしていなかったが、たしかにす巻きにした女王の王台の方が壊されにくく、物理的な刺激が出房直前であることを知らせる手掛かりになっていることを示唆していた。ただし、この実験では、ガーゼを巻いたことによって女王の「匂い」が王台外へ漏れるのを制限した可能性を排除しきれていない。この点については、将来別の実験によって確認される必要がある。もし、振動を発するような小さな装置を王台の中に入れたり、女王の動きだけを長時間止められる麻酔薬などを使うことができれば、物理的刺激の関与についてさらに正確な結論を得ることができるだろう。

できれば、選択的王台破壊に物理的な刺激が関わっていることを決定的にする証拠を手にしておきたかったが、修士二年目の実験シーズンを終わるまでにそれはかなわなかった。しかし、小原先生との話し合いで、発表できるデータはできるだけ発表しようということになり、これらの研究結果を一本の論文にまとめて『Applied Entomology and Zoology（応用動物昆虫学）』誌に投稿した。シンプルな実験結果だったからか、不十分な点をはっきり認めていたことが良かったのか、一報目の論文に比べてかなりスムーズに掲載が決まった（Harano & Obara, 2004b）。

女王の行動ルール

実験をしていると、注目していた部分とは別の部分で何かに気がつくことがある。私が修士課程でおこなった網かごを使った実験では、発育段階のちがう王台のうちどちらが先に壊されるか、という破壊の順序を記録していた。しかし、移虫から二週間以上かけてせっかく実験準備をしても、得られる結果が「○○の方が早く壊された」というだけでは何かさみしい気がして、実験を開始してから破壊が起こるまでの時間もできるだけ記録するようにしていた。

すると、実験を始めてから間もなく、網かごに入れている王台の発育段階によって、最初の破壊が起こるまでの時間がだいぶちがうということに気がついた。先にも述べたとおり、二つの王台の選択実験では、十二〜十三日齢の出房直前王台&九〜十日齢王台というペアと、十日齢王台&七日齢王台というペアの場合があった。後者のペアでは、十五分以内にどちらかが壊されることはほとんどなかったのに対して、前者のペアでは十五分の時点ですでに半数のかごで王台破壊が始まっていた。そして、そのように実験開始後短時間で破壊された王台の多くが、出房直前の王台だったのだ。

このことに気づいた時、私はこの予備的な結果が選択的破壊の仕組みを示しているように思えた。つまり、出房直前の王台が優先的に破壊されるというのは、女王がそのような王台に対して、すぐに破壊行動を起こすからなのではないか？　だから、同じような頻度で複数の王台と遭遇しても、出房直前の王台だけが先に壊されるのではないだろうか？

もしそうならば、一つの王台だけを提示した場合も、出房直前の王台だけがより早く破壊されるはずだ。このことを確かめたかったのだが、すでに修士課程二年目の実験シーズンは終わり、その年度の終わりには実験結果を修士論文にまとめなくてはならなかった。

このアイディアは、博士課程の二年目に確かめることができた。博士課程に進んだ私は、またちがう研究テーマにとり組んでいたので、自分でこの実験を進める余裕はなかったのだが、柴井幸徳君という卒論生がこのテーマに興味をもってくれた（図4・9）。

図4・9　卒業研究発表会で，王台破壊についての研究を発表する柴井幸徳君．

彼は、ミツバチを飼い始めて二年目にして女王養成の方法を身につけ、四年生の時には就職活動をしながらいくつもの実験を精力的にこなした。ここからは、『Sociobiology（社会生物学）』誌に掲載された、彼の卒業研究の結果を紹介していきたい。

彼が、網かごの中に一つの王台だけを入れて女王による破壊が起こるまでの時間を測定したところ、出房直前（十二〜十三日齢）の王台が破壊され始めるまでに経過した時間は約十分だったのに対して、若齢（九〜十日齢）の王台が破壊され始めるまでにはその四倍ほどの時間が必要だった。やはり、女王は出房直前の王台に対しては素早く破壊行動を始めるのだ（図４・10）。

彼とは、ガラス壁の観察巣箱を使って、コロニーの中で女王が王台破壊をおこなうようすを直接観察したりもした。女王は王台と接触しても、必ずそれを破壊するとはかぎらない。何度か通りすぎて、ある時気づいたように破壊を始めるのだ。真っ暗な巣の中で、働き蜂をかき

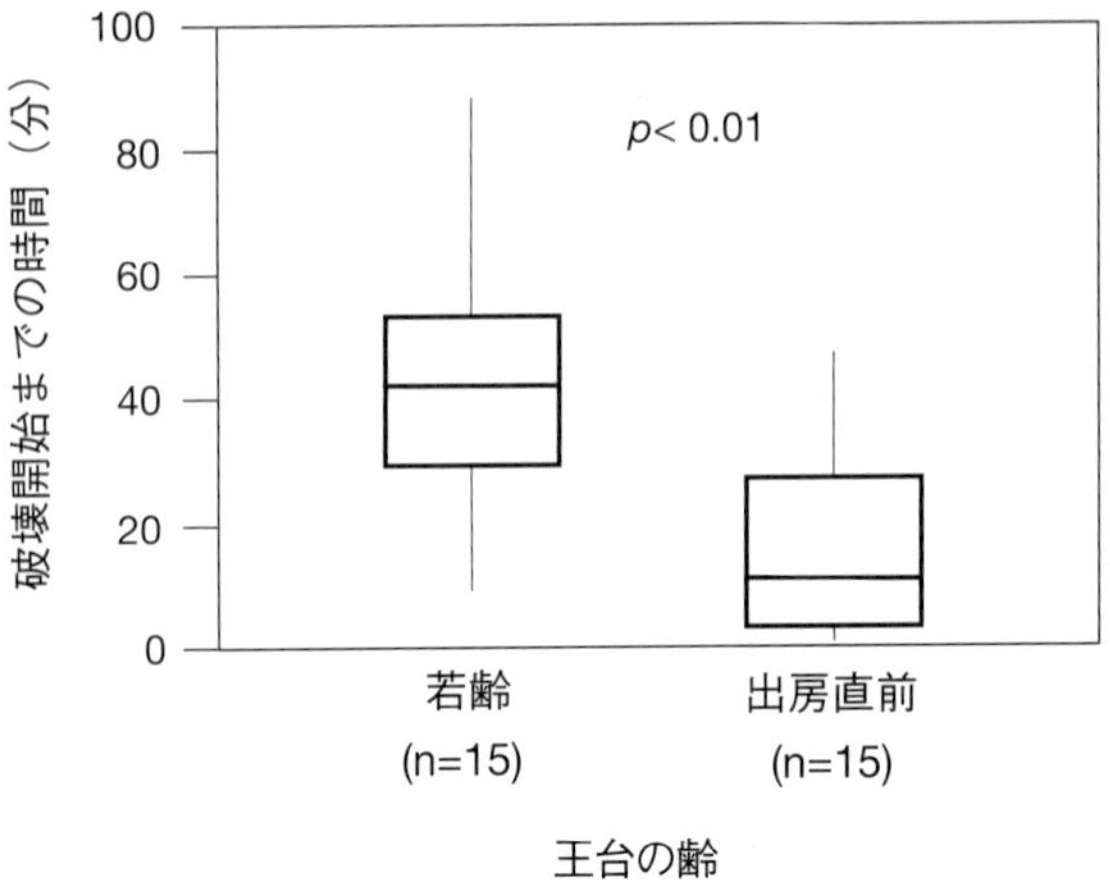

図4・10　若齢王台（9－10日齢）と出房直前王台（12-13日齢）を未交尾女王に1つずつ提示した場合に，破壊が起こるまでの時間．マン・ホイットニー U検定．

分けて巣板の上を進む女王の姿を想像してほしい。王台は巣板と同じ蜂蝋でできているため、女王にとっては、そこに王台があるということじたいがわかりにくいのかもしれない。出房直前の王台はいろいろな刺激を発していて、他の王台より見つけやすく、そのために早く壊されるのかもしれない。

女王は一度王台の存在を認識すると、その特徴を学習して、王台を素早く見つけだせるようになる可能性もある。女王は網かごの中で、生まれて初めて王台を提示されると、それが九～十日齢の王台であれば、破壊し始めるのに四十分ほどかかることが多いのだが、この破壊が終わった後、三十分ほど休ませて再び同じ日齢の王台を提示すると、はるかに短い時間で破壊を始めるようになった（図4・11）。この経験の効果は、最初に出房直前の王台を壊させた場合でも見られた。女王が破壊行動を起こすまでの時間は、選択的な王台破壊の基盤となっていると考えられるので、破壊経験

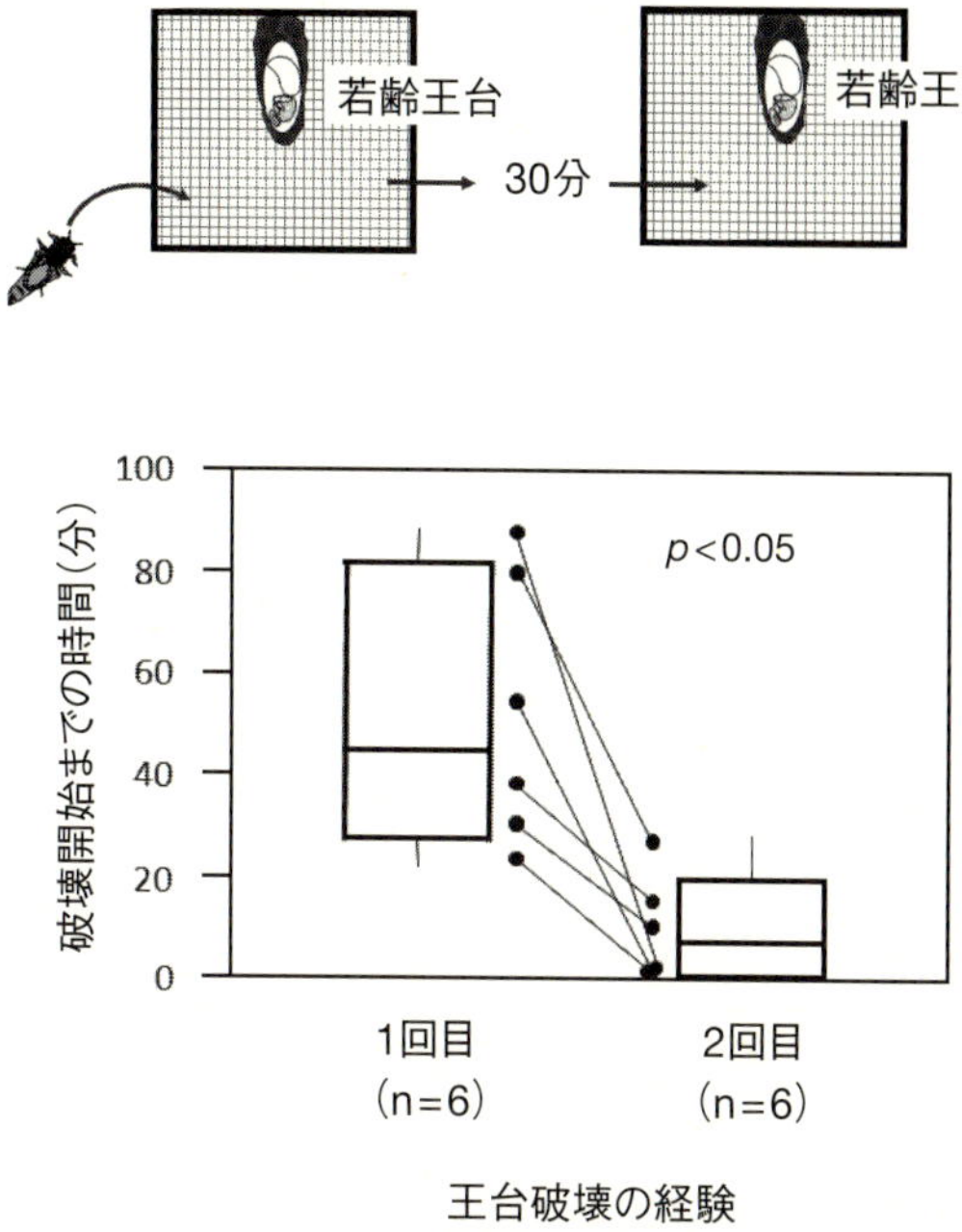

図4・11　未交尾女王の経験が王台破壊を開始するまでにかかる時間に及ぼす影響．未交尾女王が若齢王台（9-10日齢）を破壊した30分後に，別の若齢王台を提示し，これらが破壊され始めるまでの時間を測定した（上）．その結果，2回目の破壊の方が有意に早く始まることが明らかになった（下）．ウィルコクソンの符号化順位検定．Harano et al., 2008aより改変．

が選択的王台破壊にどのような影響をもたらすのかは興味深いところだが、この点はまだ未解明の部分だ。

とどめを刺すか刺さないか

王台破壊によって、王台の側面に穴を開けた後、女王は腹部をその穴に差し込み、ライバルを刺針する場合がある。女王も毒をもっているので、その毒によって確実にライバルを殺すことができる。この毒は働き蜂の毒とは成分が異なり、昆虫に対してよく効果を示すような物質を含んでいる。働き蜂の毒は、哺乳類に対して良く効くようにできている。それは働き蜂が、ハチミツを目当てに巣を襲う熊や人間を撃退するために毒を使うからだ。しかし女王は、ライバル女王を倒す時にだけ毒を使うので、その目的に則したような毒成分を進化させたのだろう。しかし、この刺針行動は必ず起こるというわけではなく、穴を開けた後にそのまま女王が立ち去るケースもある。そのような場合でも、ライバル女王は働き蜂によって王台から引き出され、殺されてしまう。

王台破壊の後に刺針行動が起こるかどうかは、王台中のライバル女王の発育段階による。柴井君の観察では、ライバルが王台中で羽化していれば、王台を破壊した女王は、ほぼ必ずこのライバルを針を使って刺し殺した（この実験では、女王が中で羽化している王台を出房直前王台として用いていた）。ところが、ライバルが九～十日齢で羽化前であった場合は、まったく刺針行動は見られなかった（図4・12）。このような現象は、それまでにも予備的な報告があったのだが、私たちは実験的にそれを確かめることができ

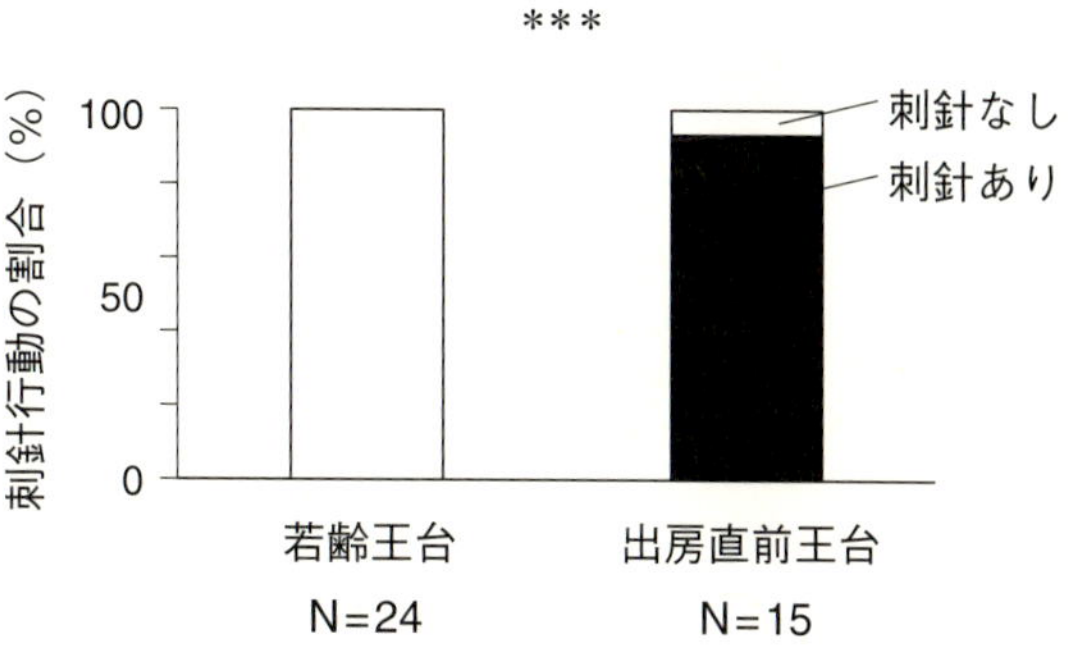

図4·12　未交尾女王が王台破壊をおこなった後，王台中のライバル女王へ刺針行動をおこなう割合．***　P < 0.001 フィッシャーの正確確率検定．Harano et al., 2008aのデータより描く．

た。

王台の中で羽化を終えたライバルに対しては刺針するが、羽化まで三日ほどかかる蛹のライバルに対しては刺針をしないということがわかると、刺針をするかしないかの境がどこにあるのかが気になる。それがわかれば、刺針行動を引き起こしている刺激についても見当がつくかもしれない。

私たちはそこまで究明することはできなかったのだが、過去の論文を見てみるとそのヒントを見つけることができる。女王が出房したライバルに出会うと決闘が起こることは先に述べた。女王は、働き蜂に対してはこのような攻撃行動を起こさないので、何かの刺激をたよりに出会った蜂が女王であることを認識しているにちがいない。その認識に関わる刺激を特定しようという研究が、ドイツ人のグループによってなされており、その中にここでお話しした現象に関わる重要な知見があった。彼らは、女王は蛹に対しては攻撃行動をせず、それは羽化直前の蛹に対しても同様であることを示した。しかし、いったんライバルが羽化をして蛹の皮を脱ぎ棄てると、女王は一転して激しく攻撃をおこなったという（Pflugfelder & Koeniger, 2003）。決闘は、針でライバル女王を刺し殺そうとする行動なので、羽化することで刺針行動を引き起こすような刺激が現れてくるということだ。おそらく、王台破壊時の刺針行動も同じ刺激によって引き起こされるのだろう。

王台中で羽化している姉妹女王を、王台に穴を開けただけで放置しておくと、働き蜂がそれを始末しきれず、姉妹女王が出房してしまう可能性がある。そうなると、決闘で排除しなくてはならない危険なライバルとなる。そうさせないために、女王はそのようなライバルには毒を使ってとどめを刺すのだろう。しかし、蛹のライバルにまで毒を使っていたのでは、その後別のライバルと決闘をしなくてはならなくなった時に、毒を使いきっていたという事態に陥りかねない。だから、女王は有限な武器である毒を節約するため、羽化後のライバルにしか毒を使わないようにしているのかもしれない。

他のライバル排除戦略

巣の相続権を勝ちとれるかどうかは、女王が自分の遺伝子を残せるかどうかをきょくたんに左右する。この女王間の競争を勝ち残れば、コロニーの働き蜂の助けを得て、たくさんの子孫（新女王とオス）を残すことができるだろう。しかし負ければ、それはすなわち死を意味し、残せる子孫の数はゼロになってしまう。

そのため、女王はこの競争を勝ち残るためのさまざまな戦略を進化させてきている。選択的王台破壊は、その中の一つにすぎない。ここからは、先行研究によって明らかにされてきた、これらの戦略を紹介したい。

たとえば、女王はできるだけ早く出房して、ライバルを王台破壊によって排除するチャンスを増やそうとしているのかもしれない。というのは、女王は働き蜂やオスに比べて、産卵されてから出房するまでの時間が短いからだ。ミツバチの巣内温度はほぼ一定に保たれているので、発育のスピードも安定している。働き蜂は二十一日、オスは二十四日で出房してくるが、女王が出房までに要する日数はそれよりはるかに短い十六日だ。ただし、これはコロニー内に女王がいないために、産卵がおこなわれない日を一日でも少なくするよう進化した結果である可能性もある。

それだけではない。女王は、ライバルを倒すために飛び道具を用いる。女王どうしが遭遇すると、かなり高い確率でどちらかがもう一方に向けて、直腸内容物を霧状にして吹きかける。スプレーイングと呼ばれる行動だ。この勢いはかなりのもので五センチメートル程度は飛ぶが、たいていは二者が接触した瞬間に起こる。直腸内容物じたいには殺傷能力はないのだが、この液体には働き蜂を強力に誘引する作用があり、直腸内容物を吹きかけられた女王は、働き蜂にとり囲まれて動けなくなる。そうしている間にスプレーイングをおこなった女王がライバルからの反撃を受けることなくこれを刺針することもあり、スプレーイングは決闘を有利に進めるための戦略の一つと考えられている (Bernasconi et al., 2000)。

クィーンパイピングと呼ばれる女王の発音行動も、女王間競争で何らかの役割をはたしているかもしれない。新女王は、「ピーィ、ピー、ピー、ピー…」という音を胸部の筋肉を収縮させることでだすことができる。この鳴き声を出す行動がクィーンパイピングだ。興味深いのは、新女王どうしが鳴き交わしをすることだ。実験室で多数の新女王を飼っていると、一匹の女王が鳴き始めたすぐ後に、それに応えるように別の女王が鳴くということが繰り返されることがある。このような鳴き交わしは、コロニーの中ではとくに出房した女王とまだ王台中にいる羽化した女王の間でおこなわれるといわれている。いかにも互いに交信しているようなのだが、ここでどのような情報がやりとりされているのかは、まだ明らかにされていない。ただ、この鳴き声を録音し、頻繁に王台中の女王に聞かせると出房が遅れるという報告もあり(Grooters, 1987)、そのような作用をつうじて、女王間の競争に影響を与えている可能性がある。

働き蜂による加勢

二匹の女王が決闘をする時には、周りに大勢の働き蜂がいる。しかし、これらの働き蜂が積極的にどちらかの女王に加勢をするようなことはない。だから、女王間の競争には働き蜂は関与しないように思える。働き蜂は、どの新女王がコロニーを相続するかということに関心がないのだろうか? いや、たぶんそうではない。

働き蜂も「自分の」遺伝子を次世代に残そうとする。ただし、働き蜂は産卵しないので、子孫を作ることで遺伝子を残すことはできない。しかし、女王を助けることで、自分の妹(新女王)や弟(オス蜂)をたくさん産んでもらい、それらの個体をつうじて、次世代に遺伝子を残すことはできるのだ。なぜなら、その妹・弟も働き蜂がもつ遺伝子の一部をもっているからだ。そのような間接的な経路で遺伝子を残せるからこそ、働き蜂は自分で産卵をせずに、女王の世話をしていると考えられている。

もしそうならば、働き蜂は自分の遺伝子をよりたくさん残してくれる女王にコロニーを相続させようとするかもしれない。たとえば、女王の産卵能力は多くの新女王やオスを生産するのに重要なので、働き蜂は産卵能力の低い新女王が競争に勝たないように、その足を引っ張るということもありうる。

また、ミツバチでは女王が複数のオスと交尾をしていることが、働き蜂を女王間の競争に介入させている可能性もある。この一妻多夫制の交尾様式のため、コロニーの中には父親の異なる蜂の集団が存在することになる。つまり、ある働き蜂から見ると、巣の相続をめぐって争っている姉妹女王には、その働き蜂と同じ父親をもつ新女王（「フルシスター」と呼ぶ）と父親が異なる新女王（「ハーフシスター」）がいる。父親が異なっていれば、自分と同じ遺伝子をもつ確率は低くなる。だから、ハーフシスターの女王にコロニーを相続されると、その子をつうじて次世代に残る働き蜂の遺伝子の量は少なくなってしまうのだ。とすると、働き蜂としては、フルシスターに加勢して巣の相続を手伝ったとしてもおかしくはない。

実際に、働き蜂が女王間競争に介入していると考えられる行動が観察されている。新女王が、まだ出房していない王台に近づくと、働き蜂が攻撃的な行動をとり女王を追い払うというのだ。女王が王台に接近した時に必ず見られる行動ではないが、ある程度の頻度で見られるようだ。そうすると、気になるのはそのような行動が、質の低い女王やハーフシスターに向けておこなわれているかということだ。もしそうであればおもしろいのだが、残念ながら女王としての質も父親を共有しているかどうかも、この追い払い行動とは関係がないという実験結果がでている（Gilley, 2003；Gilley et al., 2003）。

私たちの研究は、女王自身が示す競争への行動的な適応を調べたものだ。これはこれでおもしろいことがわかったのではないかと思うのだが、しかし、女王間競争の実態を理解するにはそれだけでは不十分だろう。女王間競争はコロニーの中で起こっており、そこでは新女王に加えて働き蜂の思惑も作用しうるからだ。そのような視点で見ると、女王間競争はまだわからないことだらけだ。私はこの研究からはしばらく遠ざかってしまっているのだが、また将来、今度は働き蜂の関与も含めた形でこのテーマにとり組めれば、と思っている。

コラム　分蜂群を捕まえる

分蜂は、ミツバチコロニーが示す行動の中でも、もっともダイナミックな現象の一つだ。巣から噴き出すようにして大量の蜂が飛び出し、周囲を乱舞する様は、見るものを圧倒する。一年のうち限られた季節しか分蜂は起こらないので、それに出会えたらある意味幸運だが、蜂を飼育するという面からはあまり喜ばしいことではない。分蜂群を捕獲できなければ、コロニーの半分を失ってしまうからだ。

手が届きさえすれば、分蜂群を巣箱に収容することはそれほど難しいことではない。分蜂が起こってしばらくすると、巣を飛び出した蜂たちは木の枝など、母巣の近くに集結して、分蜂蜂球《ぶんぽうほうきゅう》を作る（口絵14）。

この状態から、巣場所探索係の働き蜂が周囲を探索して、良い巣場所が見つかればそこへ一斉に移動する。分蜂群が新しい巣場所を見つけるまでには、数時間から数日かかるので、その間に分蜂蜂球を捕虫網ですくいとったり、ふるい落としたりして巣箱に入れてやれば、蜂たちはそこを新しい巣場所として受け入れて生活を始める（図コラム⑦）。すべての蜂を一度に巣箱に入れることはできなくとも、女王を巣箱に入れることに成功すれば、残りの働き蜂は自分から巣箱へと入っていく。

こんなたくさんの蜂を網ですくったり、ふるい落としたりして刺されないのか、と心配になるかもしれ

図コラム⑦
柿の木についた分蜂群を巣箱の中にふるい落とす(上)．巣箱に落ちた分蜂群(下)．

ないが、分蜂時の蜂はとてもおとなしいのがふつうだ。だから分蜂の収容では、扱い方さえ間違えなければ、ほとんど刺されることはない。ただし、餌がない時期に巣を捨てて逃げた場合（逃去《とうきょ》といい、セイヨウミツバチではあまりないが、ニホンミツバチなどではよく見られる）も同様の蜂球を作り、そのときにはひじょうに攻撃的になることがあるというから注意が必要だ。

分蜂蜂球は、いつも手の届くところに作られるとはかぎらない。高木の梢など、長い柄の捕虫網も届かないようなところに作られてしまったらお手上げだ。こうなったら、ミツバチが巣場所として好みそうなところに、空の巣箱を置いてやり、蜂がそこを新しい巣場所に選んで、みずから入ってくれるのを待つしかない。

コラム　スズメバチとの戦い　パート①ミツバチ自身による防衛

毒針と巣仲間認識機構によって守られているミツバチの王国も、強力な天敵の襲撃によって滅ぼされることがある。日本には、オオスズメバチという世界最大のスズメバチが生息しており、この昆虫によって、ミツバチのコロニーはしばしば壊滅させられてしまう。

スズメバチ類もミツバチと同じハチ目というグループに属しているが、ミツバチとちがい他の昆虫を狩って餌とする肉食性の昆虫だ。作物を食害するイモムシなども食べるので、益虫としての側面も大きい。

しかし、秋になるとスズメバチのコロニーは大きく成長し、そこで育っている大量の幼虫に与える餌を確

図コラム⑧　セイヨウミツバチの巣箱の前で帰ってくる採餌蜂を狙うキイロスズメバチ.

保するため、ミツバチのコロニーを襲撃する。

私たちの養蜂場にやってくるスズメバチは、おもにキイロスズメバチ *Vespa simillima xanthoptera* とオオスズメバチ *Vespa mandarinia japonica* の二種だ。キイロスズメバチは、巣門の前でホバリングをし、巣から出入りするミツバチを器用に捕まえる（図コラム⑧）。このスズメバチは成虫を一匹ずつさらっていくだけなので、コロニーがそれで全滅するということはない。しかし、もう一種のスズメバチ、オオスズメバチが狙うのはミツバチの成虫ではない。巣内に存在する大量の幼虫と蛹を獲得するのが襲撃の目的だ。

オオスズメバチも、はじめは単独で飛来し、巣門に出てきているミツバチの成虫を捕まえて巣へもち帰るが、しだいに集団で襲撃をするようになる。集団攻撃モードにはいったオオスズメバチは、もう成虫を餌としてもち帰ることはせず、巣門の前に陣取って、飛びかかってくるミツバチを次々と噛み殺していく。瞬殺、とはまさにこのことで、ミツバチはオオスズメバチの強力なあごで、一瞬にして殺されてしまう。ミツバチの毒針も、鎧のような厚い外骨格に覆われたオオスズメバチには、ほとんど役に立たない。

オオスズメバチが集団攻撃を始めると、早ければ二〜三時間でミツバチコロニーの成虫を皆殺しにしてしまう（図コラム⑨）。その後、ミツバチのコロニーを占拠し、数日間かけて巣内の幼虫を自分たちの巣へもち帰るのだ。

日本の在来種であるニホンミツバチは、オオスズメバチと長い年月共存してきたため、この天敵に対して特別な防衛手段を進化させている。襲来したオオスズメバチを巣内に引き込み、巣の中に入ったところを一斉にとり囲んで「蜂球」を作り、殺してしまうのだ。しかし、このときに用いる武器は毒針ではない。飛翔筋を使って生みだした熱で、蜂球内の温度を四十六〜四十八度まで上昇させ、スズメバチを熱殺するのだ。この行動は、玉川大学の小野正人博士らによって最初に発見された（Ono et al., 1987, 1995）。その後、京都学園大学（現・神戸大学）の菅原道夫博士らによって、熱だけでなく蜂球内の高湿度・低酸素状態もスズメバチを倒すために重要であることが示されている（Sugahara & Sakamoto, 2009 ; Sugahara et al., 2012）。

一方で、セイヨウミツバチはオオスズメバチの襲撃に対して、うまく対処することができない。セイヨウミツバチのもともとの生息地には、オオスズメバチは分布しておらず、ニホンミツバチのような進化が起こらなかったからだと考えられている。ところが、最近の研究によると、セイヨウミツバチもニホンミツバチのような「蜂球」を作って、スズメバチを熱殺することができるという（Hosono et al., 2017）。しかし、日本ではセイヨウミツバチのコロニーは、人が守ってやらなければ、早晩オオスズメバチの襲撃によって、壊滅させられてしまうのも事実だ。ニホンミツバチとセイヨウミツバチのちがいがどこにあり、何がオオスズメバチへの対処の要なのか、今後の研究に期待が寄せられている。

図コラム⑨　オオスズメバチ（上）とオオスズメバチの集団攻撃で壊滅したセイヨウミツバチコロニー（中・下）．巣門の前に散乱するのは，働き蜂の死体．

コラム　スズメバチとの戦い　パート②研究者による防衛

スズメバチとの戦いパート①で書いたように、セイヨウミツバチはオオスズメバチに対抗することができないため、人が守ってやらなければならない。

一番単純なのは、定期的に見回って、スズメバチが飛来していたら、捕虫網などで捕殺するというやり方だ。捕虫網を使わず、バトミントンのラケットでスズメバチをたたき落とす人もいる。これも効果的だが、うまく当たらずに「かすって」しまったときが怖い。どちらにしても、こういった方法では、かなり頻繁に見回らないと、オオスズメバチの集団攻撃からミツバチを守ることはできない。

巣門にスズメバチが通れない柵を付けて、巣内にスズメバチが入ってこられないようにしたり、巣門のところで襲来したスズメバチを出口のない部屋にトラップする道具も市販されている。これらも、ある程度は有効だが、セイヨウミツバチは巣門から外に出てきてスズメバチと戦ってしまうので、これだけではかなりの被害がでることもある。

私たちの大学では、養蜂場に大きな網室を作り、スズメバチ襲撃シーズンはここにミツバチの巣箱を入れてしまうことで対応している（図コラム⑩）。この網室は、オオスズメバチは通り抜けられないが、ミツバチは通れる大きさの金網でできており、中に入れられたミツバチは、この金網を通って採餌などに出ることができる。ここに入れてしまえば、オオスズメバチの集団攻撃でコロニーが全滅することはない。ただし、スズメバチは餌を目の前にぶら下げられた状態になるので、ひじょうに気が立ったオオスズメバチ

図コラム⑩　玉川大学研究蜂場の網室（上）．スズメバチ襲来のシーズンには巣箱を中に収容する（下）．

図コラム⑪　粘着スズメバチトラップ.

が網室の周りを飛び回ることもあり、けっきょくそれらを捕殺しなくてはならなくなる。

　もっとも簡単で有効なのは、粘着トラップかもしれない。オオスズメバチは、同種他個体に誘引される性質があるようで、ネズミ用の粘着トラップにオオスズメバチを一匹貼り付けて、ミツバチのコロニーのそばに置いておくと、後からやってきたオオスズメバチが次々とこのトラップに引っかかる（図コラム⑪）。この方法を利用するようになってから、オオスズメバチ対策がかなり楽にできるようになった。

第5章

蜂の社会を作りだす脳内物質

女王蜂の脳内物質

修士課程を終えようとしていた頃、玉川大の佐々木先生から連絡があった。学内で大学院生がリサーチアシスタント（研究助手）として働くことができる制度を作ったので、博士課程の進学を考えてみないか。給料はそれほど高くないけど、学費を賄える程度は出せるよ、とのことだった。

協力隊時代の積立金が底をつこうとしていた私には、渡りに船の話だった。学部をでてから進路についてはさんざん悩んだので、博士課程へ進学する時には迷いがなかったが、学費の問題は避けてとおることはできない。一般のアルバイトなどでこれを工面することも考えていたが、研究助手をして学費を賄うことができるのであれば、これほど助かることはない。農工大の自由な雰囲気が気にいっていたので、そこを離れるのは後ろ髪をひかれる思いだったが、博士課程では玉川大に戻り、また佐々木先生に指導をお願いすることになった。

博士課程では、もう一人の佐々木さん、当時金沢工業大学にいた佐々木 謙博士にもとてもお世話になった。お二人とも佐々木姓だが、血縁関係はない（ちなみに、佐々木 謙さんは佐々木正己先生が定年退官された後、玉川大に移られた。そして、玉川大のミツバチのグループにはもう一人、ミツバチの遺伝学が専門の佐々木哲彦先生がいる。つまり、玉川大ミツバチ関係者には佐々木姓が三人いるのだ。通常は、意識的に下の名前で呼び分けるようにしているが、しばしば混乱が起こる。ここでは、私がいつも呼んでいるように、佐々木正己先生のことを「佐々木先生」、佐々木 謙さんのことは、「佐々木さん」と呼ぶことにしたい）。佐々木さんは、農工大の動物行動学研究室出身で、つまり私の先輩にあたる。ちょうど私が、農工大に入学した年に入れちがいにつくばの研究所に移られたので、研究室でいっしょにすごしたことはないのだが、ミツバチやアリを研究対象にされていたので、昔からよく知っていた。

ちょうど私が博士課程に進む頃、佐々木さんはつくばから金沢工大に移られたばかりだった。何かの学会でお会いした時に、ミツバチの脳内物質を測定する実験系を立ち上げたので、実験をしに来ないかと誘ってもらった。その時には、博士課程でとり組もうと考えていた別の研究計画があったのだが、そちらは思うように進まず、佐々木さんとの共同研究の方がおもしろくなり始めた。ここでは、その研究を紹介したい。

蜂の社会を支える脳内物質

昆虫の多くは単独性だが、なぜミツバチは社会を作ることができるのだろうか？　多くの個体が集まれば、かならず社会ができあがるというわけではない。たとえば、この後に登場するバッタは、条件がそろうと大発生し、集団を形成して移動する。しかし、これは「群れ」であり、社会とは言わない。バッタの群れとミツバチのコロニーの一番のちがいは、集団の中に役割分担があるかどうかだろう。バッタは群れていても、それぞれが餌をとり繁殖する、基本的に同質な個体の集まりだ。一方、ミツバチやアリ、シロアリなどのコロニーには、繁殖をおこなう個体（繁殖カーストという）と労働をおこなう個体（労働カーストという）が存在する。繁殖と労働を分業することで、それぞれの仕事を効率的にこなし、コロニー全体として成功することをめざしているのだ。私たち人間の社会の中にも、仕事を分業することで効率よくこなす仕組みはあるが、子どもを残す役割と社会を維持する役割はさすがに分業されていない。繁殖と労働を役割分担してこなすことが昆虫の「もう一つの社会」の核心的な部分なのであれば、それを成り立たせているメカニズムを解明することで、どうしてミツバチは社会を作れるのかという問いに、ある程度は応えることができるのではないだろうか。すなわち、「ミツバチは…という仕組みをもっているために、巣のメンバーで繁殖と労働を分業することができ、そのために社会を作ることができる」といった形で。

アリなど他の社会性昆虫の中には、ワーカーの卵巣が退化してしまった種もあるが、ミツバチのワーカー（働き蜂）は小さいながらも機能的な卵巣をもっており、女王がいなくなると、それが発達して産卵できるようになる。そのため、ミツバチコロニーの中で繁殖の分業が成り立つためには、女王が健在の時に、働き蜂の卵巣発達を抑制する仕組みが必要だ。

この仕組みは、フェロモンレベルではかなり解明されている。女王が大顎腺から分泌する9－オキソ－2－デセン酸（9-ODA）を主成分とする数種の化合物の働きによって、働き蜂の卵巣発達は抑制されているのだ。この物質群は、女王大顎腺フェロモンまたは女王物質と呼ばれ、蜂どうしの接触によってコロニー中に広まり、働き蜂に女王の存在を知らせる。しかし、女王フェロモンによって働き蜂の体内で何が起こり、どのように卵巣発達の抑制をおこなっているのかは、未解決の問題だった。ここがわかれば、ミツバチの繁殖分業を作り出す仕組みが一通りわかったことになるだろう。

女王がいなくなったコロニーでは、働き蜂は卵巣を発達させるだけではなく、それまでの協力的な行動を減らし、互いに攻撃的にふる舞うようになる。自分で繁殖するので、巣のメンバーは餌などの資源を巡るライバルというわけだ。このような行動上の変化は、女王が失われることによって、働き蜂の脳に変化が起きていることを示唆している。一九九五年には、ルイジアナ州立大学のジェフリー・ハリス博士とジョセフ・ウードリング博士が、女王がいる正常なコロニー（以降「有王群」と呼ぶ）と女王が失われたコロニー（「無王群」）の働き蜂の脳を調べ、その脳内物質量にちがいが見られる、と報告した（Harris & Woodring, 1995）。彼らが調べたのは、生体アミンという物質群で、無王群の働き蜂ではドーパミンという生体アミンが増えている、という報告だった。しかも、卵巣が発達している働き蜂ほど、脳内のドーパミン量は多かったという。

ドーパミンは、ショウジョウバエなどミツバチ以外の昆虫ではすでに卵巣発達を促進する作用が知られていた。この物質が分子・細胞レベルでどのように働いて卵巣を発達させるのかは不明だが、ミツバチでは、女王物質が働き蜂の脳内ドーパミン量を低く抑えることで、卵巣の発達を抑制していてもおかしくはない。女王をとり除くと、その抑制が解けるので、脳内のドーパミン量が増加し、それにつれて卵巣も発達してくるのだろう。生体アミンは、生理状態を変えるだけでなく、さまざまな行動に影響することも知られているから、女王が失われたときの働き蜂の行動変化にもドーパミンが関わっているかもしれない。

ここで、生体アミンについて少し説明しておきたい。生体アミンは生物体内でチロシンやトリプトファンなどのアミノ酸から作られる生理活性物質だ。神経から放出されて、神経伝達物質として働き、神経間の信号伝達を担う。それ以外にも、神経の反応しやすさを変える神経修飾の作用や、血液にのって体の離れた部位へ作用する神経ホルモンとしての働きが知られている。ドーパミン、セロトニン、ノルアドレナリンなどは脊椎動物（哺乳類など）と無脊椎動物（昆虫など）で共通しているが、チラミンやオクトパミンなど無脊椎動物でしか使われていない生体アミンもある。これらの生体アミンは、神経や他の細胞の膜上にある受容体というタンパク質と結合することで、その作用を発揮する。

佐々木さんは、女王が失われた時の働き蜂の変化を、労働カーストから、繁殖カーストへの転換であるととらえ、その生理メカニズムを解明しようとしていた。この転換時には、それまで女王存在下で抑制がかけられていた働き蜂の繁殖が解放される。その働き蜂の繁殖を制御している仕組みこそが、コロニーの中で女王にだけ繁殖させるという、繁殖分業のメカニズムにちがいない。

繁殖分業のメカニズムについての一番単純な仮説はこうだろう。ミツバチのメスでは、ドーパミンが繁殖のカギを握っており、この物質が脳内に多量にないと卵巣は発達せず、繁殖できる状態にはならない。労働カーストである働き蜂は、脳内ドーパミン量が低く抑えられているので、繁殖できないが、繁殖カーストである女王は、脳内にドーパミンを多量にもつことで、繁殖が可能になっている、という簡単な仮説だ。

働き蜂で見られる現象は、この仮説で説明できそうだった。働き蜂の場合、女王がいなくなると脳内のドーパミン量が上昇し、卵巣が発達してくる。これだけではドーパミンの作用によって卵巣が発達したのかどうかははっきりしないが、佐々木さんや他の研究者は、働き蜂にドーパミンを摂取させると、卵巣が発達してくることを確かめている。少なくとも働き蜂では、ドーパミンには繁殖を促進する作用があるのは間違いなく、働き蜂が繁殖しないのは、この物質が少ないから、という説明はそれほどおかしくなさそうだ。

では、女王ではどうだろうか? 過去の論文を調べてみると、女王の脳内ドーパミンレベルは働き蜂よりも高い、という報告があった。しかし、女王でもドーパミンが繁殖制御のカギになっており、そのレベルが高いから繁殖できるのだというためには、これだけでは不十分だ。もっと繁殖とドーパミンの関わりを示す証拠がほしい。そこで、私が注目したのは交尾前後の変化だ。女王は羽化後一週間ほどで交尾をおこなうのだが、交尾が刺激になって卵巣が発達し、産卵を始めることはよく知られている。すなわち、交尾を境に非繁殖状態から繁殖状態への移行があるのだ。もし、女王でもドーパミンが繁殖を制御しているのならば、交尾の刺激が女王の脳内でドーパミンを増加させ、それによって卵巣の発達が起こるかもしれない。私は、同日齢で交尾済みの女王と未交尾の女王の脳内ドーパミン量を比較することで、この予測を確かめてみることにした。

脳のサンプルをもっていけば、生体アミンを定量するための実験系がすでに用意されていたわけだが、女王の実験では、そのサンプルを用意することが簡単ではない。女王はコロニーに一匹しかいないので、十匹の女王を使おうと思ったら、十のコロニーを用意しなくてはならない。そこが女王でなかなか研究が進まない大きな理由だ。しかし、女王を作って交尾させるのは慣れてくるとなかなか楽しく、今でも私の好きな作業の一つだ。

女王を羽化成虫まで育てるやり方は、修士課程の時に実験用の女王を育てた時と同じく、ドゥーリトル法を使った。働き蜂の幼虫を人工王腕に移虫して、コロニーの中で多くの女王を作らせる方法だ（第4章「女王蜂の作り方」参照）。この方法で得た王台を、交尾用に準備した女王のいないコロニーに入れてやり、そこで羽化させた後、交尾をするのを待つのである。半分のコロニーには巣の入口に、隔王板《かくおうばん》という女王が通り抜けられない板をとり付け、交尾に飛び立てないようにした（コラム「蜂を飼うための道具」図コラム④参照）。羽化後九日目には、隔王板を付けなかったコロニーの女王は、交尾を終え産卵を始めたので、両方の女王を捕まえて、実験で使う女王をそろえることができた。

あとはこの女王を金沢工大に持って行きさえすれば、分析ができる。しかし、生体アミンのサンプルは輸送にもちょっと気をつかう。生体アミンを正確に測るためには、分解しないように常にマイナス八十度程度の超低温で保存しておく必要がある。しかし、研究室にあるような大型の超低温冷凍庫を持って金沢に行くわけにはいかないので、液体窒素に入れて運搬することにした。液体窒素は、デュワー瓶という専用の魔法瓶に入れて持ち運ぶ（図5・1）。この中に女王蜂のサンプルを漬けて、新幹線で金沢まで持って行ったのだが、この頃はアメリカで9・11のテロがあったばかりで、鉄道はどこも警戒が厳しかった。駅のごみ箱もすべて口が塞がれていたくらいだ。運よく何も言われずに運ぶことができたが、もし駅員にでも見つかっていれば、テロ容疑で大騒ぎになっていたかもしれない。いかにも怪しい入れ物で白い煙を出す液体を運んでいたのに（液体窒素は少しずつ気化するので、それが白い煙になって見える）、よく止められなかったものだ。とにかく、無事運ぶことができてよかった。

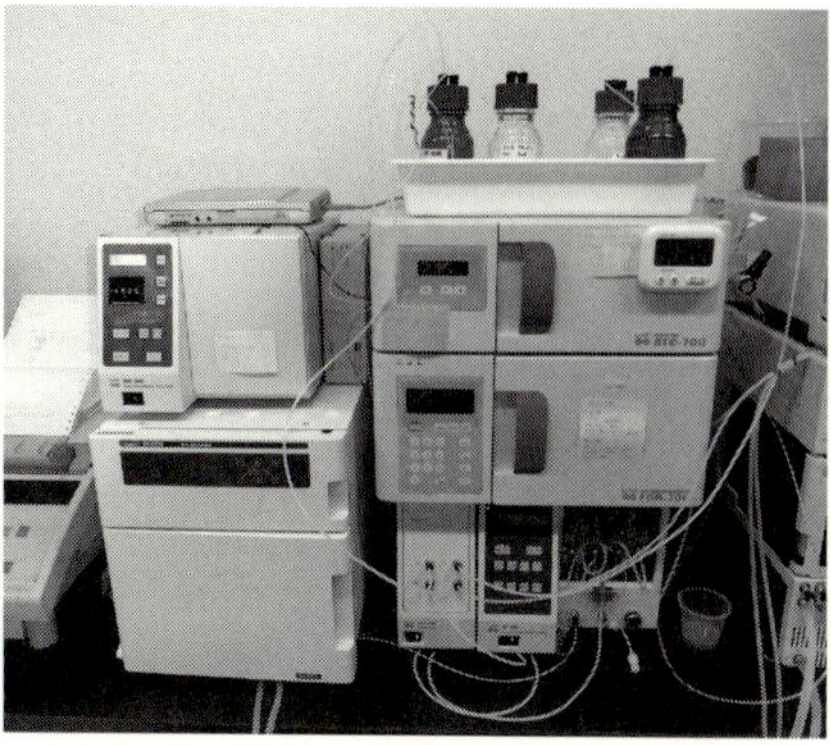

図5・1　(左) 液体窒素を運ぶデュワー瓶.（右）生体アミンの測定に使用する高速液体クロマトグラフィー (HPLC).

脳内のドーパミン量を測定するには、高速液体クロマトグラフィー（HPLC：通称「液クロ」）という装置を用いる。脳の中にはドーパミンだけでなく、他の物質もたくさん含まれている。そのため、ドーパミンの量を測定するためには、まずドーパミンを他の物質から分離する必要がある。それをしてくれるのが液クロだ。この装置には、カラムという管がついている。カラムには、目的に応じた充填剤が詰められており、そこに脳の抽出液を流し込むと、中に含まれている物質は充填剤に引っかかりながら、ある時間かかって出口から出てくる。物質の性質によって、充填剤に良く引っかかるものと、そうでないものがあるので、出てくる時間によって、必要な物質をとり分けるのが、液クロの原理だ。うまくとり分けることができれば、その量を検出器と呼ばれる機械で測定することができる。もちろん、これらの装置を使って、正確に物質を分離・定量するためには、さまざまな条件を正しく設定することが必要だが、その面倒な仕事を佐々木さんがやってくれていたので、私は女王の脳を用意して、それをこの装置にかけるだけでよかった。この実験系はもともと、金沢工大の長尾隆司先生がコオロギなどの生体アミンを測定するために開発されたものだ。それを、佐々木さんがミツバチにも応用できるように調整してあった。

分析をしてみると、まったく予想外の結果が得られた。女王の脳内のドーパミン量は、羽化直後からきわめて高く、交尾をすることで減少していた（図5・2）。つまり、予想とは正反対の結果だ。これはどういうことだろう？ 女王では、ドーパミンは卵巣の発達を抑制するのだろうか？ もしそうなら、交尾後に減少して卵巣が発達してくるという事実と合致してくるが、同じ種でしかも同じ性の働き蜂とはまったく逆の機能をある物質がもつということは、ありえないとは言えないがなかなか考えにくい。それに、もしそうなら、基本的に繁殖を運命づけられている女王で、ドーパミンが多いことが説明できない。

もしかしたら、交尾前に脳で合成されたドーパミンが交尾をきっかけに血中に放出されて、直接卵巣を刺激するから、脳内のドーパミンが交尾後に減少するのかもしれないとも考えた。しかし、これもちがうようだ。その後の研究で、血中のドーパミン量も脳内同様に交尾後には減少していることがわかったからだ（Harano et al., 2008b）。交尾後に一瞬だけ放出され、卵巣を刺激している可能性はあったが、そうだと結論する証拠もなかった。

けっきょく、この実験からは、女王でもドーパミンが繁殖をするために必要である、ということを示すはっきりした証拠は得られなかった。ただ、この仮説が否定されたわけでもない。というのは、女王の脳内ドーパミン量は交尾後に減少した後も、比較的高いレベルを維持するからだ。この量は、有王群働き蜂と比べるとずっと高く、無王群の産卵働き蜂と同じ程度だ（図5・3）。もしかしたら、このくらいの量

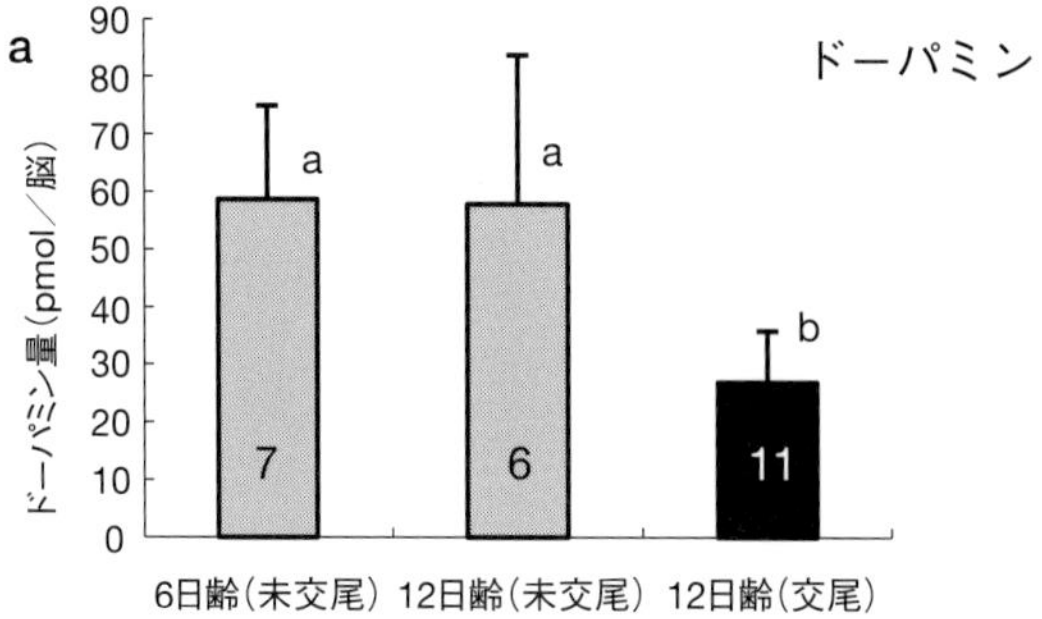

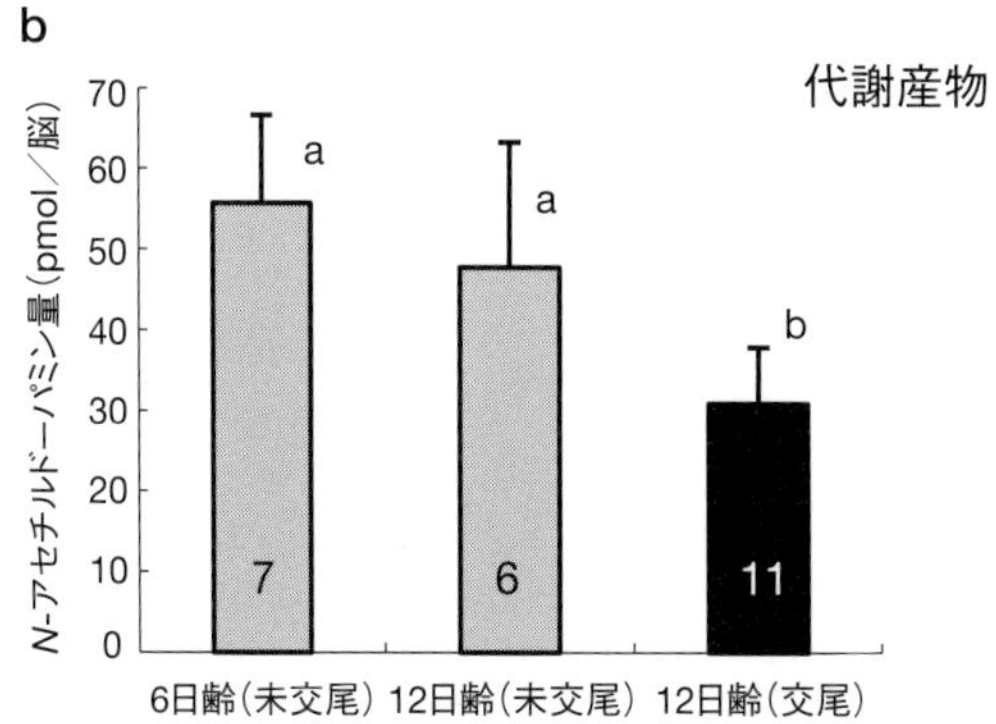

図5・2　女王の脳内では，交尾後にドーパミンとその代謝産物が減少していた．(上) ドーパミン (下) ドーパミンの代謝産物*N*-アセチルドーパミン．異なるアルファベットは有意差を示す($P < 0.05$ フィッシャーのPLSD検定)．Harano et al., 2005より改変．

があれば、卵巣を発達させるのには十分なのかもしれない。この量をさらに引き下げた時に、女王も産卵できなくなるのであれば、ドーパミンによる繁殖分業仮説はさらに支持されることになるが、そのような実験はまだおこなわれていない。

最近になって、オーストラリアのグループがドーパミンの受け手である受容体の発現量を、未交尾と既交尾の女王で比較するという研究をおこなった（Vergos et al., 2012）。

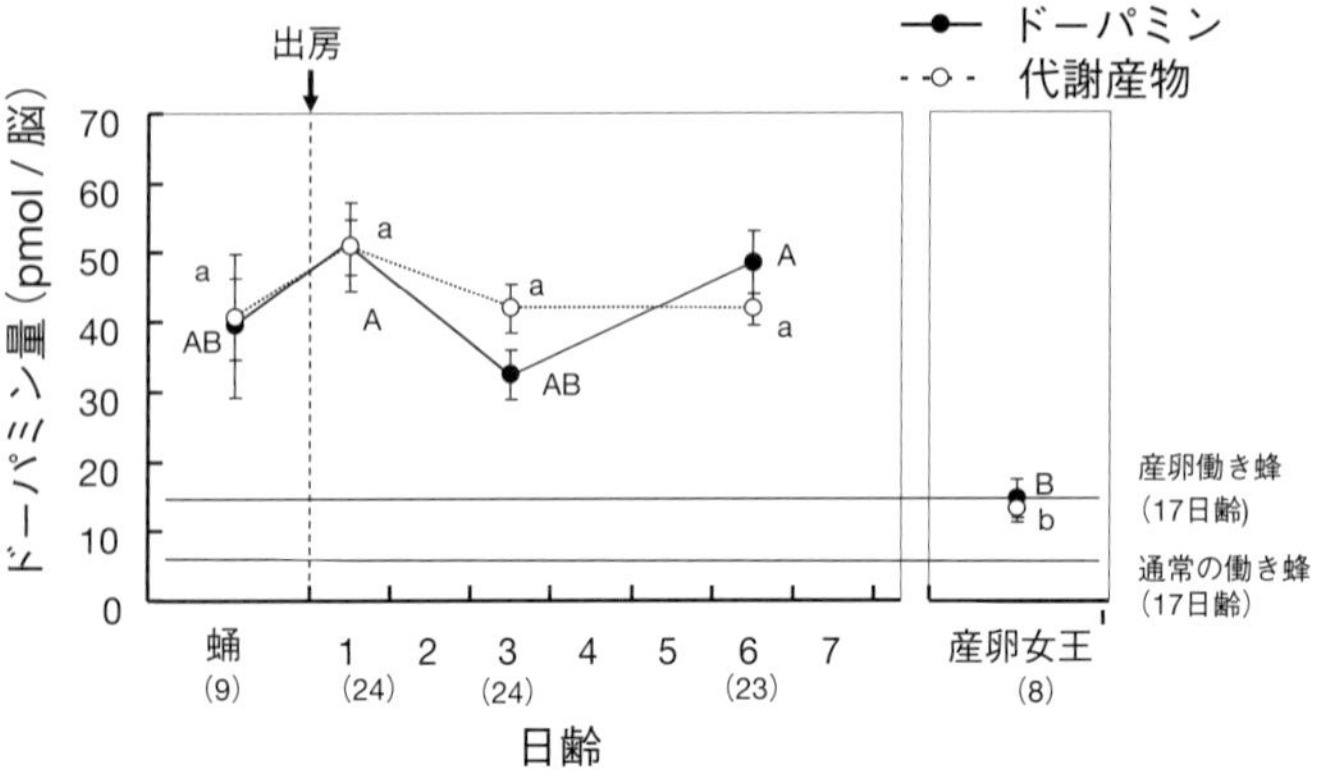

図5・3　女王の日齢と交尾状態に伴う脳内ドーパミンおよびその代謝産物（*N*-アセチルドーパミン）の濃度変化．蛹は羽化1日前のステージを用いた．かっこ内は個体数．Harano et al., 2008b を改変．働き蜂の脳内ドーパミン量を，Sasaki & Nagao, 2001をもとに示す．

その結果、脳では受容体の発現量は変わらないが、卵巣での発現量は交尾後の一時期に減少していることがわかった。交尾後に受容体の発現量が増加していたのであれば、ドーパミンの作用によって交尾後の卵巣発達が引き起こされている可能性も考えることができるが、減少しているのだから、解釈が難しい。今のところ、女王でドーパミンが繁殖を制御していることをはっきりと示す証拠は見つかっていない。

ドーパミンによる行動調節の可能性

ドーパミンをはじめとした生体アミンは、多機能性の生理活性物質だ。多機能性とは、たとえば生殖器官の発達を制御すると同時に、行動の変化を起こすこともできるといった意味だ。ドーパミンが女王の卵巣発達を制御しているかどうかはとりあえず置いておくとして、行動への影響はどうだろうか。

私たち人間の一生では、就職や結婚が節目となり、それまでとは生活が一変することがある。同じように、女王も交尾を節目にして、やらなくてはならないことが大きく変わる。交尾をするまでは、ライバルとの競争を勝ち上がり、無事に交尾をすることが女王の目標だ。しかし、いったん交尾をすると、今度はコロニーの産卵担当として、効率よく産卵することが重要になる。働き蜂をたくさん作りだし、コロニーを大きくしないと次世代を担う新女王やオスを作ることができないからだ。

交尾と産卵では、必要とされる能力が異なるので、女王はそれに合わせて体を微調整していると考えられる。卵巣の発達を交尾の後におこなうのも、発達した卵巣が未交尾女王の目的を達成するのに不利になるからだろう。ミツバチの女王は、卵巣を発達させると腹部が明らかに大きく膨らみ、体が重くなる。そのような女王は、飛翔することができないし、ライバル女王と決闘になった場合にも負ける確率が高い。交尾を成功させるまでは卵巣の発達を抑えて、競争に勝ち残り、交尾をおこなうという目的を達成しやすくするために運動性を高めているのだろう。交尾によって引き起こされる生理と行動の変化は、古くから研究者の注目を集め、詳細に調べられてきた。報告のある交尾後の変化を、表（5・1）にまとめた。ドーパミンの減少は、これらのうちどれかを引き起こしているのではないだろうか？

この表の上から順に調べていけば、いつかはドーパミンが関与している変化を突き止めることができるかもしれないが、そのやり方では三年間の博士課程の間に結果をだせないかもしれない。そこで、先行研究をあたって、ドーパミンが支配していそうな変化に目星をつけてみることにした。ミツバチの女王でドーパミンの作用を調べた研究はなかったが、他の昆虫やミツバチの働き蜂では、ドーパミンの機能はいろ

表5-1　セイヨウミツバチ女王の交尾前後に見られる変化．原野，2010より引用

形質等	交尾前	交尾後	文献
生理学的変化			
卵巣	未発達	発達	Patricio and Cruz-Landim, 2002
血中ビテロジェニン濃度	低い	高い	Engels et al., 1990
QMP 合成量	低い	高い	Engels et al., 1997; Richard et al., 2007
働き蜂による追従行動	弱い	強い	Kocher et al., 2009
血中アミノ酸	少ない	多い（とくにプロリン）	Hrassingg et al., 2003
キノコ体のニューロパイル：ケニオン細胞容積比	低い	高い	Fahrbach et al., 1995
触角葉	小さい	大きい	Arnold et al., 1988
脳内・血中ドーパミン濃度	高い	低い	Harano et al., 2005; 2008b
遺伝子発現の変化			
Amfor (PKG) 発現量	高	低	Richard et al., 2007
Amdat（ドーパミントランスポーター）発現量	高	低	Nomura et al., 2009
行動変化			
交尾飛行	あり	なし	
産卵行動	なし	あり	Ohtani, 1985
巣房のぞき	少ない	多い	Ohtani, 1985
日周リズム	あり？	なし	Free et al., 1992; Harano et al., 2007; Johnson et al., 2010
光走性	負または正	負	Berthold and Benton, 1970a
活動性	高い	低い	Harano et al., 2007
働き蜂からの給餌頻度	低い	高い	Ohtani, 1985
パイピング	あり	なし	

いろと明らかになっていた。その中で、私が注目したのは、活動性への影響だ。

女王の活動性が交尾後に低下する、つまり動きが鈍くなるということは、多くの養蜂家が経験的に知っていた。私がそれを知ったのは学部生の時で、佐々木先生といっしょに巣箱を開けて巣内のようすを観察しているときだ。その巣には未交尾女王がいる可能性があり、巣板を一枚ずつ点検していた。未交尾女王はまだ腹部が小さく、働き蜂と同じくらいの大きさなので、何千といる働き蜂の中から見つけだすのは、交尾済みの女王を探すよりずっとたいへんなのだが、佐々木先生は、

「未交尾女王は巣板の上を走り回っているから、そういう個体を探すといいよ」

と教えてくれた。巣板を丁寧に持ち上げてあげれば、働き蜂というのは意外と騒がず、巣板の上で静かにしている。しかし、未交尾女王はそこを走り回っているので、それに注意すれば、見つけやすいということだった。一方で、産卵女王はどっしりと構えたかんじで、巣板を走り回るということはあまりない。おそらく、未交尾女王は交尾飛行をおこなうために神経や筋肉などの運動系を全体的に活性化させているのに対し、活発な運動を必要としない交尾済みの女王は、運動系の働きを抑え、無駄なエネルギーを使わないようにしているのだろう。

このような活動性の変化については、経験的には知られていたものの、きちんと調べた研究はなかった。そのため、まずは女王の活動性の変化を日齢と交尾状態の異なる個体で少し詳しく見てみることにした。

画像処理の技術をもちいて、ビデオで撮影した動画から、昆虫の移動距離や移動速度を計測する装置も開発されていたが、私は当時そのようなハイテク機器をもっていなかったため、使い古しのシャーレを利用

して作ったドーナツ状のサーキットで活動性を測定した（図5・4）。ここに女王を入れ、一定時間内に四つに区切った区画を何回移動したかをカウンターで数えるという、じつに単純な方法だ。一回の測定では、偶然活動的だったり活動的でなかったりした状態を測定してしまうかもしれないので、二回の測定の平均値を求めた。

そのような測定の結果、女王は羽化後の加齢にしたがい、活動的になっていくが、交尾すると活動性を減少させる、という経験的に知られていたのと同様の変化を確認することができた（図5・4）。加齢に伴う活動性の上昇は、おそらく筋肉など運動系の発達に伴う変化で、ドーパミンとは関係がないだろう。では、既交尾女王での活動性の低下は、ドーパミンの低下が引き起こしたものなのだろうか？

この疑問に答えるため、ドーパミンの働きをブロックするドーパミン受容体アンタゴニストという薬を使ってみることにした。ドーパミンは細胞膜上にある受容体というタンパク質と結合して、はじめて神経や他の細胞に影響を与える。もし、ドーパミンに活動性を高めるような働きがあるために、未交尾女王では活動性が高いのであれば、この薬でドーパミンの働きを止めてしまえば、未交尾女王でもドーパミンレベルが低下した既交尾女王と同様に活動性が低下するはずだ。ドーパミン受容体アンタゴニストは、ドーパミンよりも早く受容体と結合することで、ドーパミンが受容体と結合することを阻害する。一方、受容体と結合してドーパミンと同様の作用をもたらすドーパミン受容体アゴニストという薬もある。これらの薬を活動性の高い六日齢の未交尾女王に注射して、活動性への影響を調べた。

二つの薬剤は、効果が出るまでにかかる時間が異なったが、ドーパミン受容体アンタゴニストは女王の

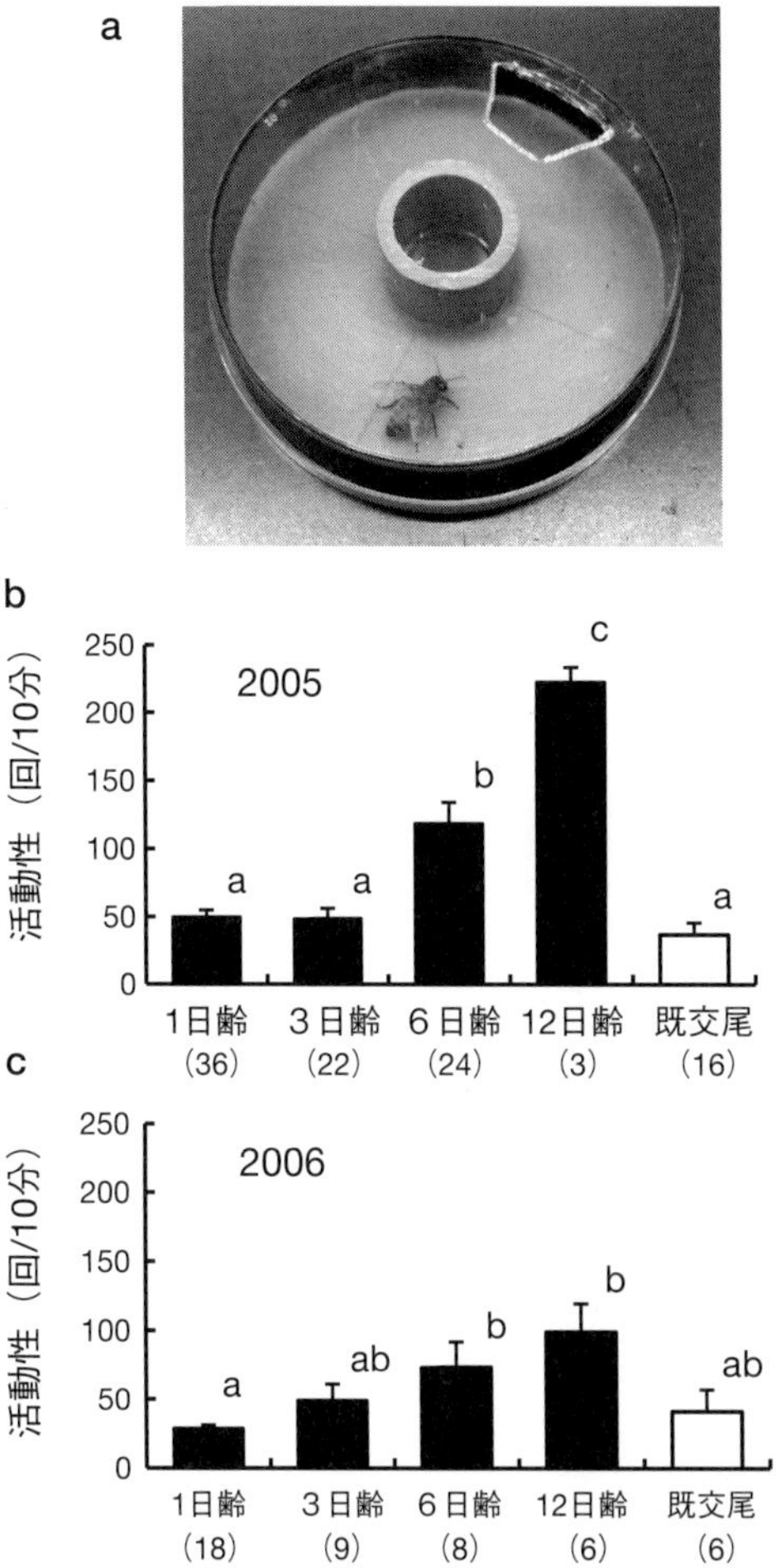

図5･4　セイヨウミツバチ女王の活動性の変化. (a)活動性の定量に用いたサーキット. 落ち着かせた状態で活動性を測定するため，床は蜜蝋でコーティングし，測定時には赤色のアクリル板で覆った. 4つに区切った区画を移動した回数で活動性を評価. 写真は働き蜂. (b, c) 日齢および交尾状態と活動性の関係. 2005年 (b) と2006年 (c) のデータ. 黒棒は未交尾，白棒は既交尾女王. カッコ内はN. 縦線は標準誤差. Harano et al., 2007より改変.

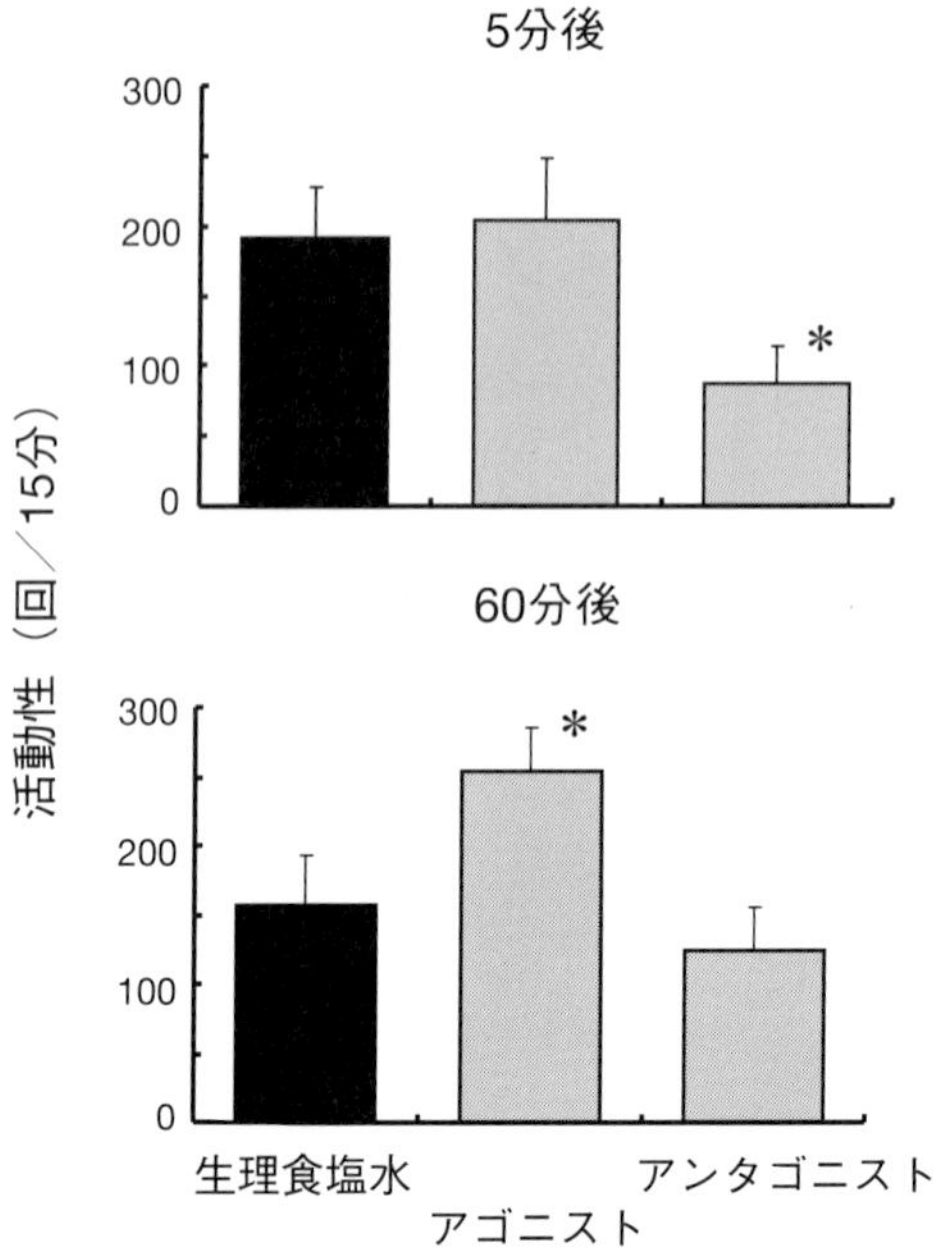

図5・5　セイヨウミツバチ未交尾女王における活動性へのドーパミン受容体アゴニストおよびアンタゴニスト注射の影響．注射5分後と60分後に活動性を測定した．Nはそれぞれの処理について16．縦線は標準誤差．アステリスクは，ダネットの検定で生理食塩水注射区との間に有意差があることを示す（$P < 0.05$）．Harano et al., 2008bより改変．

活動性を減少させ、アゴニストは増加させた（図5・5）。この結果から、ドーパミンにはやはり、活動性を増加させる作用があるのだと考えられた。ほぼ同じ頃、働き蜂でもドーパミンに活動性を亢進させる作用があることが報告された（Beggs et al., 2007）。コロニーから女王が失われると、働き蜂の脳内ではドーパミンレベルが上昇し、それが卵巣発達を引き起こしていることは、先に述べたが、無王状態になると働き蜂はそわそわし、ちょっとした刺激で巣板上を走り回るようになる。そのような働き蜂の落ち着きのなさは、無王群に典型的な症状なのだが、ドーパミンは働き蜂の卵巣発達を引き起こすだけでなく、そのような状態を作り出す原因の一つにもなっているようだ。

女王において、交尾をきっかけにした活動性の低下にどのような生物学的機能があるのかは、まだほとんど検証されておらず、想像するしかない。未交尾女王の活動性が高いことは、運動系を活性化させて交尾飛行に備えているのだと考えたが、羽化時からドーパミンレベルが高いことはこれでは説明できない。交尾飛行は早くても羽化後一週間くらいからしかおこなわれないので、羽化したときからドーパミンを多量に作っておく必要はないからだ。羽化直後の女王は神経や筋肉が十分発達していないのか、足取りも少し頼りない。そのような状態で、ドーパミンを多量に生産して、活動性を無理矢理上げる必要はあるのだろうか？　もし、活動性が高いことが、女王間の競争を有利にするのであれば、羽化女王の高いドーパミンレベルに意味がでてくるかもしれない。第４章で述べたとおり、女王は同時に育っている姉妹女王を王台破壊や決闘で排除しないかぎり、コロニーを受け継ぐことはできない。王台破壊も決闘も、激しい運動を伴う活動だ。女王は、羽化時にはドーパミンを大量に作りだすことで、発達しきっていない運動系をできるだけ活性化し、この女王間競争を少しでも有利に進めようとしているのかもしれない。この仮説は現在、アフガニスタンからの留学生であるサイード・イブラヒム・ファーカリーさんが、東京農工大学で検証をすすめている（図５・６）。

図5·6　セイヨウミツバチの女王におけるドーパミンの役割について研究している東京農工大学のサイード・イブラヒム・ファーカリーさん.

オスのドーパミンと社会進化

ここまでは、ミツバチのメスのドーパミンの量的変化と機能についての研究を紹介してきた。女王での卵巣発達との関係は明確ではないが、ドーパミンは働き蜂と女王のどちらのカーストでも、繁殖状態と関連した生理的／行動的な変化を引き起こしているようだった。ではオスでも、ドーパミンはそのような機能をもっているのだろうか？

ミツバチのオスには、働き蜂と女王のようなメスに見られるカースト分化はなく、すべての個体が繁殖個体だ。働き蜂がコロニーを維持するための仕事をすべてしてくれるので、オスは女王と同様に働かず、繁殖に特化している。羽化したばかりのオスはまだ生殖器官が発達しておらず、飛行もできないが、巣の中で働き蜂の世話を受けながら数日間をすごすうちに、性成熟する。六〜八日齢くらいになると、生殖器官の発達は完了し、交尾飛行をおこなう。そして、交尾が成功するまで、交尾飛行を繰り返すのだ（図

5・7）。ドーパミンは、オスの生殖器官の発達や交尾飛行の発現などと関わりがあるのだろうか。

じつは、最初に金沢工大で女王の脳内生体アミンを測定させてもらったとき、オスのサンプルもいくつか持参し、ついでに測定をおこなっていた。そのときは、少ないサンプルでの、ごくおおざっぱな調査だったのだが、オスのドーパミンの日齢変化は働き蜂とも女王ともちがっていることがうっすらと見えた。どうやら、羽化後一週間後くらいのときに、ドーパミンのピークがあるようだった。このピーク時の脳内ドーパミン量は、未交尾女王よりもさらに多かった。女王とオスでは脳の大きさや構造が異なるので、単純な比較はできないが、オスが脳内にかなり多量のドーパミンを保持しているというのはたしかだ。このことはドーパミンがオスでも何か重要な働きをしていることを指し示しているように見えた。しかし、その年はもう繁殖期が終わり、オスを捕獲できなくなっていたので、次の年にもっと詳しい調査をおこなうことにした。

翌年、気合いを入れてたくさんオスを捕まえ、加齢に伴う脳内ドーパミン量の変化を調べてみると、やはり羽化後に脳内ドーパミンレベルは上昇して、七～八日目にピークを作り、その後減少していることが明らかになった（図5・8）。このピークの日齢は、生殖器の発達が完了し、交尾飛行が始まる日齢だ。オスでも、この物質は生理学的・行動学的な性成熟との関わりがありそうだ。実際、この研究をした数年後に佐々木さんの研究室の大学院生が、オスでも女王同様に、ドーパミンが運動活性を上昇させ、飛翔しやすい状態にしていることを明らかにした（Akasaka et al., 2010）。しかし、不思議なのは七～八日齢のドーパミンのピークをすぎて、ドーパミン量が羽化時と同じくらいまで下がった後でも、オスの運動活性は

図5・7　交尾飛行のために出巣するオス（上）．交尾できなかったオスは，巣へ戻ってくる（下）．

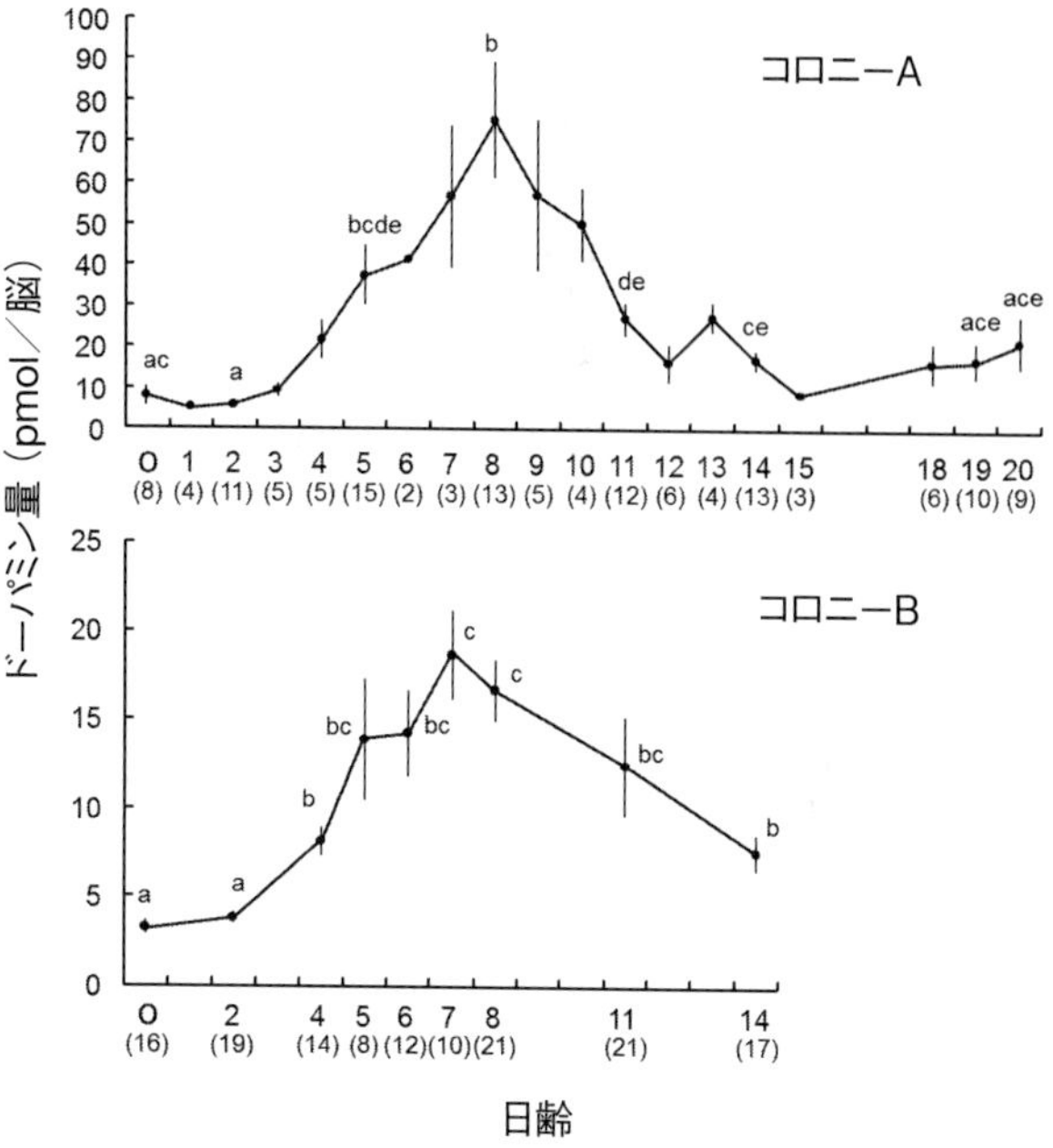

図5・8　オスの日齢による脳内ドーパミン量の変化．異なるアルファベットは統計的有意差を示す（スティール・ドゥワス検定　$P < 0.05$）．括弧内はN．Harano et al., 2008c を改変．

高いままで、交尾飛行も継続するということだ。つまり、ドーパミンレベルが低くても、交尾飛行は可能なのである。ここのところは、十分に解明されていないが、私たちはドーパミンが、運動活性を上げる生理学的な「スイッチ」をONにするような作用があるのではないか、と考えている。一度ONになると、ドーパミンが減少した後もONのままのスイッチだ。しかし、このアイディアは単なる想像にすぎず、この仕組みの解明については今後の研究に期待したい。

　オスに特徴的なドーパミン量の日齢変化パターンは、幼若ホルモンというホルモンによって制御されていることもわかってきた。さまざまな日齢のオスの脳内ドーパミン量を測り終え、日齢変化のパターンを折れ線グラフとして描いてみたのだが、そのグラフの形には見覚えがあった。これは、ある論文で報告されていたオス蜂の幼若ホルモンの日齢変化とそっくりだ。幼若ホルモン（juvenile hormone）は英語の頭文字をとってＪＨとも呼ばれ、昆虫の代表的なホルモンとして知られている。ミツバチでは、働き蜂の分業を制御しており、加齢して血中のＪＨ濃度が上昇することで、それまで巣内の仕事をしていた働き蜂が採餌をするようになる。採餌をしないオスでも、巣外への飛行を促すという意味では同様の機能があり、羽化後一週間から十日くらいの時期に、血中のＪＨ濃度が一時的に上昇し、それによって交尾飛行が開始されるということが、アメリカのトゥグルル・ギライ博士とジーン・ロビンソン博士によって示されていた（Giray & Robinson, 1996）。その論文中のオスの血中ＪＨ濃度の日齢変化の図が、私が描いた脳内ドーパミン量の日齢変化の図にぴったり重なったのだ。これは、ＪＨがドーパミンレベルを制御しているか、その逆にドーパミンがＪＨレベルを制御しているにちがいないと思い、メソプレンという物質を羽化直後のオス蜂に投与してみた。メソプレンはＪＨの類似物質で、ＪＨと同じような作用をもたらす。通常は羽化直後のオスは少量のＪＨしかもっていないのだが、それを強引に増やしてやるような実験だ。もし、ＪＨにドーパミンレベルを制御する機能があれば、メソプレンを投与したオスで脳内ドーパミン量が増加するだろう。結果は、その予測どおりであった（図５・９）。やはり、ＪＨにはドーパミン合成を促進するなどして、脳内のドーパミン量を制御する機能があるのだ。その後、佐々木さんが単独性のクマバチのオスを用いて同様の実験をおこなったところ、この種でもやはりＪＨが脳内ドーパミン量を制御していること

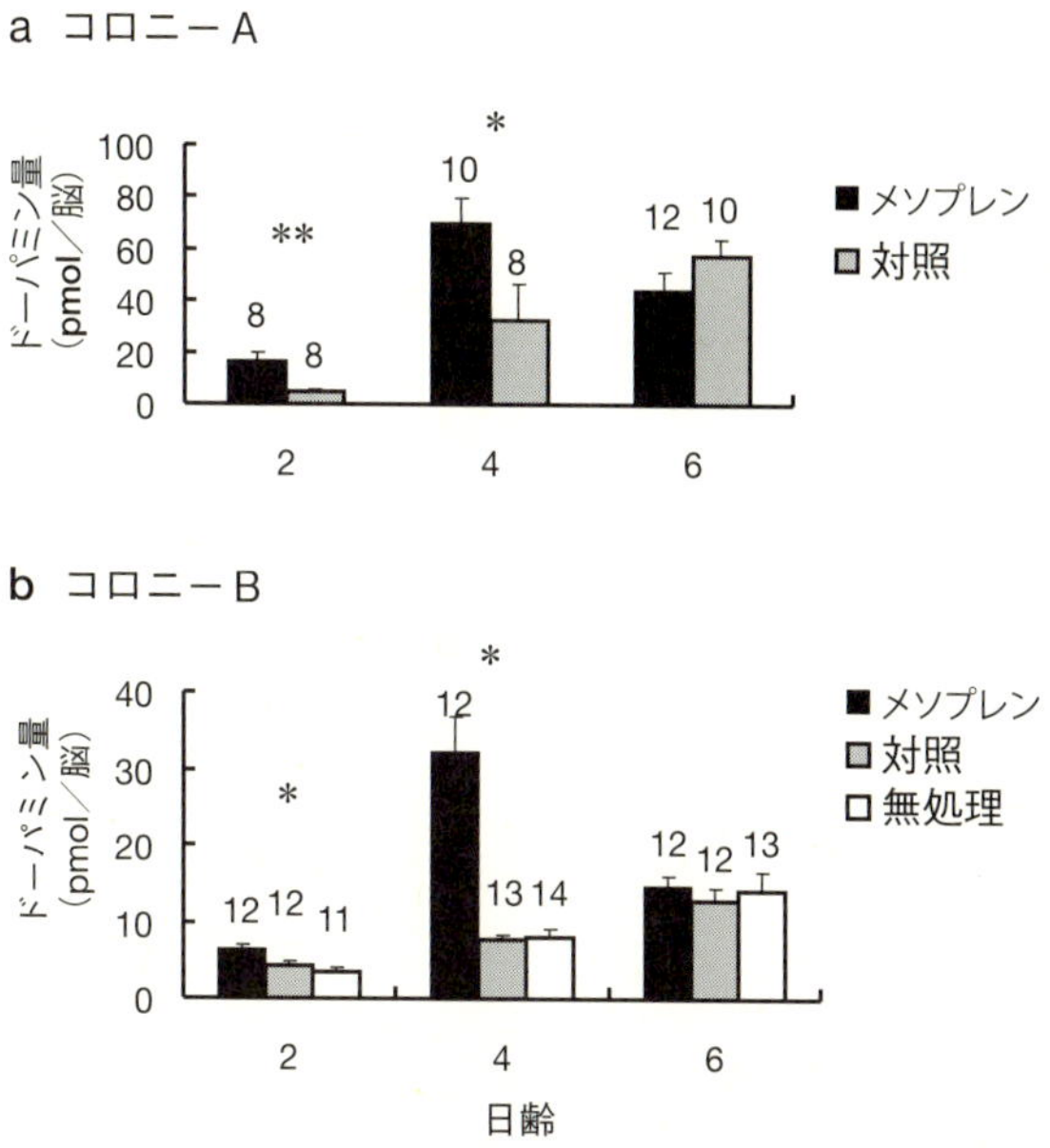

図5･9　メソプレン（幼若ホルモン類縁体JHA）投与によるミツバチオスの脳内ドーパミン量への影響．メソプレン投与により，脳内ドーパミン量の増加が早まった．統計的有意差は，マン・ホイットニーU検定（a）またはスティール・ドゥワス検定（b）によって検定した（**，$P < 0.01$；*，$P < 0.05$）．Harano et al., 2008c を改変.

が示唆された（Sasaki & Nagao, 2013）。ハチ目のオスでは、ＪＨによるドーパミン量の制御というのは、種を超えて広く見られる制御機構なのかもしれない。

ＪＨは社会性ハチ目昆虫の社会の進化を考えるうえで、ひじょうに重要なホルモンだ。もともとは、生殖器の発達を制御するような機能をもったホルモンだったものが、進化の途中でその機能を失い、そのかわり新たに働き蜂の行動を制御して、分業を作りだすようになったと考えられているからだ。つまり、ＪＨが生殖器の発達制御という機能を失ったことで、ミツバチの複雑な社会が進化したのだ。

しかし、これらはすべてメスの話で、ミツバチのオスでは、JHの機能が生殖器の発達制御から行動の制御に転換したのかどうかはわかっていない。オスは分業がないので、JHは繁殖にかかわる古い機能を残したままである可能性もある。JHがドーパミンを制御しているという私たちの発見は、もしかしたら、このことを示しているのかもしれない。働き蜂での機能から類推すると、オスでもドーパミンが生殖器官の発達を制御しているということはありそうだ。実際、生殖器官の発達と脳内ドーパミン量の上昇は同じ頃に起こっている。オスでドーパミンが生殖器官の発達を制御しているということがわかれば、JHはドーパミンを通じて生殖器官の発達を制御していることになる。つまり、ミツバチのオスでは、メスではすでに失われているJHの古い機能が残っているということになる。この考えのもと、現在佐々木さんとその学生によって、オスでドーパミンが生殖器官の発達を促しているのかどうかが精力的に調べられている。

私は、もっと直接的に、若いオスにJH類似物質（メソプレン）を投与して生殖器官の発達が促進されるかを調べてみた。しかし残念なことに、メソプレンが生殖器官の発達を促進することはなかった（図5・10）。ただし、行動に関しては強い影響があり、メソプレンを投与されたオスは、ふつうのオスよりも早く花粉を食べるのをやめ、より早くコロニーの周辺部へ移動した（働き蜂同様、オスでも日齢に伴って、巣の中心部から周辺部へ移動していくという現象が見られる）（図5・11）（Harano, 2013）。この結果は、オスでもJHは繁殖ではなく行動を制御していることを示しているように見える。ただし、この結果は必ずしも、JHがオスの生殖器発達にかかわっていないことを示してはいない。オスはできるだけ早く性成熟して交尾できた方がいいので、羽化後可能なかぎりの速度で生殖器を発達させているかもしれな

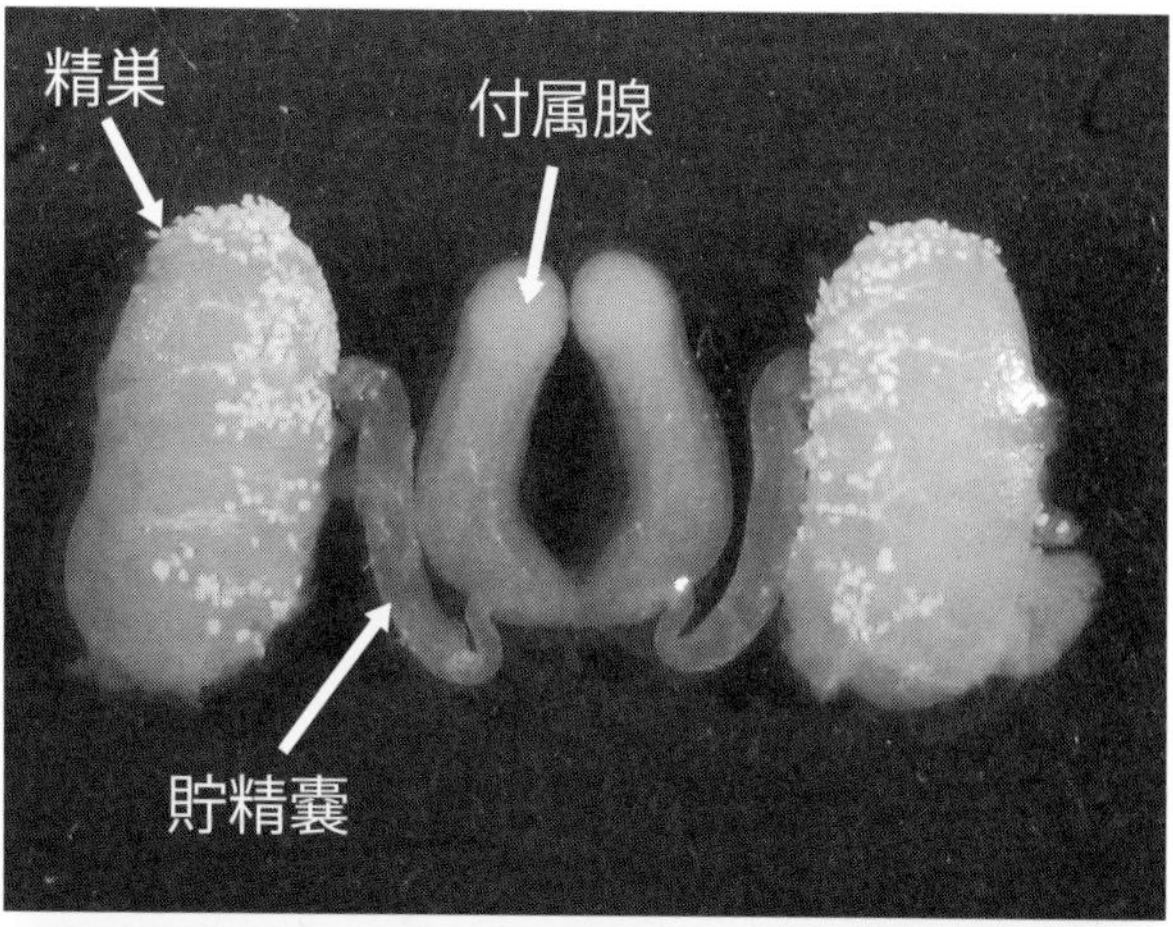

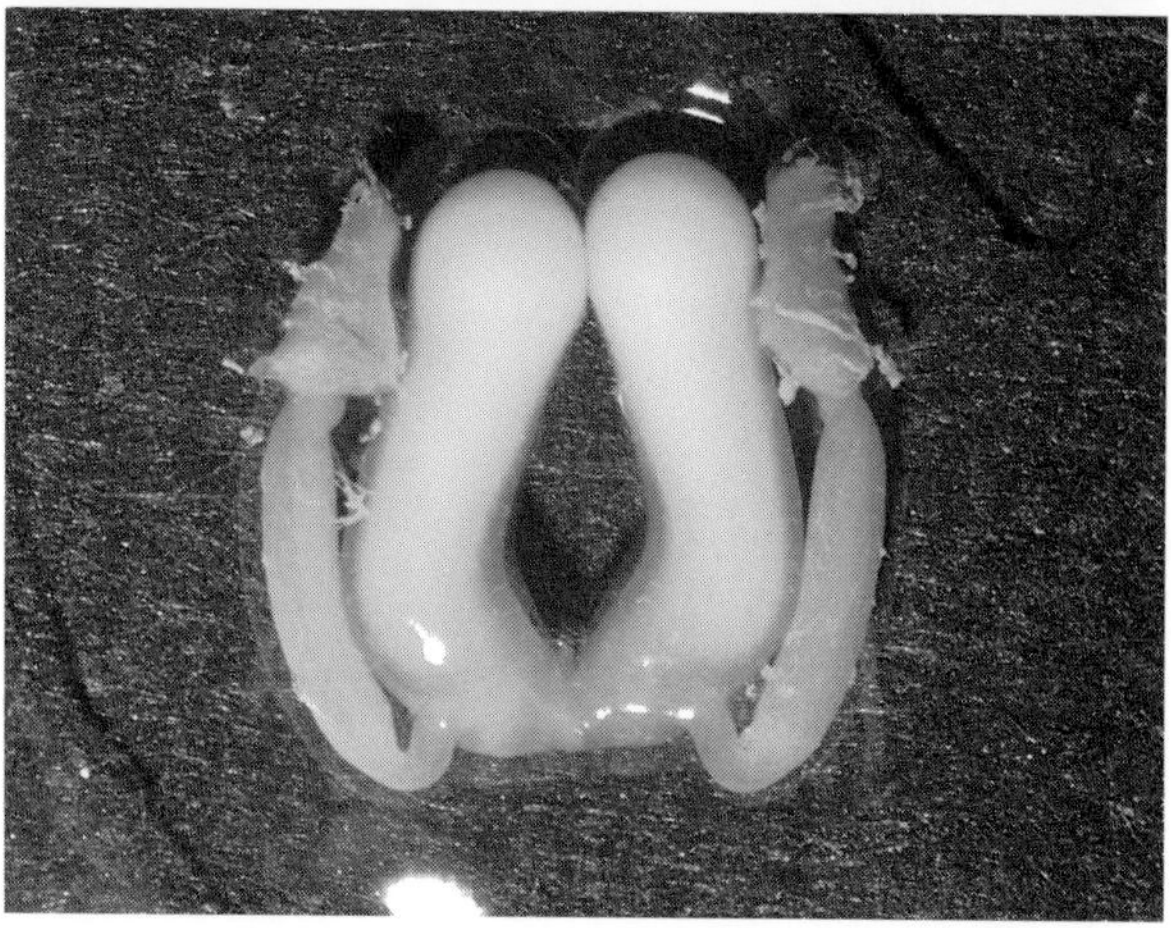

図5・10　未成熟オスの生殖器官（上）と性成熟したオスの生殖器官（下）．性成熟するにしたがい精巣は退縮し，貯精嚢と付属線は肥大する．幼若ホルモン類縁体であるメソプレンを投与しても，この変化は早まらなかった．Harano, 2013を改変．

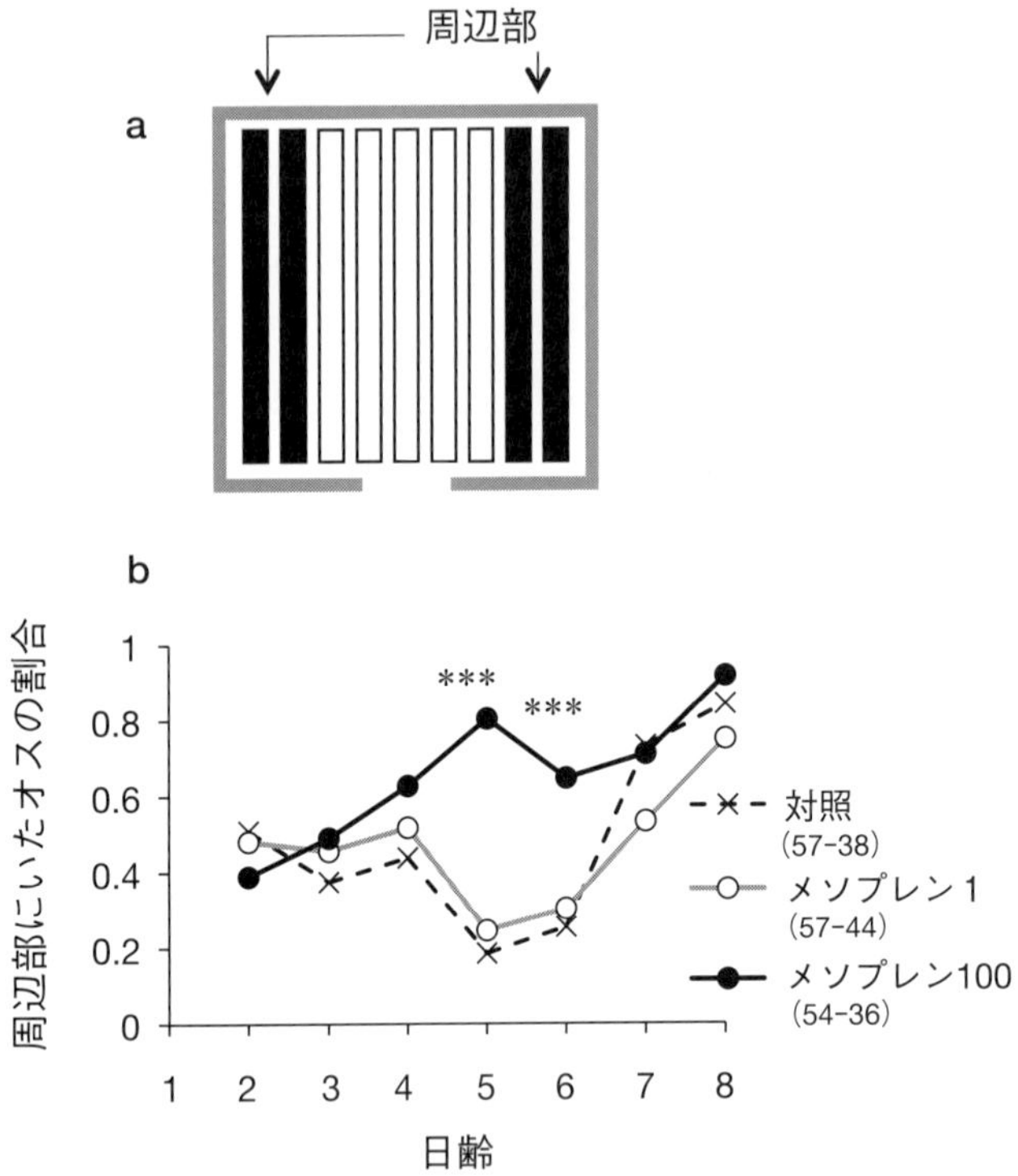

図5・11　オスの巣内位置へのメソプレン（JHA）投与の影響．（a）巣箱の中の9枚の巣板のうち，外側4枚を周辺部と定義した．（b）メソプレンを多量に投与すると，オスの周辺部への移動が早まった．***，P < 0.001（カイ二乗検定）．メソプレン1は メソプレン 1 μg投与，メソプレン100はメソプレン100 μg投与．対照は溶媒のみ．カッコ内はN．Harano, 2013を改変．

い。そのためＪＨを投与しても、それ以上発達速度が上がらなかっただけかもしれないからだ。オスのＪＨの機能は働き蜂のように、進化の過程で繁殖の制御から行動の制御へと変化したのか、それともしなかったのか？　まだこの問いに答えはでていない。

オスや女王の実験ができるのは一年のうちで数か月なので、なかなか研究は進まなかったが、それでも博士過程三年間とその後の一年間（玉川大学でポスドクとして雇用された）でおこなった女王の研究で三本（Harano et al., 2005, 2007, 2008b）、オスの研究で二本の論文（Harano et al.,2008c ; Harano, 2013）を書くことができた。博士課程三年目の時には、その時点で得られていた結果を博士論文としてまとめ、無事学位（博士（農学））を取得することができた。

コラム　論文を書く意義

論文を書くことにはいろいろな意味がある。まず、他の研究者が利用できる形で研究結果を公表するという意味だ。いくら大きな発見をしたところで、それを胸の内にしまっておいたのでは、どの学問分野にも貢献することはできない。論文として発表することで初めて、どの研究者も平等にその情報を利用できるようになり、場合によってはその情報をもとに次の研究がなされる。論文に書かれた研究結果を参照するのは、現在活動中の研究者だけとはかぎらない。論文は図書館などに人類の知的財産として保管されるので、百年後の研究者がその論文を読み、それを参考にして新しい研究をおこなうかもしれない。実際、私も九十年前の論文を引用して論文を書いている。

自然科学は、各人がレンガを一つずつ積み上げて大きな建造物を作り上げることになぞらえることができるかもしれない。それまでに置かれたレンガの上に別のレンガを積み重ね、出来上がった建造物が、私たちが理解した自然の姿だ。論文を出版することは、レンガを一つ置くことに相当する。

論文を書くことは、研究じたいをより良いものにするためにも意味がある。論文を専門の学術誌に掲載してもらうには、ピアレビューと呼ばれる査読過程を通過しなくてはならない。ピアレビューとは、同じような専門性をもつ別の研究者がその論文原稿を読み、掲載に値するかどうかを評価するシステムだ。研究手法の妥当性や、結論を導くための論理に問題があれば、それを指摘されて、場合によっては掲載不可との判定が下る。研究者は、査読で欠点を指摘されないように、計画の段階からつねに気を配るようになる。反論が予測される場合には、先回りしてその反論に対するデータを用意しておくようなこともするようになる。けっきょくはそれが研究をどんな反論にも耐えうる頑強なものにしていく。査読者に指摘されて初めて、気づかなかった論理の穴が見えてくることもある。査読を通過すれば、研究の価値が保証されるというわけではないが、この評価システムがなければ、独りよがりな解釈で研究が進むということもより起こりやすくなるだろう。また、査読者からのコメントが次の研究のヒントになる場合もある。だから、研究をより良いものにするために果たす査読の役割は大きい。論文の最後には研究を助けてくれた人への謝辞が述べられているのだが、そこに査読者に対する謝意が表されている論文も少なくない。

研究者の目的が、「本当に意味のある」研究成果を挙げることよりも論文を書くことになっている、という批判がある。たしかに、意味のない論文を生産しないように気をつけなくてはならないが、まともな学術雑誌であれば、まずそのような論文は査読を通らないだろう。そして、論文を書くことじたいが研究の質を高めるという効果を考えれば、意味のある研究をやるためにこそ、論文を書かなくてはならないのではないだろうか。

第6章
バッタとケブカと

職探し

私が学位をとった次の年も、玉川大では大型の研究プロジェクトが続いていたので、その予算で一年間だけ博士研究員（期限付きで雇われる研究員。ポスドクともいう）として雇用してもらうことができた。そのおかげで、博士課程でやり残した研究を続けられ、第5章で述べたように、その成果をいくつかの論文としてまとめることができた。

しかし、そのプロジェクトもその年で終了し、私はどこか別の場所でポストを探さなくてはならなくなった。できれば、それまでのテーマと関連した研究をしたいと思っていたが、そもそも昆虫の研究ができるようなポストは、ポスドクのような非正規雇用を含めてもかなり限られている。もちろん最初は、やりたい研究をしながら給料がもらえるポストを探したが、当然のことながら、そんな都合の良い仕事はなかなかない。私も、おそらく他の人が就職時に悩むように、自己実現（自分のやりたいことができるかどうか）と経済（給料をもらえるか）を天秤にかけざるをえなくなった。

自己実現と経済のどちらにどのくらいの重きをおくかは、研究者でも人によって考え方がちがう。研究生として在籍料を払いながらでも、自分の研究を続けるという人たちもいるし、テーマはとにかく研究をして給料をもらえるところで働く、という人たちもいる。この時の私はどちらか選べ、といわれたら後者を選んだだろう。研究者といえども霞を食って生きるわけにはいかないので、生活費をなんらかの手段で稼がなくてはならない。短期間ならば、お金を払いつつ研究をすることもできるだろうが、貯金がそれほどあるわけでもないので、バイトをすることになるだろう。そうすると、その分研究に割ける時間が減り、業績も上がらなくなって、ポストに就きにくくなる。それ以上に、無職の状態が長く続けば、精神的に追い詰められてくるのは目に見えている。やはり、やりたいことをやるには、自分の生活を支える最低限の経済基盤を築くことはどうしても必要だ。そう考えて、かなり幅広い分野の公募に応募した。

ただ、今考えると、これはけっこう危険なことでもあった。給料をもらえるということで安易に自分のテーマから遠く離れると、戻ってこられなくなる恐れがあるのだ。ポスドクの期間というのは、正規雇用までの単なる腰掛けではない。研究者として生きていくうえで必要な能力を磨くことのできる貴重な期間であり、次のポストを狙うための業績を稼ぐ期間だ。たとえば、昆虫の研究ができるポストに就くためには、昆虫学の技能が必要だし、関連した業績が求められる。でももし、まったく関係ない研究分野のポスドクになっていたら、そのような技能も業績も得られない可能性が高い。私も、この時ネズミを使っている医学系の研究室のポスドクに応募していたが、もしそこで採用されていたら、その後今とはまったくちがった道を歩んでいたかもしれない。けっきょく、自己実現と経済のバランスをうまくとることが大事なのだろう。しかし、募集されるポストは自分の望みとは何の関係もなく、応募したからといって採用されるともかぎらない。良い選択ができるかどうかは、運任せのところもある。

つくばのバッタ研へ

とにかく生活できることを一番に考えて、いろいろな公募に応募したにもかかわらず、年が明けても、職は決まらなかった。内定の連絡をもらったのは、三月にはいってからだった。それは、茨城県つくば市にある独立行政法人農業生物資源研究所（農生研、現・国立研究開発法人農業環境技術研究所）の田中誠二博士の研究室のポスドクの職で、最後に応募した公募だった。給料をもらいながら研究をすることを半ばあきらめて、研究生入学の手続きを進めていたところだったので、内定通知のメールをもらって、とても気持ちが軽くなったのを覚えている。うれしかったのは給料がもらえる、ということだけではない。仕事の内容が昆虫の研究をすることで、それも魅力的な現象を扱えたからだ。仕事を探しているときには、もうやりたいことはとりあえず我慢して…、と思っていたのに、採用されたのは応募した公募の中で、もっとも興味をひかれた仕事だった。

田中誠二博士（私たちは、誠二さんと呼んでいたので、この本ではその呼び方を使う）の研究室では、バッタの相変異という現象を精力的に研究しており（図6・1）、私が雇われたプロジェクトも相変異に関わるものだったので、まずはこの現象について説明したい。

日本の草原でもよく見られるトノサマバッタ *Locusta migratoria* は通常、単独生活をしていて、体色は緑色か茶色だ。餌の草さえあればあまり移動することもない。ところが、生育のための環境条件が揃って大発生した時には、体色が黒くなり、群れを作って長距離を移動する。このような、混み合いに反応して

図6・1　農業生物資源研究所（現・農業環境技術研究所）のバッタ研究室．
田中誠二さん（右）と前野浩太郎君（左）．

体色や形態そして行動を連続的に変化させる現象を相変異といい、低密度条件下で現れる緑あるいは茶色型のバッタを孤独相、高密度条件下で発生する黒いバッタを群生相と呼ぶ。孤独相と群生相では、見た目も行動も大きく異なり、まったく別の昆虫のようだ（図6・2）。トノサマバッタ以外にも数種のバッタが相変異を示す（というより、相変異を示すイナゴの仲間をバッタという）。

バッタの群れは、農作物をことごとく食い尽くし、群れが通過した後にはほとんど何も残らないので、バッタの大発生は、いうまでもなく農業上の大問題である。そういった人間活動との関わりもあり、バッタはミツバチ同様もっとも研究されてきた昆虫の一つだ。しかし、大発生時にバッタの体色を黒く変化させる生理学的な仕組みは、その長い間研究史の中でも大きな謎とされてきた。その謎を解いたのが、誠二さんだった。バッタは大発生すると、触覚などから入ってくる

図6·2　孤独相(左)と群生相(右)のトノサマバッタ.

刺激をつうじて、自分が高密度の群れの中にいることを認識するのだろう、脳の脇にある側心体と呼ばれる器官からコラゾニンという物質を放出する。この物質がホルモンとして働き、バッタの体色を黒く変えるのだ。他のバッタとの接触が体色を決めるのに重要であるといわれているが、最近の誠二さんらの研究では、視覚的な刺激の重要さも示されており、サバクトビバッタ *Schistocerca gregaria* というバッタでは、たくさんのバッタが映ったビデオを見せることでも、黒い体色が誘導されることがわかってきている（Tanaka & Nishide, 2012）。バッタを黒くさせるためには、映像がバッタである必要もないそうで、オタマジャクシを見せるのでも良いらしい。

相変異は印象的な現象なので、ＴＶ等でも良くとりあげられるが、この現象についての私のもっとも古い記憶は、多摩動物公園の昆虫館での展示を見たときのものだ。私は東京の多摩地域で育ったので、子どもの頃はよく父に連れられて、多摩動物公園に行っていた。そこには立派な昆虫館があり、蛍が光るのを見ることができたり、広いケージにさまざまなチョウが飼育されていて、その中に入って間近でそれを観察できた。そういった展示の一つに、トノサマバッタの相変異があった。まさに、単独で飼育すると孤独相になり、集団で飼育すると群生相になることが、実物の展示とともに説明されていた。誠二さんは学生の頃、この昆虫館で飼育員のアルバイトをしていたのだそうだ。誠二さんが学生だった年代を考えると、そこで出会っているということはありえないのだが、見る側と見せる側だった者が、その数十年後に今度はポスドクとその受け入れ研究者として、いっしょに研究をすることになったというのはちょっとおもしろい。

行動の相変異

バッタの相変異という現象は、高校生物の教科書でもとりあげられるほど有名で、すでに研究し尽くされたテーマという印象がある。しかし、つくばのバッタ研究室では、それまで見落とされてきた事実を拾いあげ、堅実なデータを積みあげることによって、相変異現象の見方を変えるような研究成果を次々と発表してきていた。それまでバッタ研究室では、おもに体色や形態といった形質に注目して研究をおこなってきていたが、私が担当したのは、行動に見られる相変異の仕組みに関する研究だった。

バッタの相変異では、行動にも変化が見られることは先にも触れた。孤独相は他個体を避け、あまり動かないが、群生相は逆に集合する性質があり、集団で移動する。すなわち、孤独相は集合性と活動性が低く、群生相ではこの両者が高くなる。他にも相によって変化するといわれている行動は数多くあるのだが、それらをいっぺんに調べることは難しい。そこで、まず活動性に注目して、どのような要因がこの行動要素に影響を与え、相によるちがいを生みだしているのかを明らかにすることになった。

バッタは混み合いに反応して相変異を示すのだが、相変異と関連のある形質は、その個体自身が感受した混み合いに反応して変化するだけでなく、親世代が感受した混み合いによっても影響を受けることが知られている。つまり、親が混み合いを経験していると、その子は生まれながらに群生相的な形質を示すのだ。とくに母親が経験した混み合いが子に影響を与えるので、このような現象を母性効果という。バッタの母性効果の仕組みはまだ謎に包まれているが、おそらく、混み合いを経験した母バッタは、卵に何らかの操作をして、子の発生を群生相的に変えるのだろう。私の研究の目的は、この母性効果と幼虫自身が感受した混み合いの効果がどのように活動性に影響を与えて、孤独相と群生相の行動上のちがいを作りあげているのか明らかにすることだった。

幼虫の行動は、孵化した時点では母性効果の影響を大きく受けるが、その後成長していくにつれて、自身が感受した混み合い度合に応じた変化を示すと考えられる。そのため、行動における母性効果を調べるのであれば、できるだけ若い幼虫が望ましい。そこで、一齢幼虫の活動性をアクトグラフという装置を使って測定した。

アクトグラフとは、赤外線センサーを利用した活動測定装置のことだ（図6・3）。昆虫にかぎらず、さまざまな動物で、活動性の高さや一日の間の活動リズムを測定するために使われる。この装置には、赤外線ビームの射出器とセンサーが備え付けられており、動物が動いて赤外線ビームが遮断されるとそれをセンサーが感知する仕組みだ。よく、店の入口や玄関などに赤外線を利用した対人センサーが設置されていて、人が来るとチャイムが鳴るようになっていたりするが、それと同じ仕組みである。この装置は理化

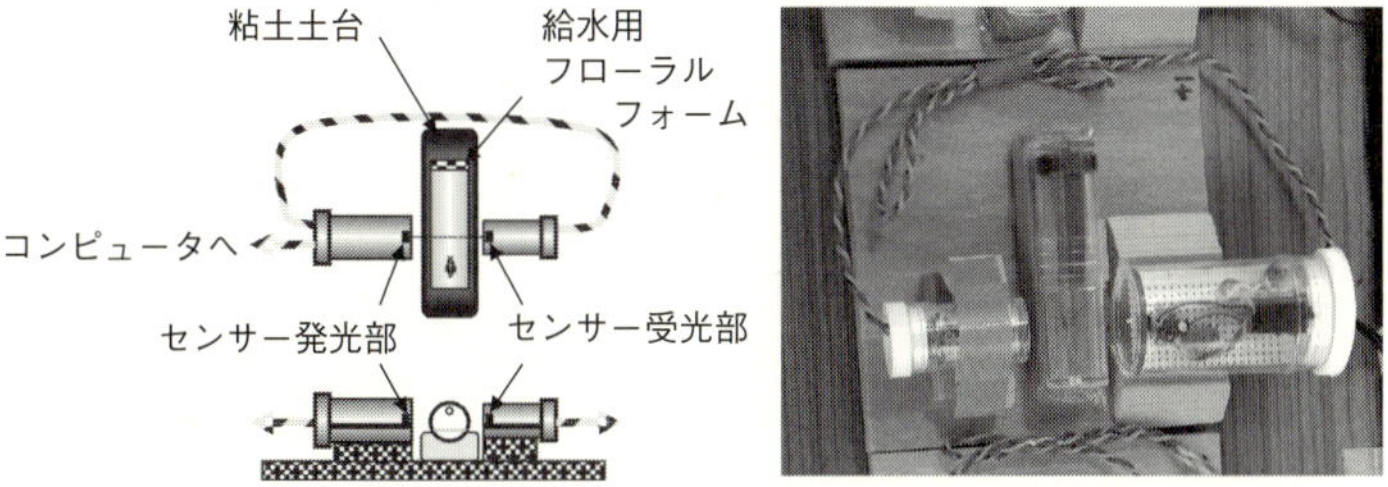

図6・3　バッタの活動測定に使用したアクトグラフ.

図6・4　60セットのアクトグラフによって，多検体の同時測定が可能になり，研究を効率よく進めることができた.

学機器のメーカーから購入することができるが、私の実験用には共同研究者である芦屋大学の齋藤治先生と渡　康彦先生が手作りのアクトグラフを六十個も用意してくれていた。それを使って、六十匹のバッタの活動を二十四時間休みなく、同時に記録することができた（図6・4）。

じつは、アクトグラフを実験で使うのはこれが初めてではなかった。玉川大の研究室にもアクトグラフはあり、蜂の日周

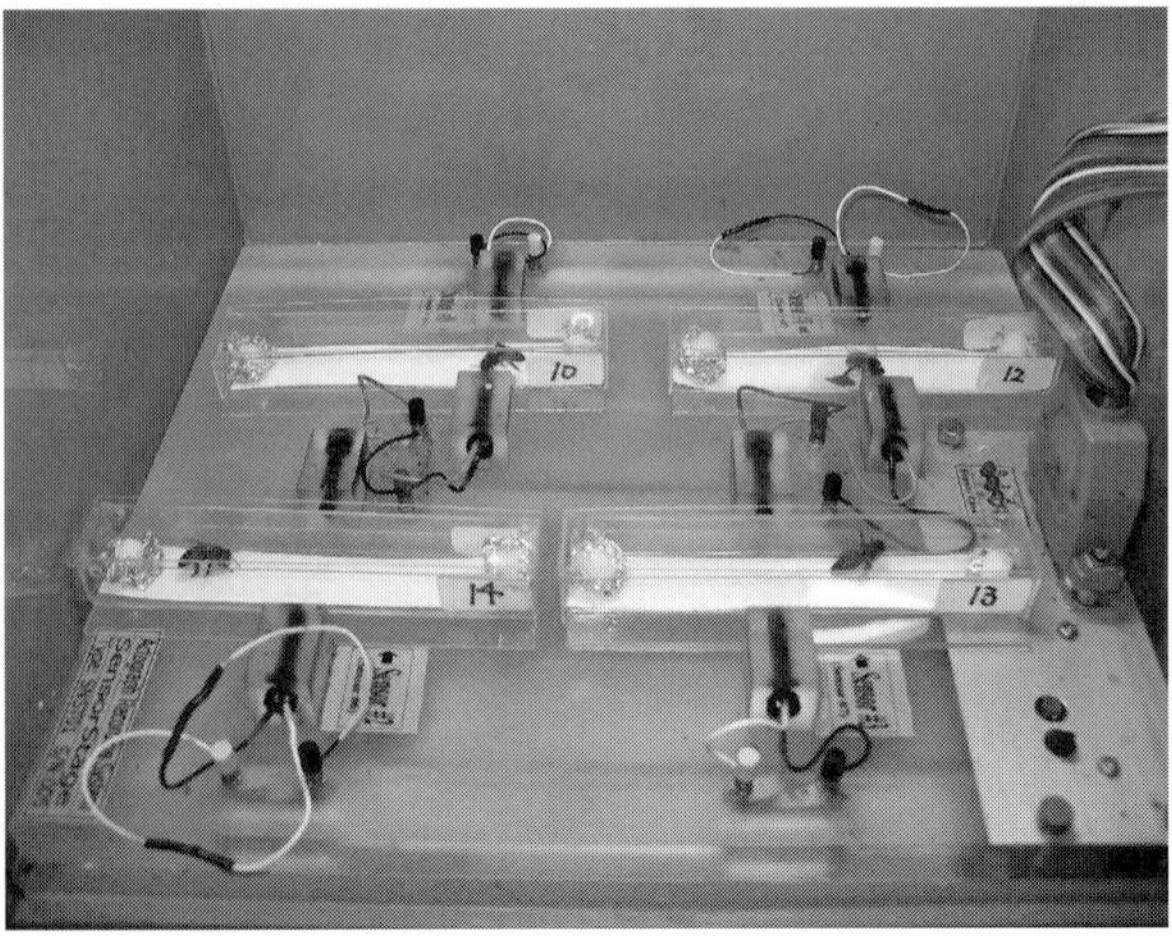

図6・5　ミツバチの活動を測定するために使われたアクトグラフ．

活動リズムなどを測定するのに使われていた（図6・5）。私は、博士課程の時には、ミツバチ女王の交尾前後の行動変化について研究していたので、未交尾と既交尾の女王の活動性の日周リズムをこの装置を使って調べたことがあった。その結果は、『Sociobiology（社会生物学）』誌という社会性昆虫についての論文を掲載する雑誌に発表していた（Harano et al., 2007）。私がポスドクとして採用されることになった決め手の一つが、この論文だったということを後で誠二さんから聞かされた。ほんとうに小さな論文だったのだが、そんな論文が自分を助けてくれることもあるのだ。

バッタの飼育

「昆虫の研究は、飼育がうまくいったら七割は成功したようなものだ」

というようなことが昆虫の研究者の間ではよく言われる。

図6·6　たくさん草をとったので記念撮影．この草をバッタは2日で食べきる．

十分な数の、しかも良い状態の供試虫を用意することの重要さを説いた言葉だ。ミツバチは、基本的には自分で餌を採って自活しているので、毎日対象昆虫の世話をするというのは、私にとって、つくばでの経験が初めてだった。バッタ研では、実験をするしないにかかわらず、常にある量のバッタを飼っていた。そうすることで、いつでも思い立ったとき、すぐに実験ができる環境が整っていた。しかし、それは飼育を休めない、ということでもある。バッタの餌換えは、私とバッタ研にもう一人いたポスドクの前野浩太郎博士（現・国際農業研究センター。前野君の奮闘については、フィールドの生物学⑨『孤独なバッタが群れるとき』に詳しい）に加え、二～三人の研究補助員の人でおこなっていたが、朝一から始めて、昼までかかった。それが終わるとようやく、自分の実験の時間となる。餌換えは二日に一回だったが、餌換えのない日は、餌用の草をとりに行かなくてはならない。研究所の農場で餌用の草（イヌムギやオーチャードグラスというイネ科の牧草）を栽培してもらっていたので、これを鎌で収穫してビニール袋に入れて、大型冷蔵庫に保管しておき、次の日に使う。実験が佳境にさしかかると、飼うバッタの数も増え、九十リットルの大きなゴミ袋いっぱいに詰めた草が七袋にも八袋にもなった（図6・6）。バッタはそれを二日で食い切ってしまう。とにかくバッタはよく食べる。そして、よく食べさせることが、きちんとした実験データをとるうえで重要で、草の質が悪くなったり、量が足りなくなると、実験がうまくいかなくなった。夏や冬は草が育ちにくい季節で、栽培している草では足りなくなると、河原などに餌用の草をとりに行くこともあった。しかし、研究所の近くの草地では十分草がとれないこともある。そのため、誠二さんは車に鎌を積んでいて、私用で出かけたときでも良い草を見つけると、それを刈って帰ってきたし、前野君は頭の中につくば周辺の草地の地図があり、どこに行けばどのくらいの草が手に入るのかを把握していた。私も、バッタの餌を探す癖がついてしまったようで、道端にイヌムギの大きな株を見つけると、なんだかうれしくなるという、奇妙な心理反応が起きるようになってしまった。

トノサマバッタと相変異

バッタ研では、トノサマバッタとサバクトビバッタを使って、相変異研究をおこなっていたが、まずはトノサマバッタで活動性に対する混み合いの影響を調べることになった。トノサマバッタは、日本の草原に生息するふつうのバッタだ。昆虫学者としては恥ずかしい話だが、私はトノサマバッタが相変異を示す

図6・7　トノサマバッタの飼育室.

ことを、バッタ研に来るまで知らなかった（子どもの頃多摩動物園の昆虫館で見た相変異を示すバッタがトノサマバッタだったと気づいたのは、バッタ研に来てから）。バッタの大発生など、遠い国の話だと思っていたからなのだが、じつは明治以前には日本でも時折トノサマバッタが大発生していたらしい。一九八六〜八七年にも、鹿児島県馬毛島で大発生が確認されている。その時には、やはり群生相的な形質のバッタが現れたということだ。

混み合いの活動性への影響

大量にバッタを飼育していたので、供試虫はいつでも手にはいったし（図6・7）、アクトグラフは六十個もあったので、実験はどんどん進んでいった。ここでは、そこで得られた結果の概要をお話したい。

まずは、母性効果の有無を調べるため、親を百匹以上の集団飼育した場合と、単独飼育した場合の孵化幼虫の活動性を比較した。表現を簡易化するため、親を集団飼育した幼虫をG幼虫、単独飼育した幼虫をS幼虫と呼ぶ。活動性の測定を孵化直後からおこなうため、孵化前の卵を一つずつアクトグラフに入れ、その中で孵化させてみた。すると、どちらのタイプの幼虫も羽化直後に活動の小さなピークを示し、その後に少し不活発な時期を挟んで、活動性を大きく増加させた（図6・8）。二つ目の活動性の増加は、餌を与えておくと見られないので、空腹による活動の亢進だということがわかった。一つ目の活動ピークはG幼虫の方が高く、二つ目の活動性の高まりもG幼虫の方で早く見られた。やはり、活動性にも親世代が受けた密度の効果が現れるようだ。

トノサマバッタの幼虫が、孵化直後に一時的に活動を亢進させるということは、この実験によって初めてわかったことなのだが、それがどのような機能をもっているのかは不明だ。大発生時には、同時に多くの幼虫が孵化してくると予想されるので、広く分散して、餌のとり合いを避けるのかもしれないし、孵化したばかりのまだ柔らかい体が他の幼虫との接触で傷つくのを防ぐ機能があるのかもしれない。

では、孵化後の生育密度の影響はどうだろう。それを調べるため、G幼虫またはS幼虫を孵化直後から小さなカップの中で単独か、十匹の集団で二日間飼育してから、活動性を測定した。親の飼育密度をGまたはSで、羽化後に単独飼育したものをi、集団飼育したものをgで表すことにすると、実験で用いたのはGg、Gi、Sg、Siの四つの幼虫グループということになる。これらを一匹ずつアクトグラフに入れ、活動性を測定した。

実験開始後二十四時間の活動性の変化を図6・9aに示した。親の飼育密度と子の飼育密度の二つの要

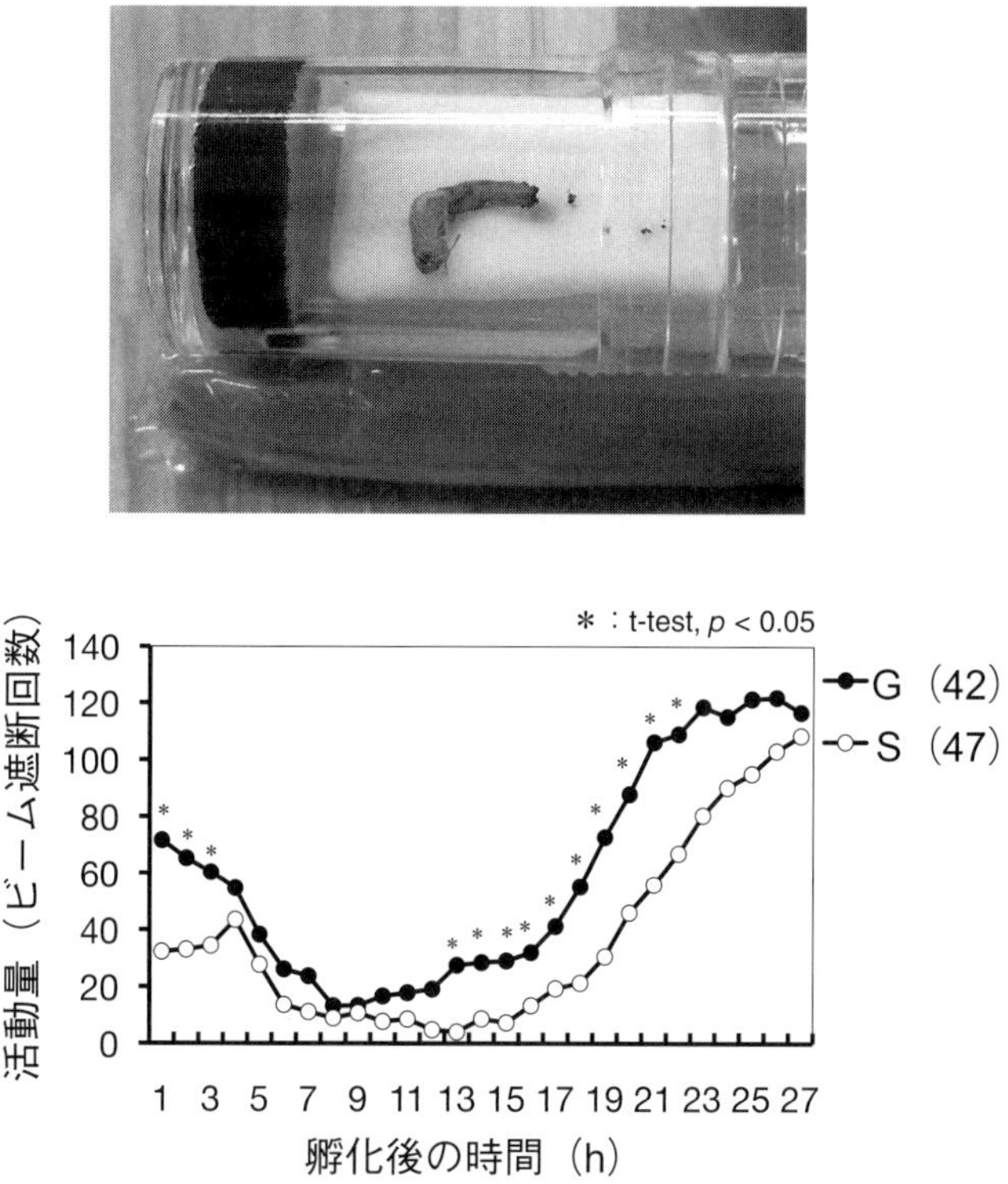

図6・8　アクトグラフの中で孵化するトノサマバッタの幼虫（上）．トノサマバッタ群生相幼虫（G）と孤独相幼虫（S）の孵化直後の活動性のちがい（下）．Harano et al., 2011を改変．

因に加え、時間が絡むので、結果は複雑になる。しかし、よく見るといくつかのことがわかる。まず、どのグループも実験開始から時間が経つにつれて、活動性が増加していっている。これは、孵化幼虫のときにも説明したように、空腹による活動性の増加だ。アクトグラフの中で餌を食べさせると、この活動の亢進はなくなる。また、G幼虫だけ、S幼虫だけに注目して見ると、どちらの幼虫でも、集団飼育していた場合（GgやSg）には、前半の活動性が単独飼育（GiやSi）と比べて高くなっていた（図6・9b）。そして、実験の後半、つまり空腹で活動が亢進しているときには、G幼虫はS幼虫より活発で、とくにGg幼虫は飛び抜けて高い活動性を示した（図6・9c）。つまり、親が混み合いを経験している幼虫は、孵化後にみずからも混み合いを経験することで、空腹時に活動性を大幅に上昇させることができるのだ。ここでの活動性の高さは、餌探索のためにどのくらい広い範囲を移動するかを反映していると考えてもいいかもしれない。トノサマバッタの親は、自分が高密度の群れの中にいると認識すると、潜在的に移動性の高い子を産むようだ。そのような子は、孵化後に自分も混み合いを感受すると、空腹になったときに、餌を求めてより広い範囲を探索するようになるのだろう。大発生時には餌となる植物が食い尽くされている可能性があるので、そのような性質が生存のために有利になるのかもしれない。

サバクトビバッタの相変異と活動性

トノサマバッタの一齢幼虫で、混み合いの活動性への影響を調べたので、同じことをサバクトビバッタでも調べてみた。サバクトビバッタはアフリカに生息するバッタの一種で、トノサマバッタ同様に相変異をしめす。もし、サバクトビバッタでも、同じ結果がでるのならば、トノサマバッタでわかったことは、どのバッタの相変異にも適用できる事実である可能性が高くなる。

サバクトビバッタの成虫を集団で、あるいは単独で飼育して、トノサマバッタと同じようにG幼虫とS

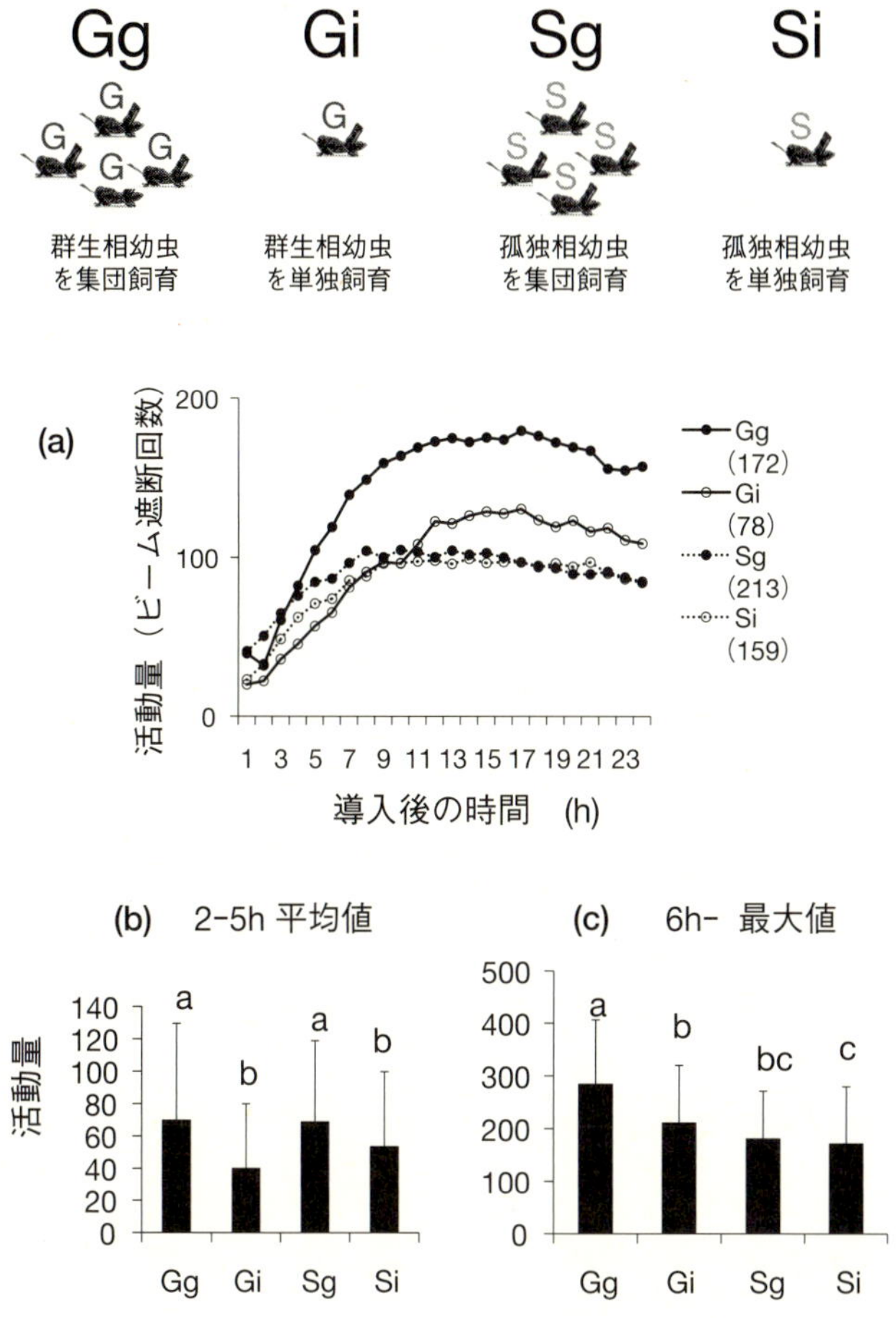

図6・9　トノサマバッタの1齢幼虫における親の飼育密度と孵化後の飼育密度が活動性に及ぼす影響．(a) アクトグラフ導入後24時間の変化．(b) 導入後2～5時間の活動量の平均値．(c) 導入後6時間以降の活動量の最大値．異なるアルファベットはTukeyの多重比較検定による有意差(P<0.05)を示す．Harano et al., 2011を改変．

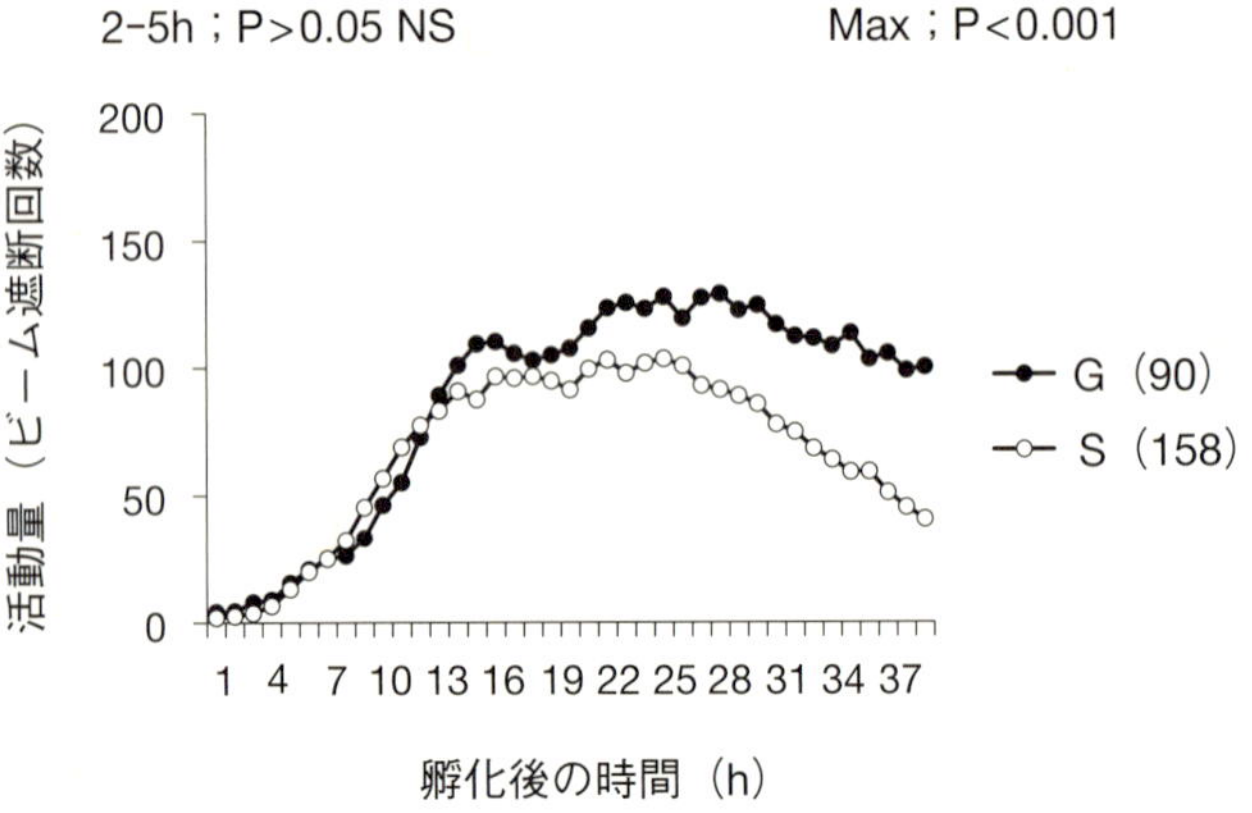

図6・10　親の生育密度がサバクトビバッタ1齢幼虫の孵化後の活動性におよぼす影響．Gは群生相幼虫，Sは孤独相幼虫．孵化後2～5時間の活動量の平均値には有意差はなかったが，活動量の最大値はG幼虫の方が有意に高かった（t検定）．Harano et al., 2012aを改変．

幼虫の孵化直後からの活動性を測定してみると、やはりG幼虫の方がより高い活動性を示すようになることがわかった（図6・10）。ただし、トノサマバッタとちがい、孵化直後に一時的に活動性が上昇するようなことはなく、親世代の混み合いの影響は、空腹によって活動が亢進しているとき（孵化から半日以上経過した後）にでていた。

この結果から、サバクトビバッタでも親が混み合いを経験すると、その子はより活動的になるといっていいように思える。しかし、トノサマバッタとは親世代の混み合いの効果の出方が少しちがうようだ。

体サイズや体色との関係

サバクトビバッタとトノサマバッタの相変異は、大枠では同じ現象と考えられているが、細かく見ていくといくつかのちがいがある。その一つが、親の生育密度が子の体サイズや体色へ及ぼす影響だ。トノサマバッタでは、孵化幼虫は親が混み合いを経験していても（群生相）していなくても（孤独相）、茶色の体色をもつ孵化幼虫が産まれてくる。体サイズは、群生相の子の方が大きくなる傾向があるが、それほど顕著ではない。一方サバクトビバッタでは、親世代の混み合いの影響により孵化幼虫の体色が変わる。群生相の子は黒く、孤独相の幼虫は緑になる傾向がある。そして、トノサマバッタに比べて、群生相の孵化幼虫は大きく、孤独相の孵化幼虫は小さくなるという傾向がよりはっきりしている。群生相の大きい孵化幼虫と孤独相の小さい孵化幼虫を比べると、体重にして二倍以上の開きがある場合もある。ただし、わざわざここで「傾向」と書いたように、群生相の幼虫が必ずしも黒く大きいわけではなく、小さく緑の幼虫も少ないながら混ざっているし、孤独相幼虫の中にも黒く比較的大きい幼虫が出現することもある。つまり、群生相の親から産まれていながら、体サイズや体色に関しては孤独相的だったり、逆に孤独相の親から生まれていても体サイズや体色が群生相的だったりすることがあるということだ。そのような少数派の個体の行動は、どうなっているのだろうか？　ちなみに、体サイズと体色は強くリンクしていることがわかっており、大きく生まれた幼虫は黒い傾向が、小さく産まれた幼虫は緑になる傾向がある。行動も同様に、体サイズや体色と関連があるのだろうか？

これらの要素と活動性の高さとの関係を詳しく解析してみたところ、孵化幼虫では体サイズが活動性とリンクしていることがわかった。G幼虫は、ほとんどが黒い体色をもつが、その体サイズは大きくバラつく。そこで、同じ体色のG幼虫の中でもとくに大きなもの（体重二十ミリグラム以上）ととくに小さなもの（十六ミリグラム以下）の活動性を比較してみると、大きな幼虫の方が、ずっと活動的だった（図6・

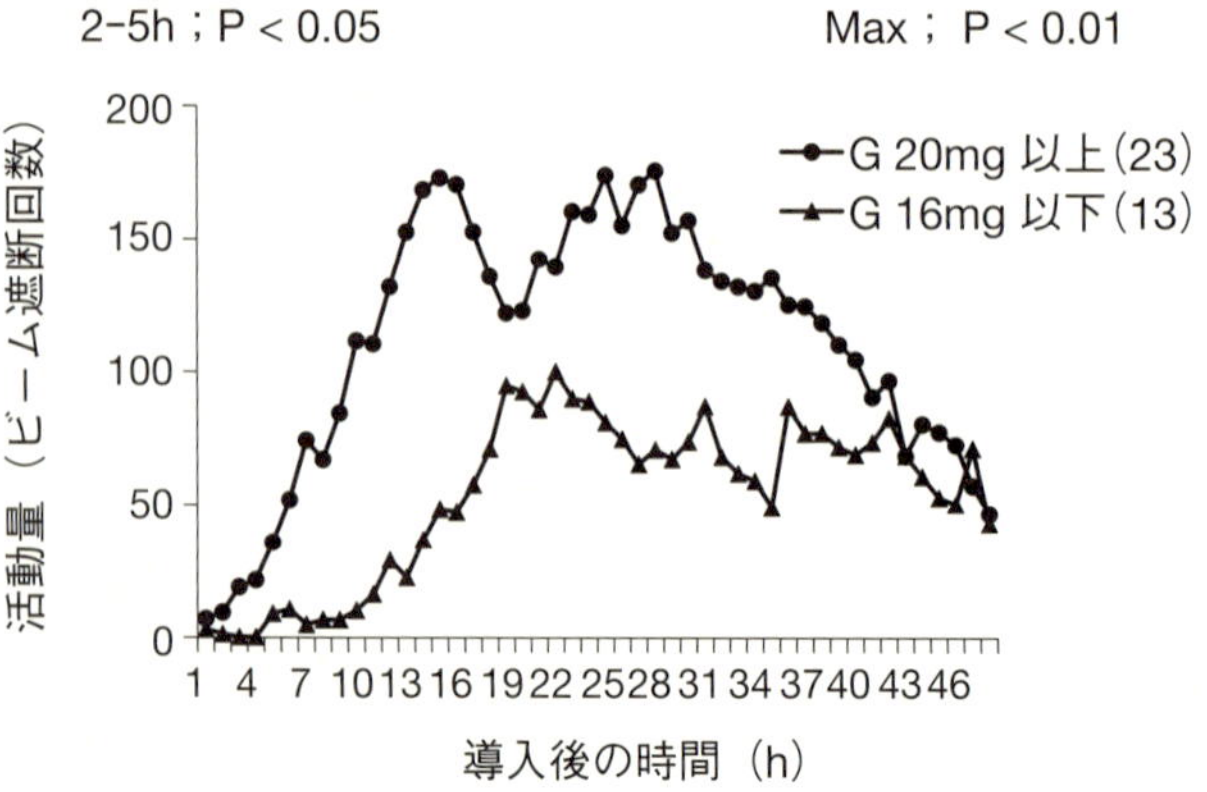

図6・11　サバクトビバッタ1齢幼虫の活動性に及ぼす体サイズの影響．親の生育密度も体色も同じG幼虫でも，体サイズが小さいと活動性は低い．導入後2～5時間の活動量の平均値と活動量の最大値とも，大きな幼虫の方が有意に高かった(t検定)．Harano et al., 2012a を改変．

11)。S幼虫は、G幼虫ほど体サイズに大きなバラつきがなかったので、このような解析はできなかったが、比較的大きなS幼虫と同じ大きさのG幼虫の活動性を比較してみると、活動性にはほとんど変わりはなかった。つまり、親が混み合いを経験したかどうかよりも、幼虫の体サイズによって活動性が決まってくるということだ。体色に関しても同様の解析をしてみたが、体色と活動性にははっきりした関係はなかった。

この結果から、親世代が経験した混み合いの効果が幼虫の体サイズをつうじて、間接的に孵化幼虫時の活動性に影響を与えている可能性が考えられた。サバクトビバッタは、混み合いを感受すると大きな卵を産むことは古くから知られていたが、当然そのような卵からは大きな幼虫が生まれてくる。大きく生まれた幼虫は、活動性が高い傾向があり、そのため、親世代が混み合いを経験すると孵化幼虫の活動性が高くなる、ということなのかもしれない。

サバクトビバッタでの孵化後の混み合いの影響

それでは、幼虫自身が孵化後に感受した混み合いの影響は、サバクトビバッタではどのように活動性にあらわれてくるだろうか？　トノサマバッタでおこなったように、親を集団あるいは単独で飼育して、G卵とS卵を用意し、さらにそこから孵化した幼虫を二日間集団飼育（g）または単独飼育（i）して、四つの実験グループ（Gg、Gi、Sg、Si）を作成した。これらの幼虫の活動性をアクトグラフで測定した結果が、図6・12だ。トノサマバッタ同様に、実験の時間経過と関連して、親が感受した混み合いの効果と幼虫自身が感受した混み合いの効果がちがうタイミングで現れた。実験開始後の五時間程度、すなわちまだバッタが空腹になっていない時には、母性効果が強く現れ、GgやGiの活動性が、SgやSiよりも大きい。このときにはGgとGi、SgとSiの活動性はあまりちがわないが、実験の後半では孵化後の混み合いの効果も現れるようになり、G幼虫・S幼虫それぞれで、孵化後集団飼育した場合（Gg、Sg）に活動性が上がっている。その結果、Gg幼虫がもっとも高い活動性を、Si幼虫がもっとも低い活動性を示すようになった。体重との関係も解析してみたが、大きな幼虫が活動的である傾向はあまり強くはなく、体サイズの影響は二日齢では小さかった。

この結果を見ると、サバクトビバッタでも、親世代が経験した混み合いと幼虫自身が経験した混み合いの両方が、幼虫の活動性に影響を与えているということがわかる。トノサマバッタでもそうだったので、これはある特定の種にだけ見られる特徴というよりも、バッタ一般の性質である可能性が高い。しかし、

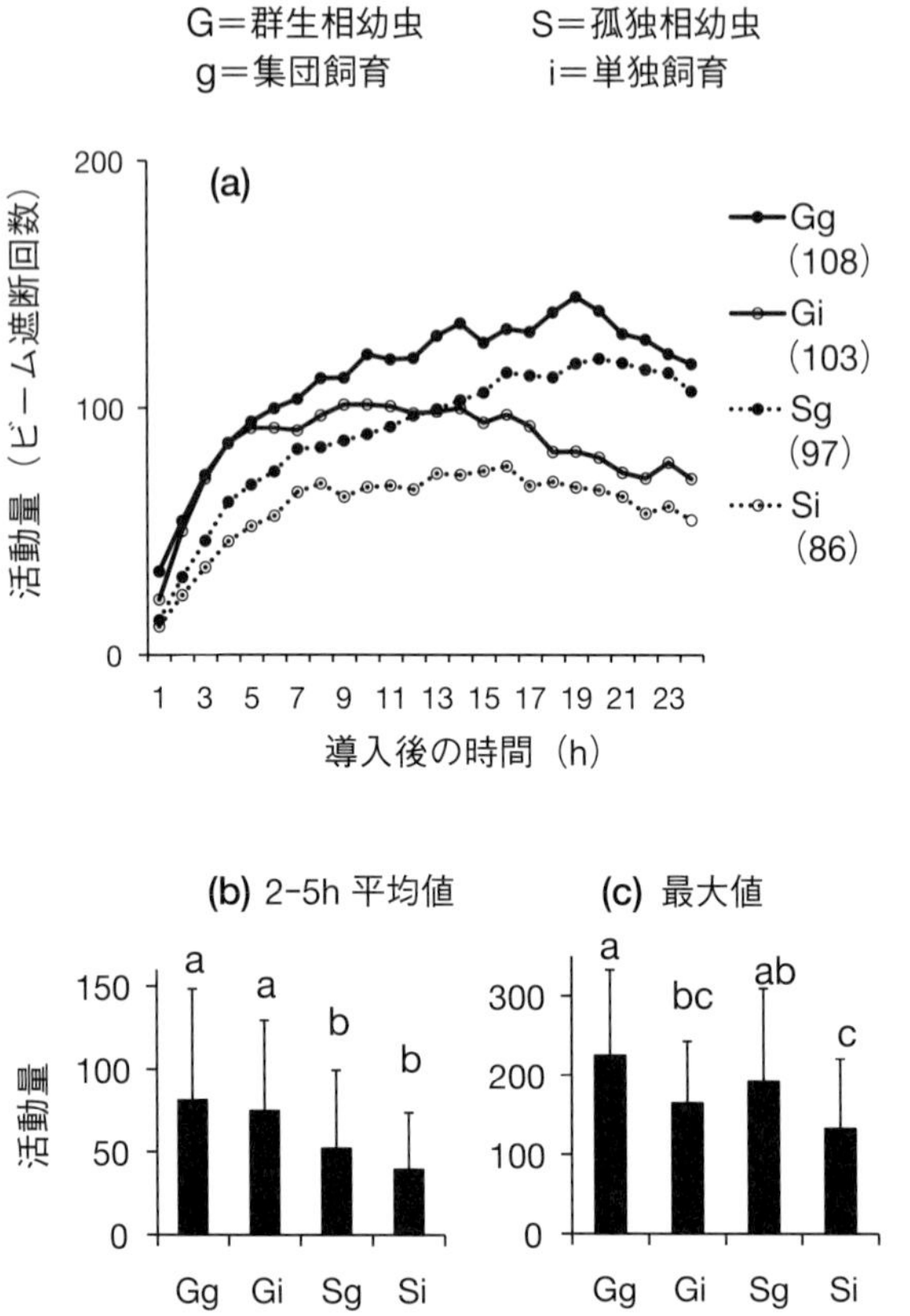

図6・12　サバクトビバッタの1齢幼虫における親の飼育密度と孵化後の飼育密度が活動性に及ぼす影響．(a) アクトグラフ導入後24時間の変化．(b) 導入後2～5時間の活動量の平均値．(c) 導入後6時間以降の活動量の最大値．異なるアルファベットはテューキーの多重検定による有意差（P<0.05）を示す．Harano et al., 2012aを改変．

ここで得られた結果を注意深く見てみれば、この二つの要因が幼虫の活動性に影響を与えるやり方が、種によって異なっているということもわかる。たとえば、親が感受した混み合いの影響の出方は、トノサマバッタとサバクトビバッタで異なる。トノサマバッタでは、親が経験した混み合いの影響は、幼虫が空腹にならないと現れない。しかも、孵化後に幼虫自身が混み合いを経験したときにのみ、活動性を増加させるという、かなり限定的な効果だ。しかし、サバクトビバッタでは、親が混み合いを経験していれば、幼虫の空腹状態や孵化後に混み合いを経験したかどうかとは関係なく、幼虫の活動性のベースラインを上げるような形で作用する。どちらのバッタも大発生すると、幼虫は活動性を高めるのだが、その高い活動性を生み出すメカニズムは、種によって異なっているようだ。

私たちは、トノサマバッタとサバクトビバッタの相変異のように、異なる種が示すとてもよく似た現象を見た時、それを制御するメカニズムも同じだ、と思い込みがちだ。しかし、調べもせずにそう決めつけてしまうのは危険かもしれない、というのが、この研究成果がもつメッセージだろうか。

ケブカ！　プロジェクト

誠二さんの研究室では、バッタの活動性の研究の他に、ケブカアカチャコガネ *Dasylepida ishigakiensis* というサトウキビ害虫の防除プロジェクトにも関わらせてもらった。この甲虫は、沖縄県宮古島で大発生しており、サトウキビ生産に年間三億円もの被害をだして、大問題になっていた。後で詳しく述べるが、

図6・13　ケブカアカチャコガネ．

ケブカアカチャコガネ（以降、ケブカ：図6・13）は、その生活史のほとんどを地中ですごすため、農薬による化学防除が効果を発揮しにくい。しかも、宮古島では、農薬の使用を極力避けたい事情もあった。宮古島には、大きな川がなく、島民は生活用水をもっぱら地下水源に頼っている。だから、それを汚染する可能性のある大量の農薬使用はできなかった。そこで、交信撹乱法という合成フェロモンを使った方法で、この害虫の防除をめざしたプロジェクトが立ちあがっていた。参加していたのは、おもに、沖縄県農業研究センターの新垣則雄博士らの研究グループと農生研の若村定男博士（現・京都学園大学）・安居拓恵博士・辻井直博士らのグループ、そして誠二さんのグループで、それぞれが得意な分野で貢献をする合同プロジェクトだった（図6・14）。

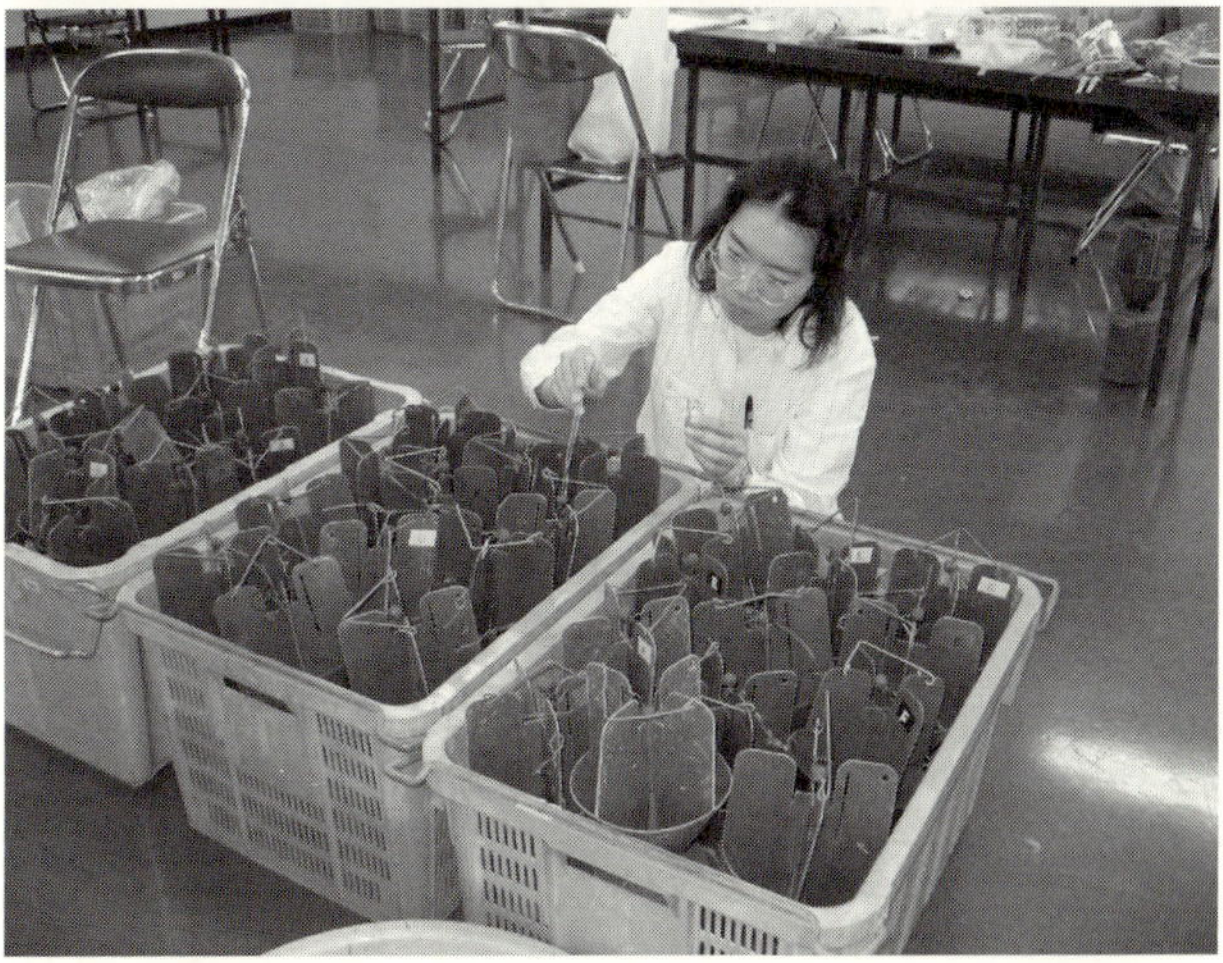

図6･14　宮古島のサトウキビ圃場にロープ状のフェロモン剤を設置する新垣則雄さん（上）．フェロモントラップを準備する安居拓恵さん（下）．

交信攪乱法とは、昆虫が異性を見つけるために使うフェロモンを逆手にとった防除法だ。ある種の昆虫は、オスかメスあるいは両方がフェロモンを放出して、異性を引き付け、それによって交尾が成立する。つまり、一方の性は、異性が放出する匂いを頼りに交尾相手を探すわけだ。交信攪乱法では、このような性フェロモンを化学的に合成し、大量に散布する。そうすると、いたるところにフェロモン物質があるために、昆虫は異性を見つけられず、交尾が阻害される。直接虫を殺すわけではなく、次世代を残せないようにすることで、害虫の密度を低く抑える手法だ。おもに、チョウ目の害虫（ガ類）の防除に用いられてきた方法だが、これを甲虫であるケブカに応用しよう、という考えだった。

このプロジェクトの中で私が担当したのは、配偶行動の解析だった。交信攪乱による防除では、ほぼ完全に交尾を阻害する必要がある。そのため、いつどのようなタイミングで配偶がおこなわれるのか、そのタイミングを決めるのはどのような要因なのかを理解しておくことが重要だ。また、交信攪乱が成功して、ある畑のケブカすべての交尾を阻害しても、他の畑で交尾したメスが飛んでくるようなことがあれば、この方法はうまくいかない。そのような性質がないかどうかも確かめておく必要がある。

害虫なのに「珍品」ケブカアカチャコガネ

具体的な研究の内容を説明する前に、ケブカという昆虫についてもう少し説明しておきたい。それは、この虫が少し変わった虫だからだ。

昆虫のコレクターの間では、なかなか手に入らない虫のことを「珍品」というが、一九九七年に宮古島のサトウキビ立ち枯れの犯人がケブカであることが明らかにされるまで、この虫は、珍品として扱われていたのだそうだ。インターネットのオークションサイトでは、標本が高値で取引されていた、という話もある。通常、害虫というのは大発生しているから害虫なのであり、そんなありふれた虫を欲しがるコレクターはいない。なぜ、大発生していたはずのケブカが珍品だったのだろうか？

ケブカの交尾行動

研究が進むと、ケブカは地中で幼虫期をすごすが、成虫になってもほとんど地上に現れないということが、明らかになった。この昆虫は、宮古島でももっとも涼しい二月に地上で交尾をおこなっていた。ただし、地上で活発に活動するのは夕暮れ時の約三十分間だけで、交尾が終わるとまた地中に潜ってしまう。そのため、なかなか人の目につかなかったのだ。

しかも、毎日出現するわけでもない。亜熱帯気候の宮古島では、二月はそれなりに寒い日が多いが、比較的暖かい日もある。夕刻の気温が十六度を上回る暖かい夕方にだけ、ケブカは地上に現れて交尾をする。このことを明らかにしたのは、新垣さんらの研究グループだ（Arakaki et al., 2004）。

地上に出現したケブカは、フェロモンを用いて配偶相手を見つける。メスは、地上に現れると少しだけ飛んでサトウキビの葉にとまり、鞘翅を持ちあげてフェロモンを放出する。オスは地上三十〜百センチメ

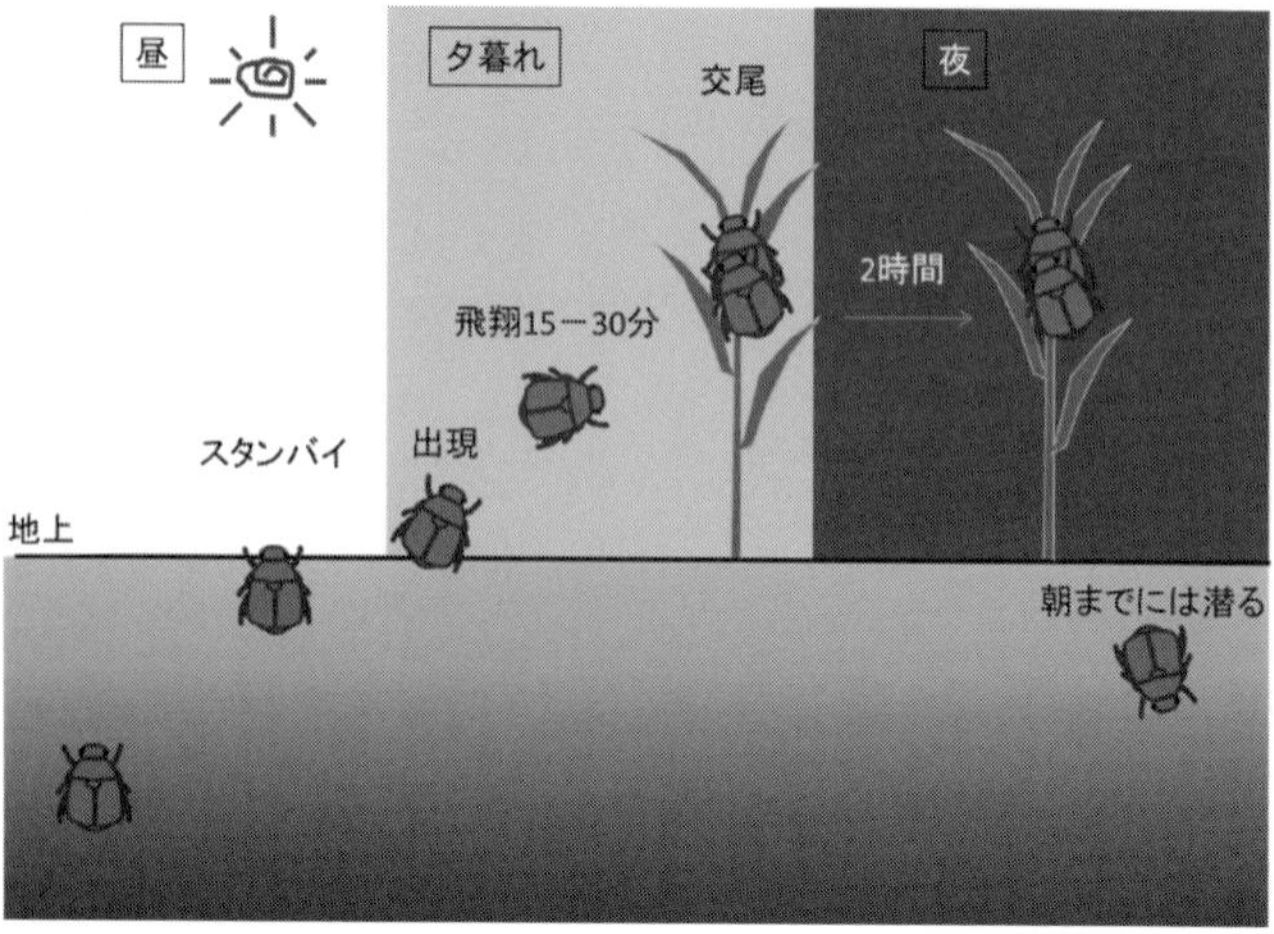

図6・15　ケブカアカチャコガネの交尾行動.

ートルくらいの高さを飛び回り、放出されたフェロモンを手掛かりにメスを見つける。このフェロモンの正体が、2－ブタノールというありふれたアルコールの一種であるということが、若村さんと安居さんらによって、すでに突き止められていた（Wakamura et al., 2009）。

ケブカは、一度交尾が成立すると、一～二時間は交尾が続き、それが終わるとオスもメスもまた地中に潜ってしまう。新垣さんらの研究によって、交尾したメスは再び、地上に現れることはなく、そのまま地中で産卵して一生を終えるということもわかっていた（図6・15）。雌雄が地上に現れて、配偶相手を探している三十分間だけ、完全に交信攪乱をおこなえれば、うまく防除ができると期待されていた。

ケブカの生活史

ところで、なぜケブカはこんなに短い時間しか配偶行

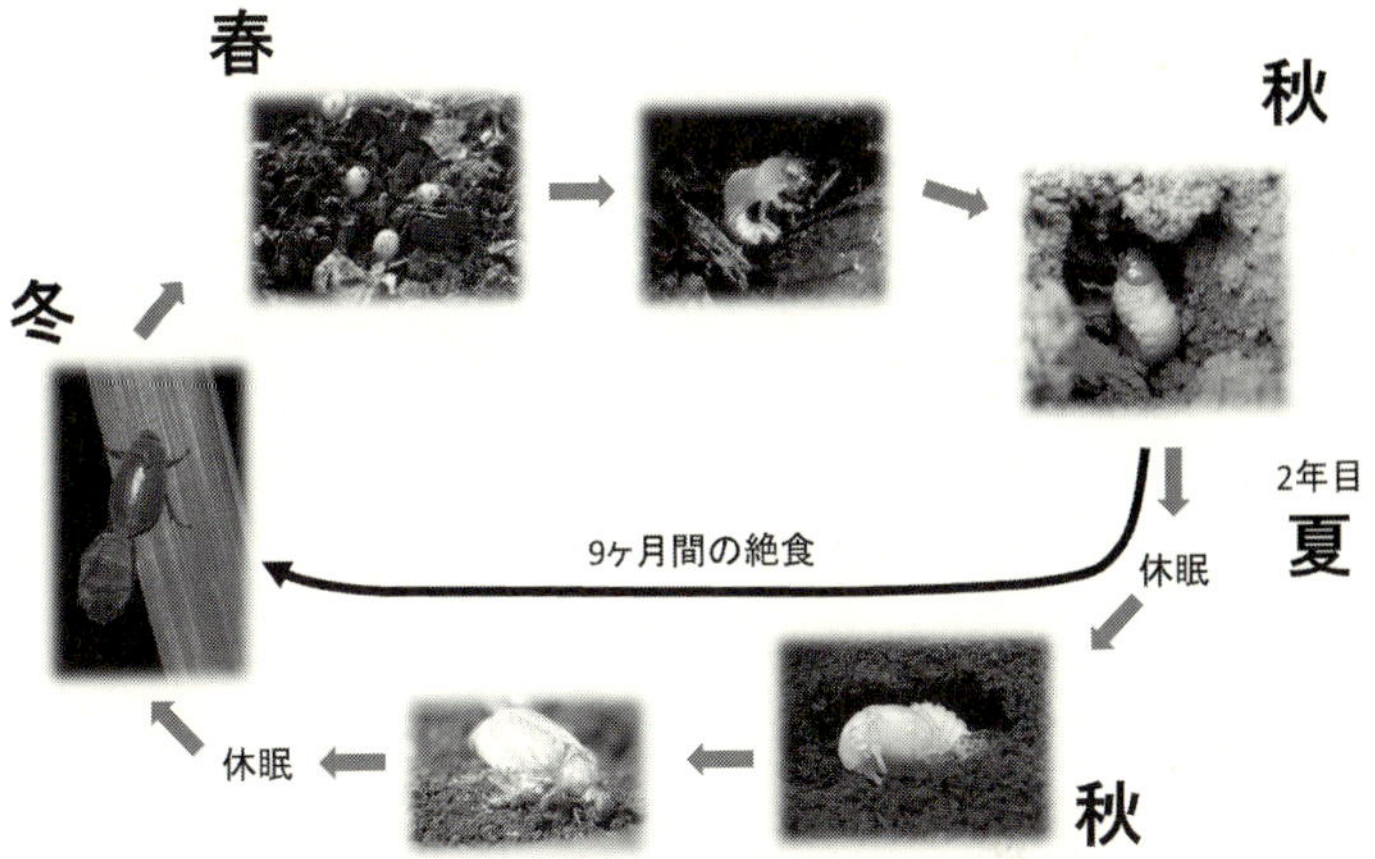

図6・16　ケブカアカチャコガネの生活史．3齢幼虫で休眠に入って交尾をおこなうまで9か月間は，何も摂食しないで活動しなくてはならない．

動をしないのだろうか？　それは、彼らのエネルギーがきょくたんに制限されているからかもしれない。誠二さんが中心になってケブカの生活史を詳しく調べたところ、交尾の前に九か月もの絶食期間があることが判明した(Tanaka et al., 2008)。彼らは二年間かけて成虫になるが、終齢幼虫で二年目の夏を迎えた時、秋までの間休眠にはいる。秋になると蛹化し、一か月ほどで成虫へと羽化する。しかし、そのまま地中にとどまり、交尾をおこなうのはさらに数か月先の二月になってからだ（図6・16）。休眠期や蛹期に摂食しないだけでなく、成虫も口器が退化しており、餌を食べることができない。すなわち、終齢幼虫が休眠に入ってから交尾するまでの九か月間は、ケブカは一切餌を食べず、体内に蓄えたエネルギーを使って生きていることになる。そのため、交尾のために何度も飛行するようなことはできず、短い時間にタイミングを合わせて出現することで、限られたエネルギーで交尾を成立させているようなのだ。

どのようにして夕暮れを知る？

夕暮れ時に一斉に出現することから、彼らは照度の低下を手掛かりに出現のタイミングを決めていると考えられた。実際、実験室でケブカを飼って、照度を少しずつ落としていく実験をすると、ある程度の低照度になった時に、土の中から地上に出てくるということが観察できる。

しかし、土の中から地上の照度はわかるのだろうか？　じつは、彼らは頭だけ地表に出して地上のようすをうかがう、スタンバイ（待機）と私たちが呼ぶ行動をおこなう（図6・17）。この行動により、直接地上の照度を認識できるようになり、照度の低下に反応して、地上へと出現していたのだ。この行動については、私の前任者としてバッタ研でポスドクをしていた徳田 誠博士（現・佐賀大学）が、たいへんな労力をかけて詳しく調べられている。徳田さんは、実験室に持ち帰ったケブカを三日間ほぼ徹夜で観察し続け、光条件よりも温度がスタンバイ行動を起こさせるために重要であることを突き止めた（Tokuda et al., 2010）。また、明暗周期と同調させて温度周期をつけた（明期に高温になり、暗期に低温になる）条件でケブカを飼育すると、明期の半ばくらいからスタンバイ行動が見られるようになる、という発見もした。このことから、野外ではケブカは昼頃からスタンバイし、夕方になって照度が低下してくると、交尾のために出現する、と考えられた（詳しくはフィールドの生物学㉑ 徳田 誠 著『植物をたくみに操る虫たち』参照）。

では、ケブカは昼になったということをどのようにして知って、スタンバイを始めるのだろうか？　ス

図6・17　「スタンバイ」するケブカアカチャコガネ.

タンバイはしていないのだから、地上の照度はわからないはずだ。照度ではなく、地温の変化に反応しているのだろうか？　朝になると日が照って地温が上がるので、地温上昇開始の○○時間後が昼というふうにして、スタンバイをするべき時間を知ることはできそうだ。しかし、多くの生物はこのような時に概日時計（体内時計）を使って時刻を知る。私たちも、外界から隔離されて、一日中明るい部屋に閉じ込められたとしても、夜の時刻になると眠くなるし、昼にはお腹がすいてくる。これは、私たちの体内に二十四時間周期を刻む時計に似た仕組みがあるからだ。この仕組みのことを体内時計という。この時計が、外のようすがわからなくても、体に時刻を伝え、特定の時刻に特定の行動を起こりやすくする。ケブカも、体内時計を使って真っ暗な土の中で昼になったことを知り、地表近くへ上がって、スタンバイ行動をとるのではないだろうか？

ケブカの体内時計

ケブカが体内時計によって昼を知り、スタンバイ行動を始めているということを証明するためには、温度も照度も一定にした、環境中に時刻の手掛かりのない条件でも、スタンバイ行動が約二十四時間周期でおこなわれることを示せば良い。ケブカが珍品の扱いをされている頃であれば、実験対象が手に入らないので、この実験をおこなうことはできなかっただろう。しかし、このときにはすでに、フェロモン成分が同定され、それを使ったトラップで、山ほどオスのケブカを捕獲できるようになっていた。私たちは、宮古島で捕獲したオスのケブカを研究室に持ち帰り、恒常条件でのスタンバイ行動を観察することにした。

まずは、土を入れた大きめのカップにケブカを放ち、土に潜らせる。それを窓辺において自然の日長にさらすと、午後三時くらいから急激にスタンバイする個体が増加し、夕暮れがやってきたときにそれが一気に地上に現れるのを確認できた。ひとしきり、地上を徘徊したり、飛翔しようとしたり（逃げないように透明フィルムで覆いをしていたので、実際にはほとんど飛べなかったが）した後、ケブカは再び地中に潜っていった。ここまでは、徳田さんがおこなった実験の再現だ。そして、これを今度は、一日中照明をつけ（全明条件）、一定の温度に保ったインキュベーターに移してやった。翌日、温度や照度の手掛かりはないにもかかわらず、やはり午後になると多くの個体がスタンバイを始めた。そして、その翌日も、同じくらいの時刻にスタンバイ個体の増加が見られた（図６・18）。環境に手掛かりのないところで、一定の時刻にスタンバイするためには、体内時計に頼るほかないはずだ。ケブカのスタンバイ行動はやはり体

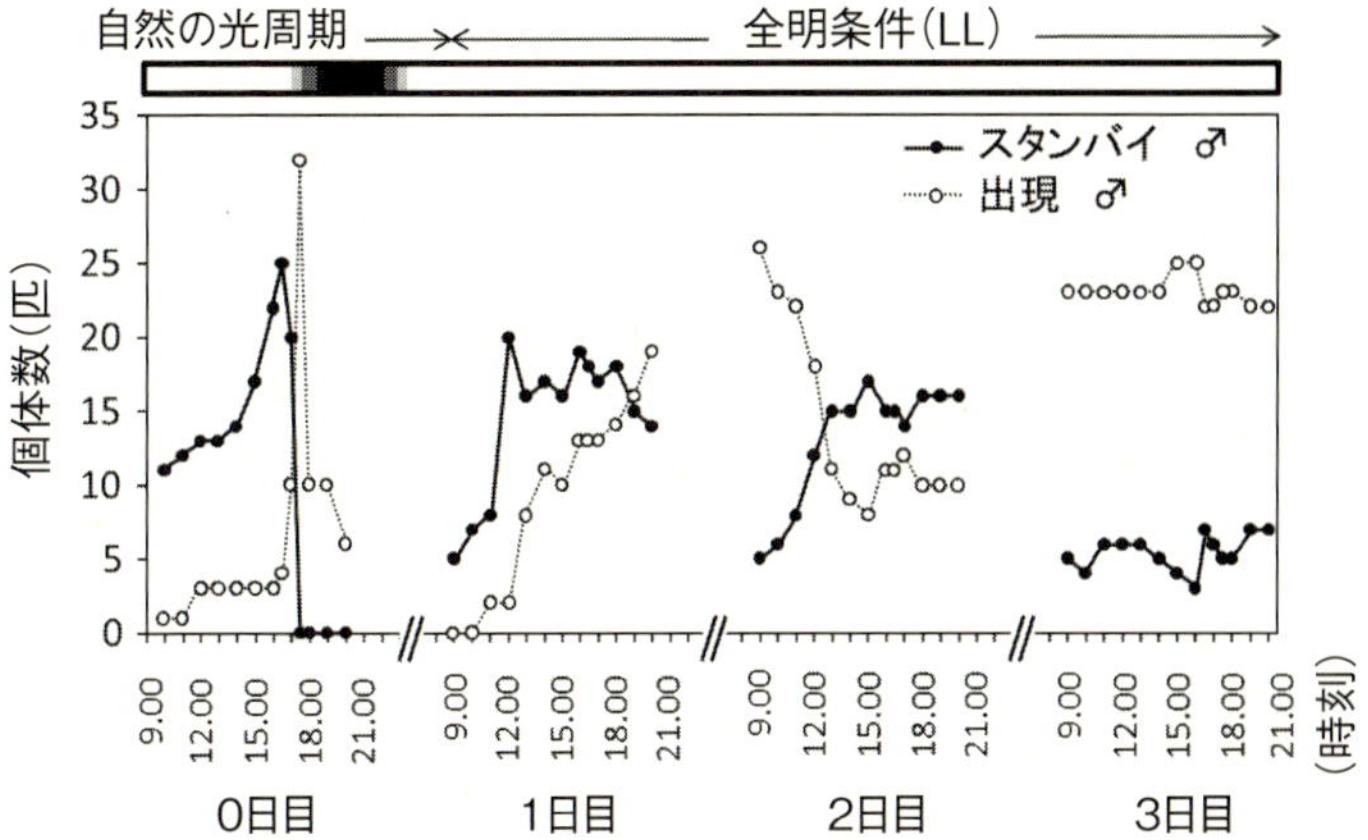

図6・18　全明条件（LL）でのケブカアカチャコガネのスタンバイと出現行動．供試虫はオス．Harano et al., 2010b を改変．

内時計に駆動されているようだ。

おもしろかったのは、地上に出現した後のケブカの行動だ。スタンバイしたケブカは、全明のインキュベーターの中でなかなか来ない夕暮れにしびれを切らしたのか、地上は明るく照明されているにもかかわらず、夜九時まではかなり多くの個体が地上に現れていた（図6・18の1日目）。翌日の朝（2日目）には、さらに多くの個体が出現していた。しかし、夕暮れ時に出現したオスのように忙しく歩き回ったり、飛翔しようとしたりはせず、ほとんど動かずにじっとしており、寝ているかのように見えた。ところが、昼が近づいてくると、もそもそと動き出す個体が現れた。そして、一匹二匹と地中に潜っていき、しばらくするとスタンバイを始めたのだ。まるで、

「ああ、あぶない。寝過ごしてスタンバイに遅刻するところだった！」

と言っているようでおかしかった。おそらく、ケブカにとって朝から昼にかけては私たちの夜にあたり、寝てい

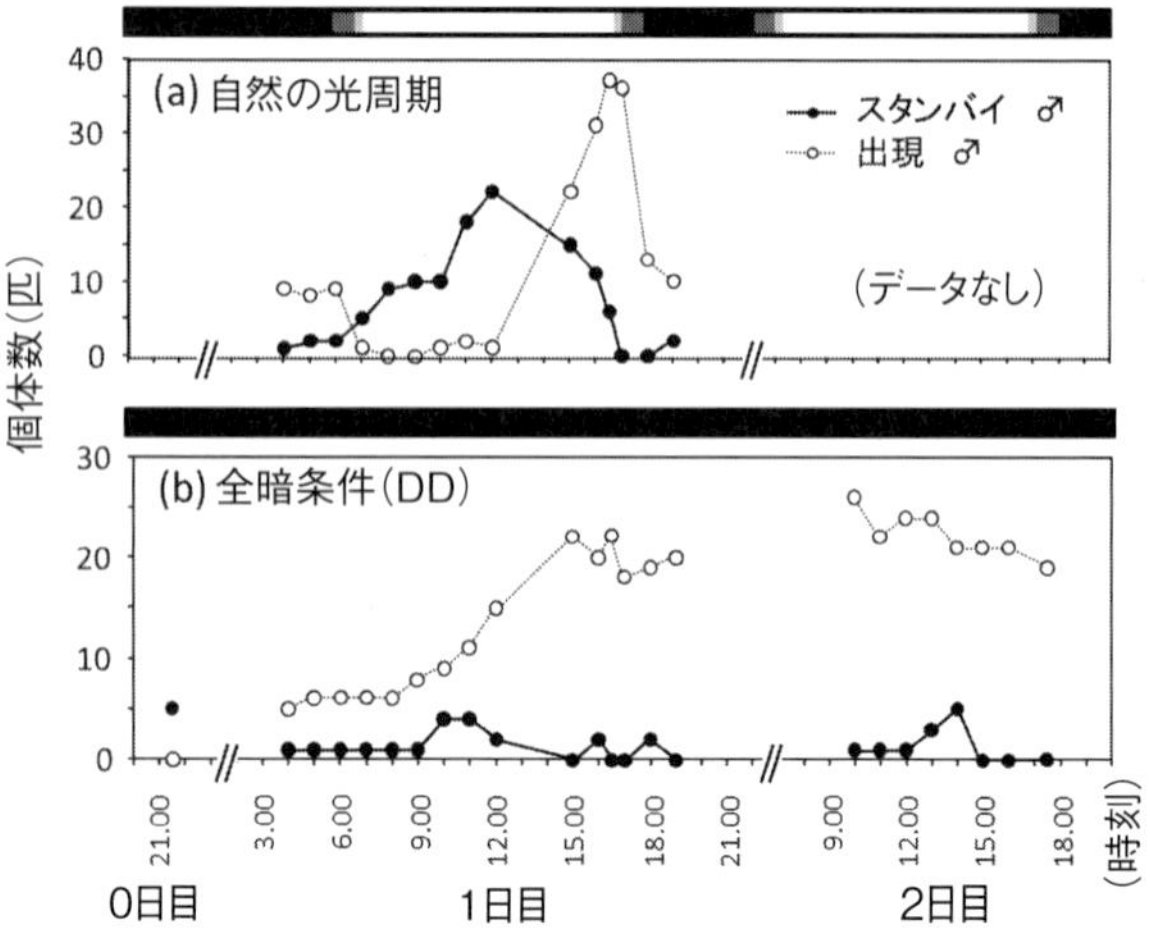

図6・19　自然の光周期(a)と全暗条件DD (b)でのケブカアカチャコガネのスタンバイと出現行動．供試虫はオス．Harano et al., 2010b を改変．

るような状態だが、昼頃になると「目が醒めて」きて、自分が地上に出てきてしまっていることに気づくのかもしれない。

全明条件で、周期的なスタンバイ行動が観察できたので、全暗条件でも同じような実験をしてみた。完全な暗闇では、何が起きているかわからないので、記録をするときは赤色光の懐中電灯を用いた。ケブカではきちんと調べられていないが、赤い光が見えない昆虫は多い。

この実験の結果は、全明条件の実験とはまったく異なっていた。全暗条件下のケブカは、ちょうど自然の明暗周期下でスタンバイが見られる時刻に、スタンバイ行動をしないで、地上に出現してきた（図6・19）。おそらく、これらのケブカは体内時計に突き動かされて、スタンバイを始めようと地表に向かって地中を這い上がってきたところ、地上にまったく光がないため、地表面で止まることができずに、

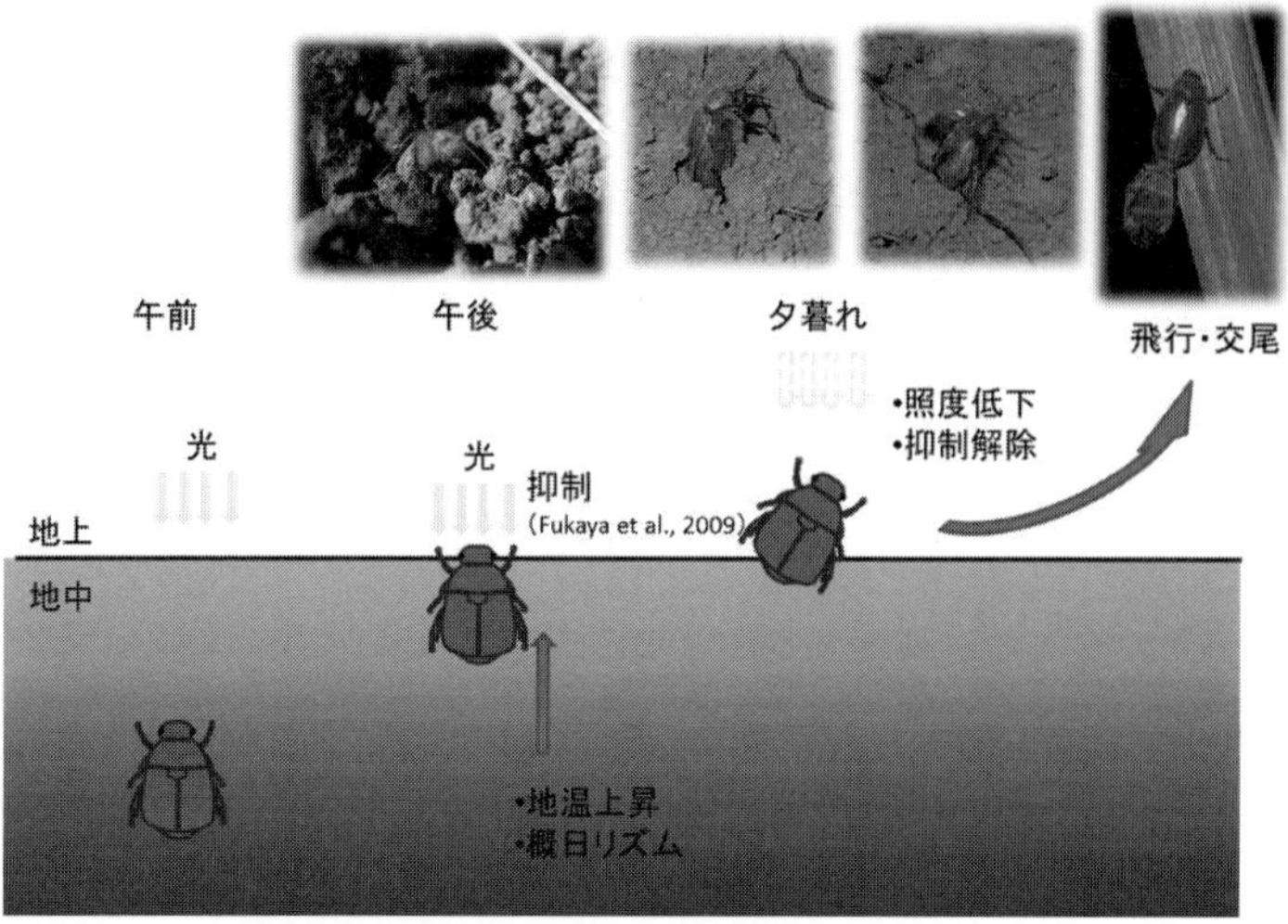

図6·20　ケブカアカチャコガネのスタンバイ行動のメカニズム.

うっかり地表へ出てしまったのだろう。

これらの結果とそれまでの知見を合わせて考えると、スタンバイ行動とそれに続く出現がどのようにして制御されているかが、だいたいわかる。

昼の地温上昇や概日時計によって、ケブカは午後になったことを知り、それまで潜んでいた地中から、地表へ向かって移動していく。まだ、このときは昼間なので、頭が地上に出たところで、ケブカは光を受容することになる。以前農生研に在籍していた深谷 緑博士（現・東京大学）らがおこなった研究により、ケブカは光を受けると行動の抑制がかかることが明らかになっている（Fukaya et al., 2009）。土の中を上へ上へと上ってきたケブカは、地表に達したところで太陽の光に行動を抑制され、頭だけ地表に出した状態で停止するのだろう。この状態が、スタンバイ行動だ。地上が明るいうちは行動は抑制され続けるためスタンバイが続くが、夕暮れがやってきて地上の照度が低下すると、行動の抑制が解ける。すると、ケブカは上方への移動を再開し、地上へと出現、そして飛翔、交尾をおこなうのだろう（図6・20）。

冬の宮古島へ

ケブカプロジェクトチームは、毎年二月に宮古島を訪れ、調査・実験・採集をおこなっていた（図6・21）。私も二〇〇八年と二〇〇九年に同行させてもらったので、その時のことを紹介したい。

宮古島では、昆虫のフェロモン製剤の製造を得意とする信越化学工業株式会社の協力のもと、試験的に作製されたケブカのフェロモン製剤を使って、交信攪乱の野外実験がおこなわれた。また、研究室で実験をおこなうためのケブカを捕獲することも、この宮古島行の目的の一つであった。ケブカは二年かけて成虫になるので、研究室で卵から飼育していては、なかなか研究を進められない。そこで、宮古島のサトウキビ畑で終齢になった幼虫を掘りとり、研究室に持ち帰って、実験に使う成虫を得ていた。

ケブカ幼虫の掘りとりは大がかりだ。まず、ユンボ（ショベルカー）で、畑に五十センチメートル程度の溝を掘ってもらう。そこからはスコップを使って手作業で掘りすすめ、土の中にいるケブカの幼虫を拾い上げる。そしてこれを、一匹ずつ腐葉土を入れたプラスチックカップに入れて、発送用の段ボールに詰めるのだ（図6・21）。宮古島は二月とはいえ、昼間は半袖でも汗をかくほど暑くなるので、幼虫の掘りとりはなかなかの重労働だ。プロジェクトの初期には、ユンボの応援もなく、これをすべて手作業でおこ

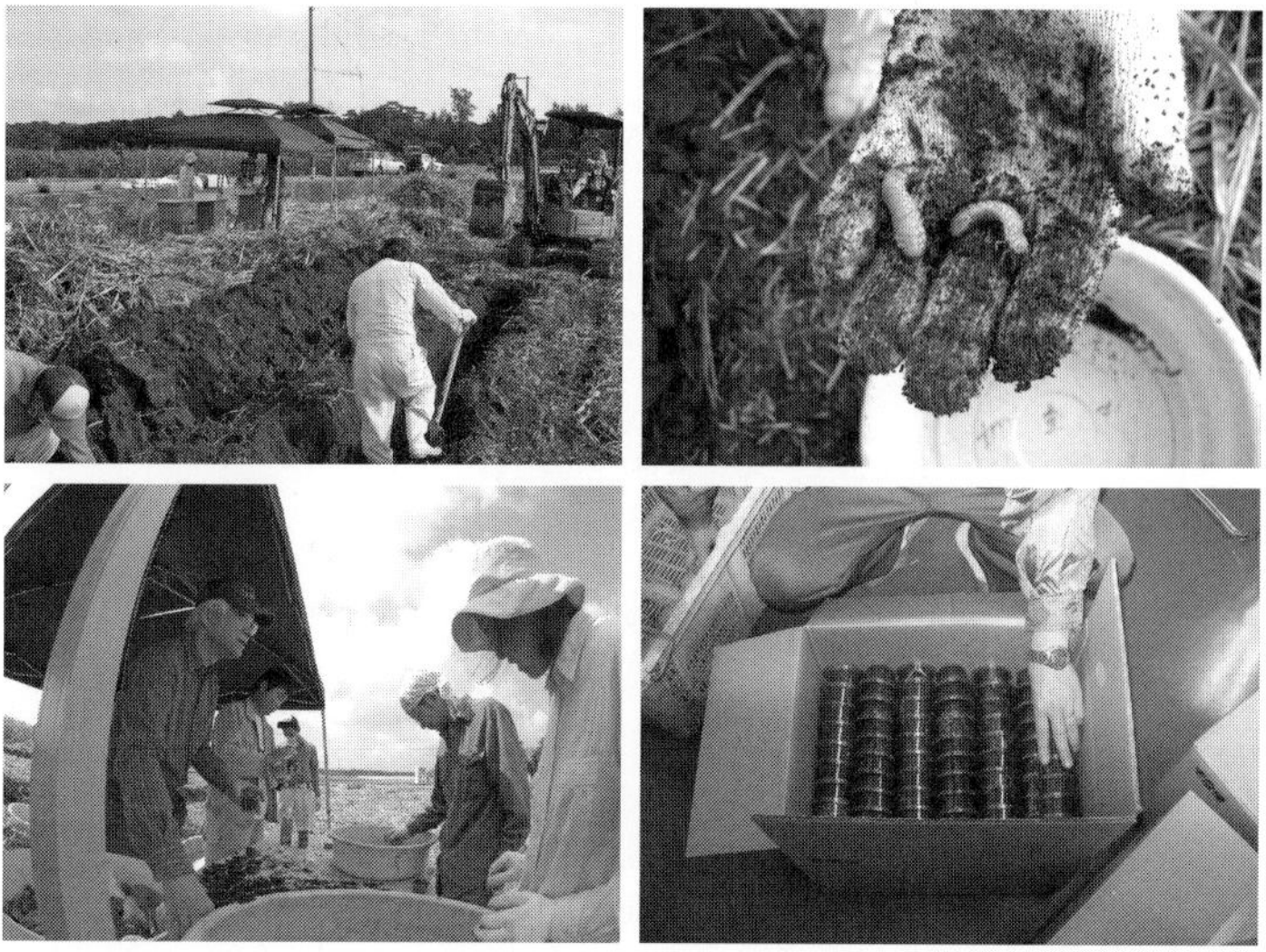

図6・21　ケブカアカチャコガネ終齢幼虫の掘りとり．まずは，ユンボで溝を掘ってもらい（左上），後は手作業で幼虫を掘り上げてプラスチック容器に入れていく（右上，左下：写真提供　田中誠二氏）．発送用に，パッキングされた幼虫入り容器（右下）．

なっていたのだそうだ。

被害圃場では、体長三センチメートル程度の大型で丸々と太ったケブカの幼虫が、ごろごろと土の中から現れた（図6・22）。これだけの幼虫が、根を食い荒らすのだから、サトウキビ農家はたまったものではないだろう。しかも、ケブカは終齢になると食害量を急激に増加させるため、サトウキビは収穫直前になって突然枯れるのだという。宮古島ではサトウキビが収穫できるまでに、二年間かかるが、最後の最後でそれがダメになる、というのは農家の方にとって相当きついことのはずだ。

この時は私たち研究者のグループに加え、宮古島の病害虫防除技術センターの方々にも手伝ってもらって、三千か四千匹のケブカ幼虫を捕獲することができたと記憶している。

図6・22　被害圃場の調査をする田中誠二さん．ケブカの食害により，サトウキビの根が完全に失われている（上）．土中のケブカ終齢幼虫（下）．

長時間交尾の意義と交尾時間帯

ケブカは、いったん交尾すると二時間くらいは交接したままサトウキビ上ですごす。なぜ、そんなに長い間交尾をする必要があるのだろうか？　宮古島では、この疑問に答えるための実験もおこなった。

ケブカ以外にも、長時間の交尾をおこなう生物はいて、この行動の意義がさまざまに議論されている。生物によっては、精子の受け渡しに時間がかかるため、長時間交尾をおこなうものもいるかもしれない。また、オスが精子といっしょに、体内で作った分泌物をメスに受け渡す生物もいる。このようなオスの分泌物も、繁殖のために大事な役割を果たしているので、これらのオス由来の物質をきちんと受け渡すために、長時間交尾をする場合もあるだろう。ケブカの場合も、オスは付属腺という器官でクリーム色のタンパク質に富んだ分泌物を生産しており、これを交尾時にメスに大量に受け渡している。交尾を終えたメスを解剖すると、交尾嚢と呼ばれる袋に、このオス物質が蓄えられているのを見ることができる（図6・23）。当時、まだこのオスの付属線分泌物の機能はよくわかっていなかったが、かなり大量の物質を受け渡しているので、長時間交尾は、この受け渡しに時間がかかるからではないか、とまず考えられた。

しかし、実験室において、交尾が始まってからさまざまな時間で交尾を強制的に終了させる実験をすると、オスの付属線分泌物がメスに受け渡されるのには、三十分もあれば十分であることがわかった（図6・24）。精子が受け渡されるのはもっと早く、五分で交尾を終了させても、メスはちゃんと孵化する（おそらく受精した）卵を生むことができた。この結果を見ると、ケブカが長時間交尾をするのは、オス

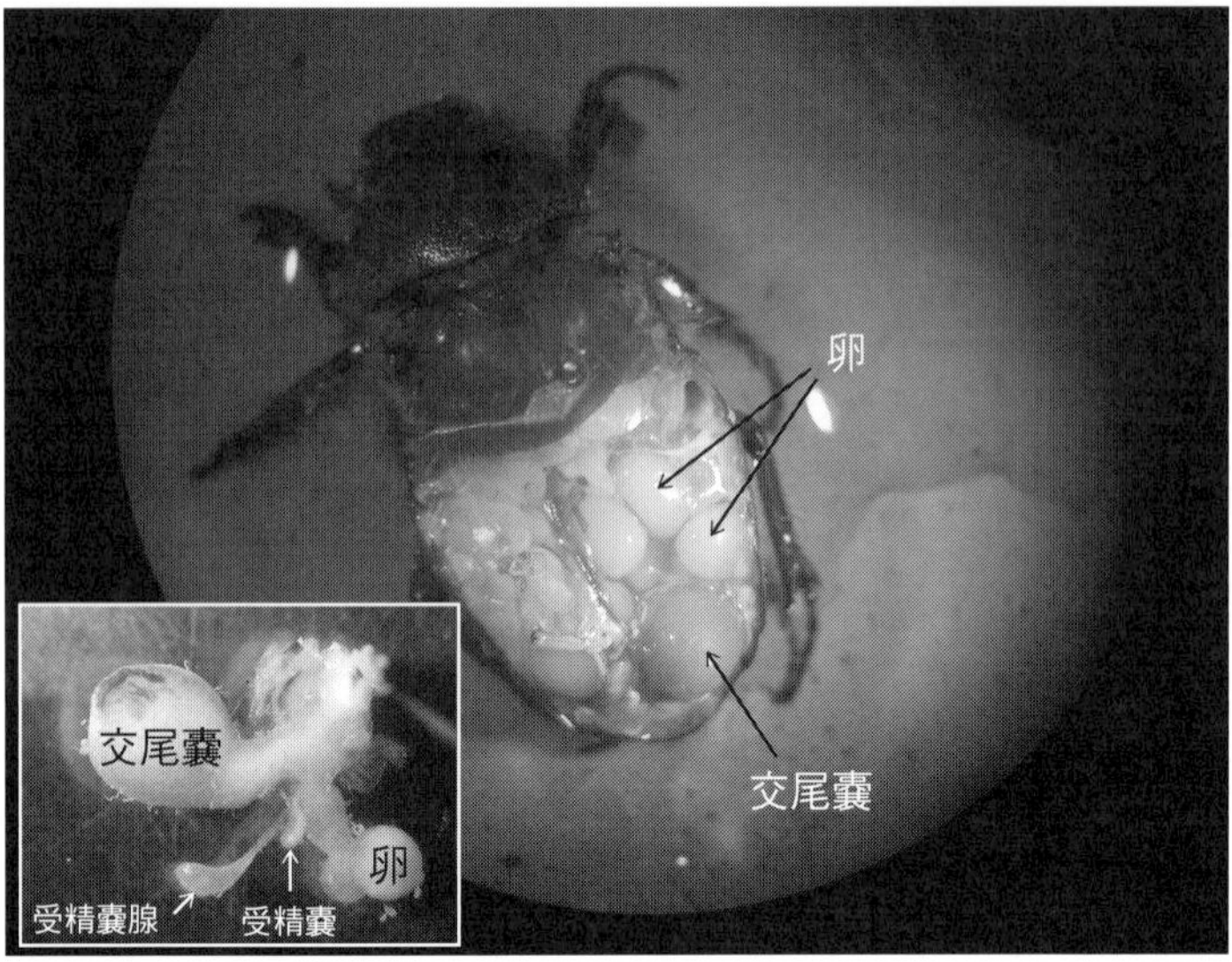

図6・23　ケブカアカチャコガネのメスの生殖器官．既交尾メス．交尾嚢には，オスから受けとった物質が蓄えられる．精子は受精嚢に蓄えられる．

からの物質の受け渡しに時間がかかるからではないということがわかる。

生物によっては、オスがメスと長時間交尾をすることによって、別のオスが自分の配偶者（メス）と交尾をするのを防ぐ。しかし、ケブカが長時間交尾をする理由は、そのような配偶者ガードではないだろうと考えられていた。なぜなら、オスのケブカがメスを求めて活発に飛び回るのはせいぜい午後七時までで、それをすぎるとほとんど動かなくなってしまうからだ。そういったオスからメスを守る必要はないだろう。しかし、もしかしたらそのように不活発になったオスも、ある時間が経過すると交尾の活性をとり戻し、交尾を終えたメスと交尾をしようとするかもしれない。また、交尾を終えたオスが、さらに別のメスを探して二回目の交尾を試みる可能性もある。もしそうなら、オスが長

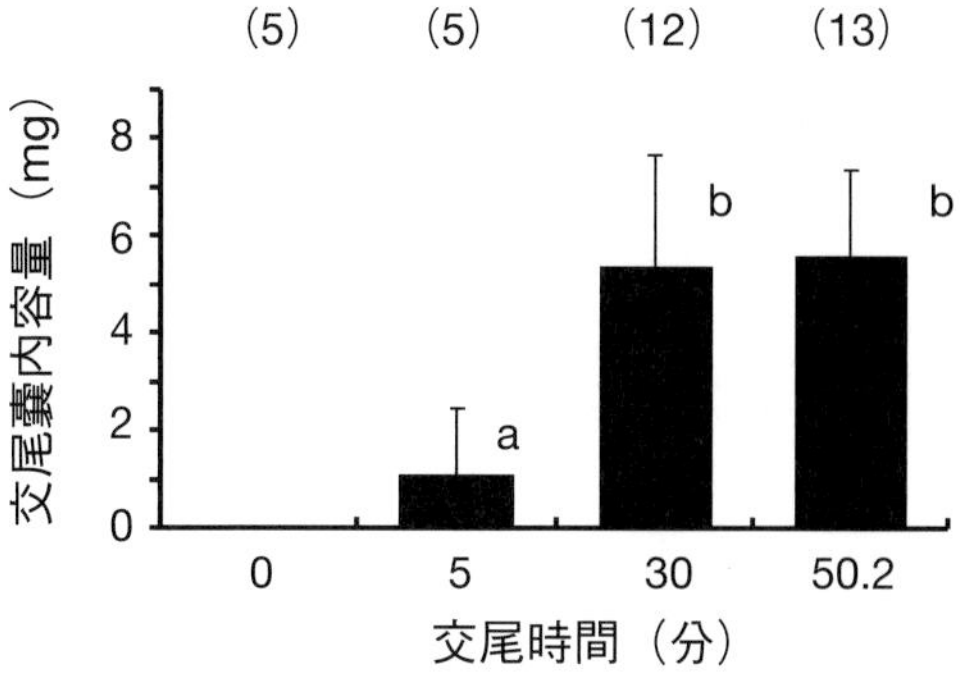

図6・24　ケブカアカチャコガネの交尾をさまざまな時間で強制的に終了させ，オス物質が受け渡されるのに必要な交尾時間を調べた．受け渡されたオス物質の量は，交尾嚢内容物量として測定した．異なるアルファベットは，スティール・ドゥワス検定により有意差を示す(P<0.05)．括弧内はN.　Harano et al., 2010a を改変.

時間交尾をしてメスを守る必要も生じてくる。そこで宮古島では、交尾を終えた後の雌雄の行動を観察することになった。

夕暮れから七時の交尾時間帯を超えると、交尾がおこなわれないということを確かめておくことは、交信攪乱による防除法を確立するためにも必要だ。もし、ケブカが七時以降に再び活動的になって交尾をおこなうようなことがあれば、そのような遅い時間帯の交尾も確実に阻害できるような形で交信攪乱をしなくてはならない。そしてもう一つ、この研究には、交尾後のメスが分散するのかどうかを調べるという目的もあった。交信攪乱をおこなうことで、ある圃場のケブカの交尾をすべて阻害することに成功したとしても、そこへ他の圃場で交尾したメスが飛んできて産卵するようなことがあれば、交信攪乱による防除はうまくいかないからだ。

交尾ペア形成後の行動観察は、まず私たちが宮古島で研究拠点として使わせてもらっていた沖縄農業研究センター宮古島支所の敷地内でおこなうことにした。支所の中ではケブカは発生していないので、夕方に被害圃場で交尾中の雌雄ケブカ（以下「交尾ペア」と呼ぶ）を捕獲し、それを支所の敷地内に連れてきて観察をおこなった。ケブカは、圃場ではサトウキビの葉の上にとまって交尾しているので、支所に根元から切りとってきたサトウキビを土にさして、そこに二十対の交尾ペアをとまらせた（図6・25）。ケブカは交尾を終えると、次の朝までに土に潜っているということがわかっていたので、地中に潜る行動がいつ起きるのか、また土に潜る前にどのくらい移動するのか、ということが焦点だった。

観察には、誠二さんがつきあってくれた。交尾後のケブカがサトウキビを立ち去って、いなくなるまで観察する予定だったので、長丁場になるかもしれない。そこで、近くのコンビニで弁当と飲み物（ビール）を仕入れ、それを懐中電灯の明かりの下で食べながらの観察となった。

オスのケブカはサトウキビに掴まったメスの上に乗り、交尾器を挿入すると脚を離して、交尾器でメスからぶら下がった状態になる（図6・13）。交尾が終わるまで、オスもメスもこの状態のままほとんど動かない。支所での観察では、先行研究の報告どおり、交尾が始まってから約一・五時間後の午後八時前から次々に交尾が終了し、ペアが解消されていった（図6・25）。そして、交尾を終えたケブカの多くはポトリ、とサトウキビから地面に落ち、そのまま土に潜っていった。とくにオスは、交尾後速やかに地中に潜り、八時半にはすべてのオスが地中に潜った。オスもメスも交尾後に飛び去るものはほとんどなく、交尾後の分散はないようだった。

交尾が終了したケブカは次々に地中に消えていったので、これは意外と早い時間に観察を終えてホテル

図6·25　サトウキビ上にケブカアカチャコガネの交尾ペアを移植し，交尾継続時間を調べた． Harano et al., 2010a を改変.

に帰れるかもしれない、と期待したのだが、メスの中にサトウキビの上でいつまでも戻らないものが数個体いた。サトウキビ上に居残ったメスは、寝ているかのようにほとんど動かず、そこを立ち去ったのは翌朝になってからだった（図6・25）。夜が明けて明るくなってくると、ポトリ、と地面に落ちて土に潜っていったそうだ……。なぜ、ここが伝聞調かというと、私は昼間の疲れが出たのか十一時頃に具合が悪くなり、そこで観察をリタイヤしてしまったからだ。誠二さんとホテルまでいっしょに帰ったので、てっきり観察はその時点で終わりになったのかと思っていたのだが、誠二さんは私をホテルに送り届けた後、一人支所へ戻って朝まで観察を続けたのだそうだ。

「あのメスがいつ帰るのか、気になったからね」

誠二さんは、翌日私と会うとそう言って、どのようにして夜明けにメスが地中に帰っていったかを、それを見たことがいかにも楽しかったという感じで教えてくださった。おかげで、ケブカは交尾した後、雌雄ともほとんど交尾場所から分散しないということがはっきりした。

私たちは、さらにこの観察を圃場で確かめることにした。被害圃場では、夕暮れ時にたくさんの交尾ペアが形成されるので、そのうち約二十ペアを定期的に巡回することで、交尾終了後の行動を調べた。さすがに今度は朝まで観察をすることはせず、十二時前に観察を切りあげた。圃場でも支所で観察されたのと同様に、交尾が終了するとオスの方が速やかに立ち去り（直接観察はできなかったが、おそらく地中に潜ったのだろう）、一部のメスは観察終了時までサトウキビ上に居残った。そのようにして、交尾終了後も長い間地上に残っているメスもいたが、そこへオスが飛来して交尾をするということは観察されなかった。

圃場での観察の目的は、支所での観察結果を確かめるということの他に、エキストラオスによる二回目の交尾があるかどうかを調べるということがあった。私たちはこの年、宮古島に到着して早々に、交接中のケブカメスの上に交尾をしているオスとは別のオスが掴まって、まるで交尾が終わるのを待っているかのようにしているのを見つけた（図6・26）。エキストラオスとは、そのようなオスのこと指すために私たちが使った言葉だ。よく探すと、エキストラオスのいる交尾ペアはけっこういた。もしかしたら、長時

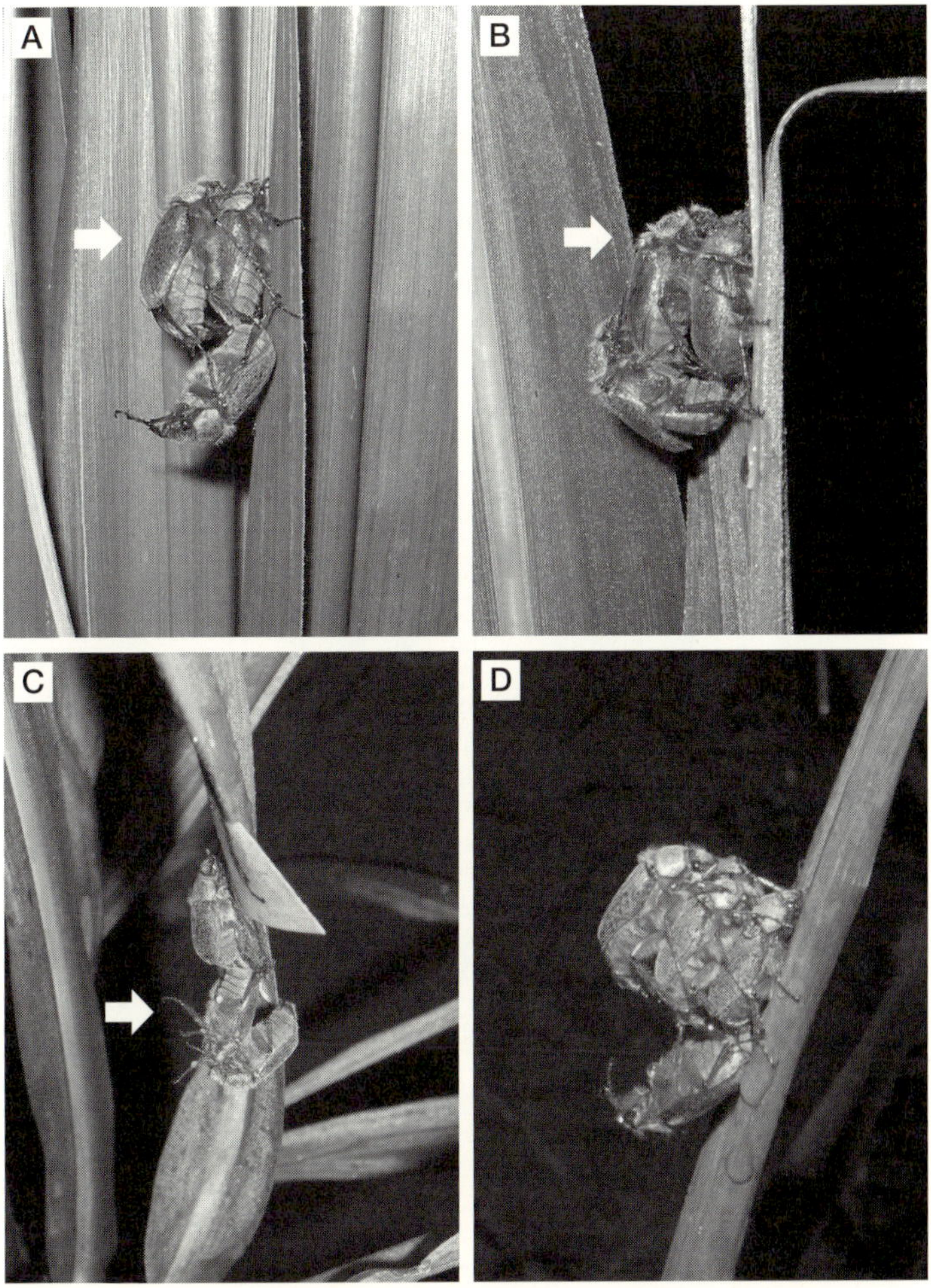

図6･26　ケブカアカチャコガネのエキストラオスによる2回目の交尾．矢印でエキストラオスを示す（A～C）．2匹以上のエキストラオスがいる交尾ペアも見られた（D）．Harano et al., 2010a から引用．

間交尾はやはり最初の交尾オスによる配偶者ガードで、エキストラオスと自分の配偶者が交尾をするのを防ぐ効果があるのかもしれない。だから、圃場での観察では、とくにエキストラオスを伴った交尾ペア六組に注目して観察をしていた。

はたして、エキストラオスの交尾は成功するのだろうか？　結果からいうと、六組のペアのうち四組でエキストラオスの交尾が成立した。予想したとおり、エキストラオスは二回目の交尾を狙っていたのだ。エキストラオスによってメスがもつ卵を受精させられては、最初に交尾したオスが残せる子孫の数は減ってしまう。だから、オスは何らかの手段で配偶者ガードをする必要がありそうだ。このとき、二匹のエキストラオスが交尾に失敗したのは、長時間交尾に阻まれたためなのかどうかは明らかでないが、ケブカの長時間交尾の意義として、一番ありそうなのはやはり配偶者ガードだろう。

オスはメスへプレゼントを贈っている？

ケブカは、繁殖に際してさまざまにおもしろいことを見せてくれる。それらの多くは、彼らがエネルギー的に制限された中で繁殖を成功させなくてはならない、という制約がもたらすものに見える。夕暮れ時にタイミングを揃えた出現もそうだし、もしかしたら長時間交尾も、あまりエネルギーをかけずに配偶者を他のオスから守る方法なのかもしれない。

ケブカのメスが産む卵は直径二ミリメートルほどと大きく、これを一つ作るだけでかなりの栄養が必要そうだ。メスはそのような大きな卵を二十～三十個ほども産む。九か月間も絶食してきたメスの体内には、卵を生産するのに十分なだけのエネルギーや栄養素があるのだろうか？

ケブカのオスは、交尾の時に精子だけでなく、クリーム状の付属腺分泌物をメスに渡していることは先に述べた。昆虫によっては、婚姻贈呈といって、オスがメスに栄養に富んだ分泌物や餌を渡すものがいる。そのような種のメスは、この分泌物や餌を摂取することで、その栄養素を造卵に回したり、生存のために使ったりする。ケブカのオス物質に、このような栄養的な機能があるのかどうかを、二〇〇九年に宮古島から戻った後、つくばの研究室で調べた。

メスは交尾時に受けとったオスの付属線分泌物を、交尾嚢という袋の中に蓄える（図6・23）。交尾嚢の中のオス物質の量は、交尾後時間が経つにつれて減少し、数日以内にほぼなくなってしまう。排出しているわけでもないので、メスはこの物質を体内に吸収しているのだろう。タンパク質などの高分子は、通常そのままでは吸収できないが、メスケブカは消化酵素を使って、この物質を分解・吸収しているようだということもわかってきた。農生研の小滝豊美博士に、ケブカの生殖器官にあるタンパク質分解酵素の活性を調べてもらったところ、未交尾メスでは交尾嚢のとなりにある受精嚢腺という小さな器官に、セリンプロテアーゼというタンパク質分解酵素があることがわかった。交尾前の交尾嚢にはこの酵素はないのだが、交尾後のメスの交尾嚢（オス物質を受けとって膨らんでいる）には、この酵素の活性が見られた（Harano et al., 2012）。おそらくメスは、受精嚢腺でタンパク質分解酵素を生産して、交尾したときにこの酵素を、受けとったオス物質に添加して、交尾嚢の中で消化するのだろう。消化されたオス物質は、交尾嚢の壁を通じて吸収されるようだが、そのようにして吸収されたオス物質は、どのような働きをするのだろうか？

オス物質の機能は、交尾でオス物質を受けとったメスと受けとらなかったメスを実験的に作って、調べることができた。ケブカは通常、二時間前後の長時間交尾をするのだが、交尾中のペアに指で刺激を与えると、ケブカはそれをいやがり交尾を中断する。交尾開始後五分で中断すると、精子は受け渡されているがオス物質はまだ受け渡されず、三十分後に中断するとオス物質の受け渡しも完了していることが、そのときすでにわかっていた。そこで、五分だけ交尾をさせたオス物質を受けとっていないメスと三十分交尾させせてオス物質を十分受けとったメスを個別飼育して産卵させ、オス物質を受けとったことの効果を調べてみた。

結果は明白で、オス物質を受けとったメスは受けとらなかったメスよりも、死ぬまでに平均して五個以上多くの卵を生産、産下した（図6・27）。これは、オス物質が栄養源として使われた結果と考えて間違いないだろう。

メスは多回交尾によって利益を受けるか？

オス物質が栄養を供給するのであれば、メスは何匹ものオスと多回交尾をすることでより多くのオス物質を受けとり、産卵数をさらに増やすことができるかもしれない。もしそうであれば、メスがエキストラ

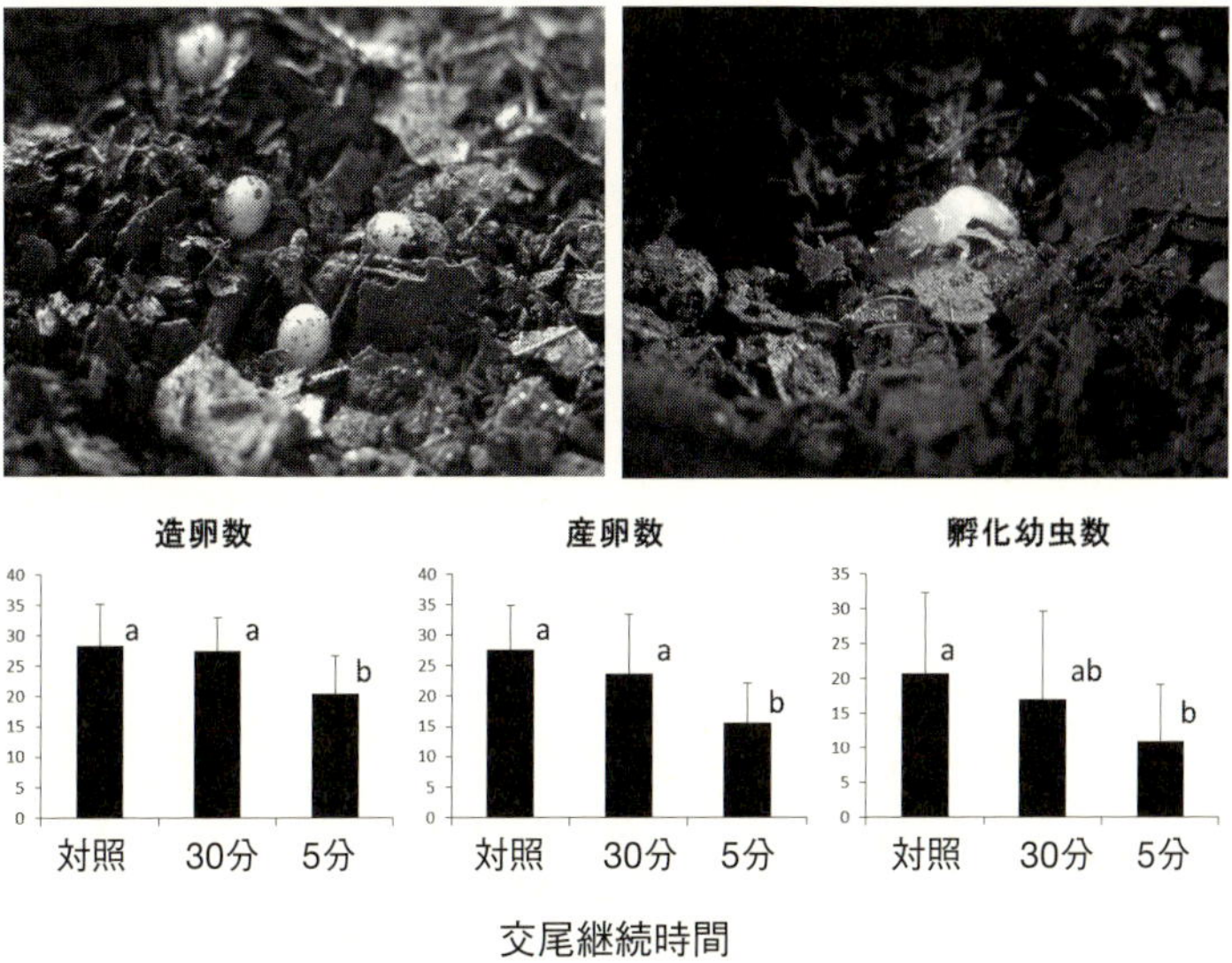

図6・27　ケブカアカチャコガネにおけるオス物質の栄養としての役割．交尾継続時間を操作することで，メスが受けるオス物質の量を変えた．交尾継続時間5分間では，オス物質は受け渡されず，30分ではほぼすべて受け渡される．対照は，交尾時間無制限で交尾させた場合．異なるアルファベットは，スティール・ドゥワス検定による有意差を示す（$P < 0.05$）．N＝各17または18．写真は，ケブカアカチャコガネの卵（左）と孵化幼虫（右）．Harano et al., 2012bを改変．

オスと二回目、三回目の交尾をする理由が説明できる。

しかし、残念ながらこのアイディアを支持する実験結果は得られなかった。実験室で、メスに一〜四匹の異なるオスと交尾させて、交尾したオスの数の影響を調べたが、造卵数・産卵数にも、幼虫のサイズやメスの寿命などにも影響が見られなかった。後にわかったことだが、メスは一匹のオスと交尾するだけで受精嚢に収容できる最大量のオス物質を受けとる。そのため、複数回の交尾をしても、メスが受けとる総オス物質の量は変わらないのだ。ただし、これには例外があるかもしれない。過去に交尾をしたことのあるオスや、長い間交尾ができずにいたオスは、メスに渡せるオス物質の量が少なくなるということが示唆されている。そのようなオスと交尾をした場合には、メスはオス物質からの栄養を十分に受けとれず、生産できる卵の数が減少してしまう可能性がある。そのような状況に備えて、メスはエキストラオスが待っているときには、そのオスと交尾しておくのかもしれない。あるいは、多数のオスと交尾をすることで、遺伝的に多様な子を産むことに意味がある、という可能性も考えられる。しかし、いずれの可能性もまだ検証はされていない。

つくばを去る

私の研究生活の中で、つくばですごした二年間ほど研究に没頭できた時期はなかったような気がする。私たちは、土日祝であっても正月であってもお盆であっても、とにかく毎日研究室に来て何かしていた。このことが、二つの意味で研究を推進するために重要だった。まず、飼育している昆虫が、実験に適した状態になったときに、確実に実験を始められるということ。休日だからといって、虫は成長をやめてくれない。私の場合、孵化直後のバッタの幼虫を実験に使っていたが、孵化が休日に重なることはよくあったので、もし、休日に休んでいたら、なかなか実験を始められず、研究のスピードはがた落ちになっていたはずだ。そして、そのようにチャンスを逃さず、つねに実験をしていたので、いつも何らかの新しい発見があった。すると、それに伴う疑問や仮説が現れる。研究者にとってそれは、目の前にぶら下げられたニンジンだ。実験をしさえすれば得られる成果があると思うと、つい研究室にきて実験をしてしまう。その繰り返しで、研究はどんどん進み、けっきょくつくばでの研究成果は、筆頭著者として書かせてもらった論文だけでも、バッタの行動上の相変異に関する研究で三本（Harano et al., 2009, 2011, 2012a）、ケブカの研究で三本（Harano et al., 2010a, 2010b, 2012b）、第二著者以降に名前が入っているものを含めると十三本にもなった。

しかし、私がつくばで得た一番の成果はこれではないと思うのだ。

じつは、つくばのバッタ研にポスドクとして採用が決まったときには、うれしかった半面、本当にやっていけるのかと不安があった。採用が決まった後に、バッタ研は一流の研究をしているが、その分すごい仕事量だという噂を聞いたからだ。

自分はそんなにバリバリやるタイプではないし、そのすごい仕事量には耐えられないのではないか？ 私がバッタ研に行く前にこのような不安を漏らしていると、玉川大のある先生が励ましの言葉をかけてくれた。

「いくらたいへんでも、好きでやっているうちは大丈夫だよ」

そして、バッタ研に着任すると、誠二さんも同じようなことを言っていた。

「やらされるのはつらいからね。自分の研究だと思って、積極的に進めていくといいよ」

積極的に進められたかどうかはわからないが（ずいぶんと背中を押してもらいながら実験をしていたような気がする）、研究を楽しませてもらったことは確かだ。毎日やっていたので、体がくたびれたときはあったが、ただそれだけだった。

毎日コツコツやり続けること、そして徹底的にやること、たくさんやること。それは自分にもできるし、そうしていれば研究は進む。そんな漠然とした感想をもって、つくばを去る日がやってきた。再び玉川大で、ミツバチの採餌行動の研究をするポスドクとして採用が決まったからだ。

コラム　アクトグラフのトラブル

私は、直接観察を長時間おこなってデータをとることが多いので、アクトグラフなど機械がデータをとってくれると、その楽さに、科学技術ってすばらしい！　と感動してしまう。しかし、それも機械が正常に動いてくれている間だけだ。この手の研究で、機械の調子が悪くなったときは最悪だ。不調の原因を探るために、何日も機械と顔を突き合わせなくてはならないときもある。原因がわからずに一日を費やしてしまったときの徒労感といったらない。

つくばでバッタの活動性を調べた二年間の間、一度だけアクトグラフがデータをきちんととってくれなくなったことがあった。個々のアクトグラフには、ランプがついており、バッタが活動して赤外線が途切れると、ランプが点滅して、それがわかるようになっていたのだが、あるときアクトグラフの部屋に入っていくと、このランプがまたたくように激しく点滅していた。あきらかに、バッタの動きとは関係ない点滅だ。アクトグラフをつないでその信号を記録していたパソコンにも、ありえない回数の活動が記録されていた。

はじめは、電源が故障して電圧が不安定になっているのかと思い、研究所の施設課の人にテスターを使って調べてもらったが、電圧は正常だった。赤外線センサーの感度を調節してみたり、接触不良がないかどうか調べたりしたが、そのあたりも問題なさそうだった。

機械に強い人であれば、この装置の仕組みからどのあたりに不調の原因がありそうかの見当がつくのかもしれない。しかし、残念ながら私は、テレビの映りが悪いときにはまずは叩いてみる、というタイプの人間だ。このときも、思いついたことを手当たりしだいにやってみて、機械の反応を見ることくらいしかできなかった。そのように機械の知識なしでとにかく暗中模索、試行錯誤すること数日間。あるとき、部屋の照明を消すと、装置が正常になることに気がついた。そこから、まったく思いもよらないようなところに原因があることが判明した。部屋の照明に使っていた蛍光灯が古くなっていたのが、アクトグラフの不調の原因だった。

アクトグラフは一方から赤外線を照射し、もう一方でそれを受光して、その赤外線がバッタによって途切れた回数を記録する。しかし、赤外線はアクトグラフの照射部からだけでなく、蛍光灯からも放射されているのだそうだ。通常は、蛍光灯からの赤外線はバッタの動きとは関係なく、つねに放射されているので、アクトグラフのセンサーが蛍光灯からの赤外線に影響を受けることはないのだが、蛍光灯が古くなるとチラチラすることからもわかるように、放射される赤外線の強さに「波」ができる。このときの不調は、蛍光灯からの赤外線が弱くなったときに、アクトグラフのセンサーが赤外線が途切れた、と「勘違い」して起きたことのようだった。このとき、部屋の蛍光灯は人の目にわかるほどのチラツキはなかったが、アクトグラフのセンサーはその微妙なチラツキに反応していたのだ。蛍光灯を新しいものにとり換えると、不調は嘘のようになくなった。

　この原因を突き止めたのは日曜日で、その翌日には「壊れた」アクトグラフを芦屋大学に送って修理してもらうことになっていた。もし、そうしていたら、きっと芦屋大では不調は見つからず、原因不明ということで迷宮入りしていただろう。

第7章
ダンスコミュニケーションと採餌

尻振りダンス

ミツバチが示すさまざまな行動の中でもっとも有名なものの一つが、巣仲間に餌場の位置を知らせる尻振りダンスだろう。オーストリアの動物行動学者カール・フォン・フリッシュ博士が、この行動に関する研究によって一九七三年にノーベル医学生理学賞を受賞したこともあり、ミツバチのダンスは多くの人の知るところとなっている。高校の生物で習った人も多いのではないだろうか。これだけ有名な現象なのだから、もう研究し尽くされてしまっている、と思われても不思議はない。しかし、実際はそうではないのだ。近年になっても、このダンスに関してはたいへん多くの論文が出版されており、しかも、この現象の根幹にかかわるような重要な発見がいくつもなされている。このこと一つをとってみても、動物の行動がいかに多くの謎を秘めているかわかるというものだ。この章では、尻振りダンスとはどんなものなのかについて、新しい知見も含めて説明し、次の第8章でここ数年私たちがおこなってきたダンスに関わる研究を紹介したい。

ダンス言語の発見

有望な餌場で採餌を終えた働き蜂は、自分の巣へ戻った時に巣板の上で特徴的な行動をする。数秒間、腹部を左右に素早く振りながら巣板上を直進し（尻振り走行）、その後右か左に曲がって元の場所へ戻り

（戻り走行）、そしてまた腹部を振りながら直進するということを繰り返すのだ。この一連の行動を尻振りダンスと呼んでいる（図7・1）。ダンス蜂は戻り走行を右、左と交互に繰り返すので、8の字を描くことになり、8の字ダンスという名でも知られている。

フリッシュ博士は、この行動の中に巣から餌場までの距離と方向についての情報が、暗号化された形で表現されていることに気づいた。若き日のフリッシュ博士は、ミツバチコロニーを研究所の中庭に置き、少し離れた場所に置いた人工の餌場で採餌蜂に砂糖水をとらせて、そのようすを観察していた。餌場に砂糖水がある間は、たくさんの働き蜂がそこを訪れて砂糖水を巣へともち帰るが、これを空にすると、ほとんどの採餌蜂はすぐに餌場に来なくなる。たまにやってくる偵察蜂も、餌場に砂糖水がないのを確認するとまた巣へ戻っていく。ところが、再び餌場を砂糖水で満たしてやると、それを最初に発見した一匹の働き蜂が砂糖水を吸って巣へと戻って行った後、数分もしないうちに働き蜂の集団が餌場にやってくるのだ。これは、ミツバチが何らかの手段で餌があることを伝えているということにちがいない。それはどのような手段なのか？　興味をそそられたフリッシュ博士は、ガラスの壁を通して中のようすを見ることができる、特別な巣箱にコロニーを入れ替えてみた。そして、餌場から戻った蜂が尻振りダンスをしているのを発見した。

最初はフリッシュ博士も、このダンスは良い餌場が存在していることを示しているだけで、まさか餌場の位置を伝えているとは思っていなかったようだ。しかし、彼はその後実験を重ねることで、この行動が餌場までの距離と方向を抽象的な記号として示す「言語」である証拠を次々と見つけだすことになった。

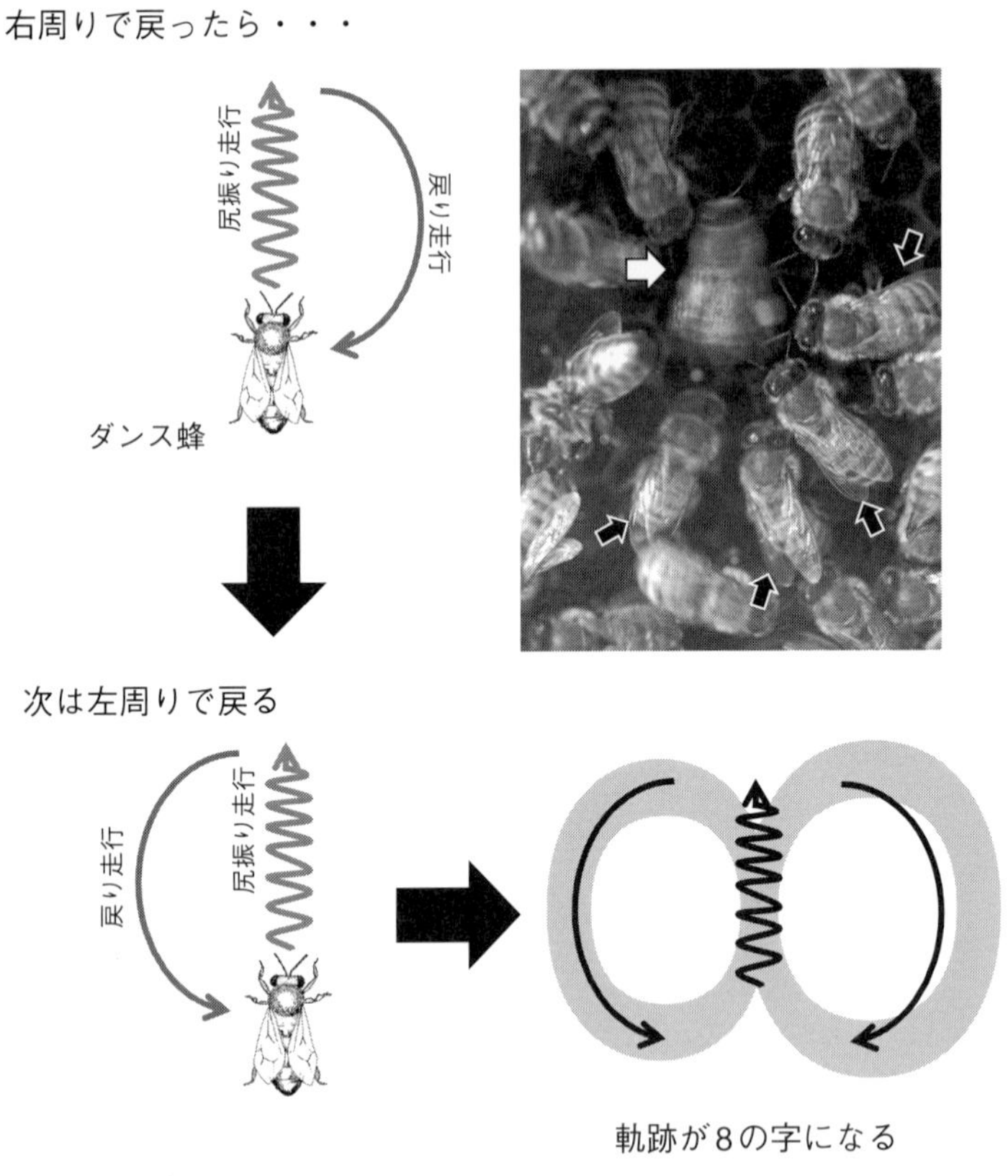

図7･1　尻振りダンスは尻振り走行と戻り走行からなる．ダンス蜂の軌跡が8の字になるため，「8の字ダンス」とも呼ばれる．(右上) 巣内で尻振りダンスをしている採餌蜂 (白矢印) と，ダンスから餌場情報を読みとろうとしているダンス追従蜂(黒矢印)．

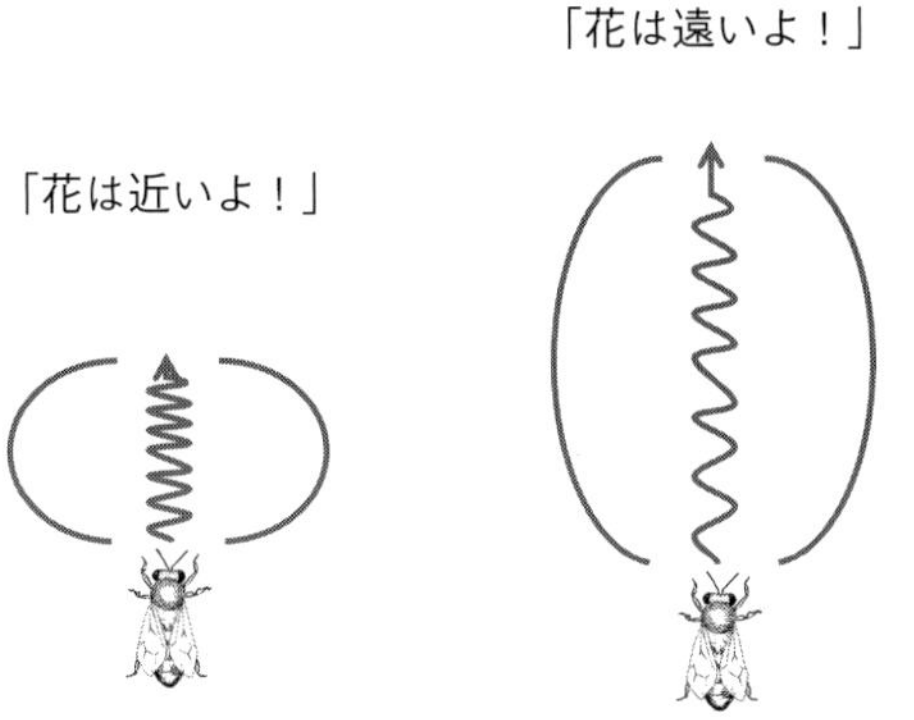

図7・2　ミツバチは尻振り走行の長さ（時間）で距離を示す．

その一連の実験がどのようにしておこなわれたのかは、そのときの背景も含めて『ミツバチを追って—ある生物学者の回想』（法政大学出版局、一九六九年）に詳しく書かれている。また、より学術的な成果はダンス研究の古典である『The dance language and orientation of bees』（Frisch, 1967）としてまとめられているので、興味のある読者はそれらを参考にしてもらいたい。

距離の表現

尻振りダンスの中でも、腹部を振って直進する部分を「尻振り走行」と呼ぶ。巣から餌場までの距離と方向という二つの情報は、どちらもこの尻振り走行の中に表現されている。

距離情報は、尻振り時間の長さとして表わされる。つまり、餌場が遠ければ遠いほど、長い時間尻振り走行をおこなう（図7・2）。百メートルが何秒の尻振り走行として表わされているかは、砂糖水の餌場を巣から異なる距離におき、そこから戻った採餌蜂がどのくらい長い尻振り走行をするのかを調べれば、知ることができる。玉川大の佐々木正己先生は、そのような方法で餌場までの距離と尻振り走行時間の関係を調べることでY＝1087X＋380という方程式を得ている。この式のYは巣から餌場までの距離、Xは尻振り走行の時間（秒）だ。大雑把に言うと、一秒の尻振り走行が一キロメートルを示していることになる（佐々木ら、一九九三）。

このような研究は世界各地でおこなわれているのだが、おもしろいのは、研究がおこなわれた場所によって、この方程式が大きく変わってくるということだ。たとえば、日本のセイヨウミツバチでは一秒間は一キロメートルに相当するのに対して、西アフリカに生息するセイヨウミツバチの一亜種であるアダンソニイ亜種 *adansoni* では約二五〇メートルを示すことになる。これは、人の言語が地域ごとに異なるのと似ている。しかし、人の言語のちがいは学習によって後天的に作られるのに対して、蜂の場合は遺伝的なものかもしれない。興味深いことに、生息地が低緯度になるほど、この直線の傾きが大きくなる傾向が知られている。なぜこのようなちがいが存在するのかについては、まだ結論がでていない状態だが、狭い範囲で十分な採餌がおこなえる環境では、わずかな距離のちがいもはっきりと示せるように、直線の傾きを大きくしている可能性が指摘されている。

採餌蜂が尻振りダンスを踊ると、その後ろをぴったりと追いかけていく蜂が複数現れる。ダンス追従蜂と呼ばれるこれらの蜂は、ダンスを追従している間にそこから餌場に関する情報を得ている。この本ではしばしば、自分がミツバチになったところを想像してもらっているのだが、もしあなたがミツバチだったら、真っ暗な巣の中で尻振り走行の時間を正確に読みとれるだろうか？

じつは、ミツバチは尻振り走行をしている間、「ボボボ…」という小さな音を発しており、追従蜂はこの音の長さによって、距離を知ることができるのだ。つまり、ミツバチはダンスを見ているのではなく聞いているということになる。

方位の表現

餌場の場所を伝えるためには、距離だけでなく方向も伝える必要がある。人間であれば、「東」だとか「北西」の方角というように、方向を伝えることができるが、これはコンパス（方位磁針）を使えば、北がどちらかがわかるからだ（北を向いて右九十度が東、左四十五度が北西）。しかし、コンパスをもたないミツバチにとって、巣の中で方向を仲間に伝えることは、なかなか困難なことだ。

コンパスを使わずに、方角を伝えるにはどのような方法があるか、少し考えてみよう。ここでは、直接その方向を指して教えることはできない、ということにする。

コンパスなしで、「北へ行け」と言われたら、あなたはいけるだろうか？　朝であれば、日の出の方向からだいたいの東を知ることができるかもしれない。太陽の方角を向いて左手が北だろう。それならば、はじめから「太陽に向かって左九十度の方向へ行け」と言ってもらえた方が話が早い。このように太陽方向を基準に使って方位を示すやり方を「太陽コンパス」という。

ミツバチはこの方法を使って、

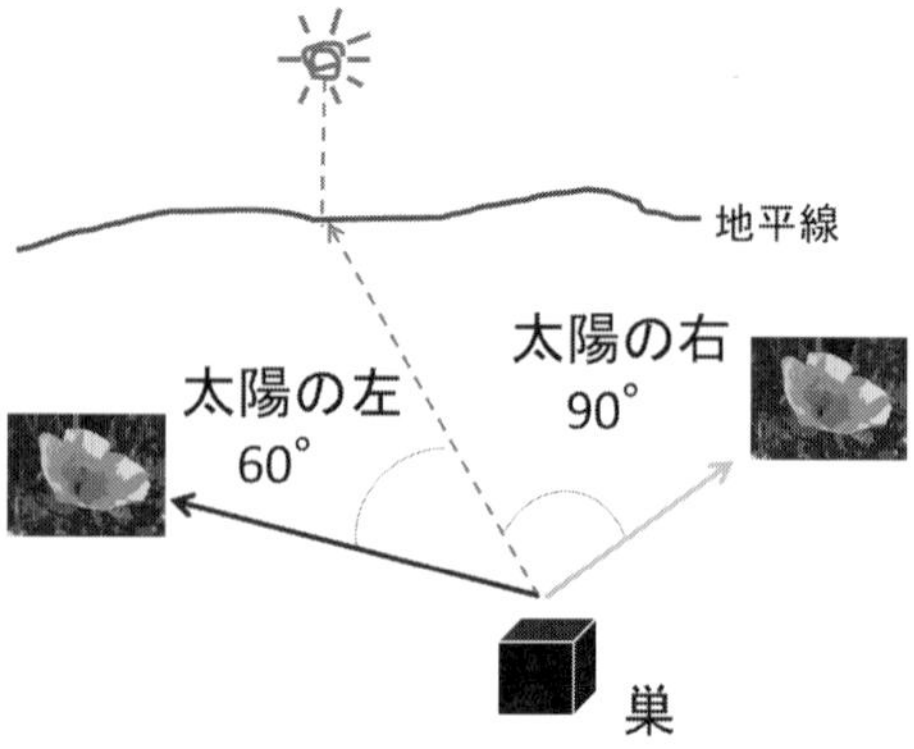

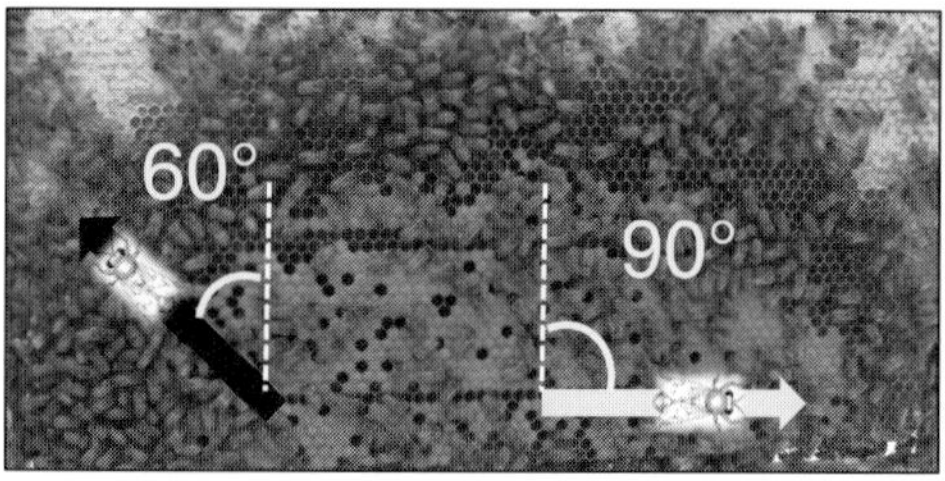

図7・3　尻振りダンスでは，餌場の方向は尻振り走行の向きで表される．太陽の方向と餌場の方向が作り出す角度が，巣板上での反重力方向（真上方向）とダンスの尻振り走行の進行方向が作りだす角度として表現される．ダンス蜂は，巣板の真上方向を太陽の方向に見立て，「太陽に向かって○○度の方向」というかたちで，餌場の方向を示しているともいえる．

「餌場は太陽に向かって○○度の方向」という形で、餌場の方向を示すのだ。太陽と餌場が作りだす角度はダンスの尻振り走行の向きとして表現される。

例を挙げて説明しよう。もし、巣の位置に立って太陽の方向を見たときに、餌場が右九十度の方向にあったとしよう（図7・3）。この餌場を示すダンスの尻振り走行は、反重力方向（真上）に対して右九十度の向きになる。太陽に向かって左六十度にある別の餌場ならば、尻振り走行は、反重力方向から左へ六十度の向きでおこなわれる。

つまり、ミツバチは巣板の上方向を太陽の方向に見立てて、それとダンスの進行方向が作りだす角度で、餌場の方向を伝えているといってもよい。

太陽が見えないときは

ミツバチは快晴の日だけ採餌をするわけではない。太陽の方角を基準にしているのであれば、曇天の日には、ミツバチはダンスで方向を伝えることができないのだろうか?

空一面が厚い雲に覆われてしまうと、方向の基準となる太陽の位置がわからなくなる。しかし、そのような時には、ミツバチは体内時計を参照にして、その時刻から太陽の位置を割りだせることが実験的に示唆されている(たとえば、Dyer & Dickinson, 1994)。経験を積んだ蜂は、太陽が東から昇り少しずつ西へと動いていくことを知っているようなのだ。

ところが、ミツバチは羽化した時にはこのように太陽が動くとは思っていない、ということを示す研究がある。

太陽が動くことを学習するのか?

太陽が一面の雲に隠れて、その位置を特定できないときに、今どこに太陽が出ていると思うかをミツバチに尋ねる方法がある。これは採餌蜂が、尻振りダンスで太陽方向と餌場方向が作る角度を示すことを利用したものだ。通常、尻振りダンスから情報を得ようとする蜂は、太陽の方向を基準にこの角度から餌場の方向を知る。逆に、餌場の方向がわかっていれば、ダンスを見ることで、(ダンスをしている蜂が考えている)太陽の方向を知ることができる。たとえば、巣の南に設置した餌場から戻ってきた採餌蜂が、巣板上で右を指して踊ったとしたら、その蜂は太陽が東に出ていると思っているということだ(図7・4)。

ミシガン州立大学のフレッド・ダイヤー博士とジェフリー・ディッキンソン博士はこの方法を利用して、太陽の動きを学習する機会がなかった蜂が、どのように太陽が動くと思っているか(あるいは動くと思っていないか)を調べた(Dyer & Dickinson, 1994)。彼らはこの実験のために、夕方にだけしか外に出さず、それ以外の時間帯は太陽を見せたことがない、つまり西にある太陽しか見たことがない蜂を育てた。そして、空が一面に雲で覆われたある日に、初めて朝の時間帯に人工の餌場で採餌をさせ、ダンスをつうじて太陽の方向を答えさせたのだ。蜂たちの答えは、「太陽は東にある」だった。つまり、一度も東にある太陽を見たことがなくとも、ミツバチは朝には東の空に太陽があることを知っているのだ。

しかし、おもしろいのはこの後だ。博士らは、これらの蜂にそのまま夕方まで採餌を続けさせて、蜂が答える太陽の方向を記録している。本来の太陽は、時間がたつにつれて東から西へとゆっくり移動してい

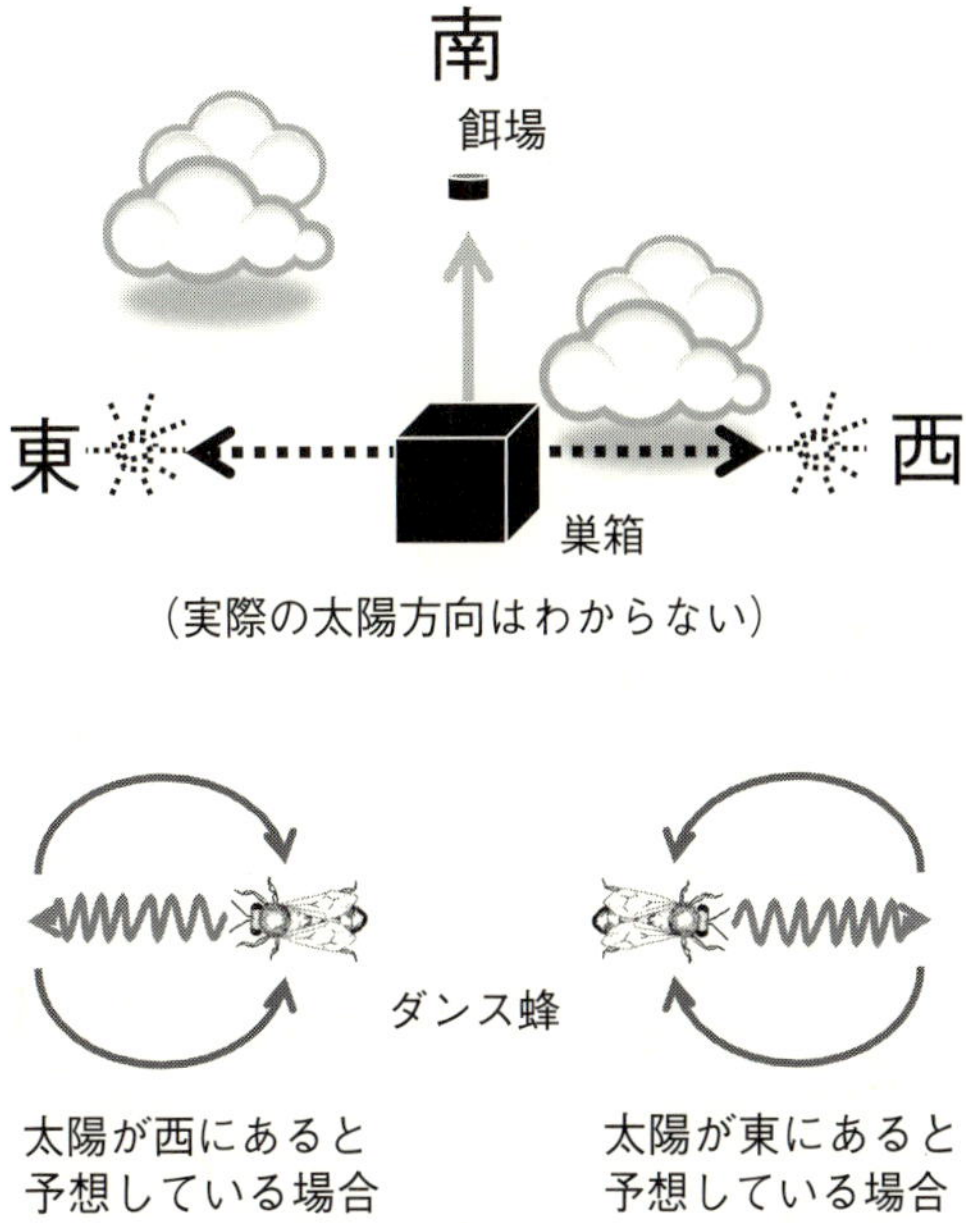

図7･4　曇天で太陽の方向がわからないとき，特定の餌場へのダンスがどの方向を向いて踊られているかを見れば，蜂がどちらの方向に太陽があると予想しているか知ることができる．ダンス蜂は巣板の上方向を太陽の方向と見立てて，餌場の方向を示すことに注意．

くが、これらの蜂の答えはそうはなっていなかった。十一時くらいまで東の空に太陽があると答え続けた後、正午前後を境に急に一八〇度反対側つまり西にあると答えだしたのだ。

つまり、ミツバチが生まれつき知っているのは、太陽が動くものであるというだけで、始めはそれが一八〇度ずつ動くものだと思っているようだ。そのような大雑把な認識は、その後の学習によって修正されて、実際の太陽の動きに適合したものになる。ミツバチにとって、太陽がスムーズに動いていくということは、学習によって後天的に獲得される知識のようだ。

距離を測る

採餌蜂がダンスで餌場までの距離を示すには、その距離を知っておく必要がある。採餌蜂は、どのようにして距離を測るのだろうか?

ダンス言語を発見したフリッシュ博士の時代には、蜂は遠くへ飛べば飛ぶほどエネルギーを消費するのだから、消費エネルギー量あるいは疲れ具合のようなもので、飛んだ距離を推定しているのではないかと考えられていた。それは、重りや小さな衝立(空気の抵抗が増える)を採餌蜂の背中にとり付けた時に、実際より長い距離を指してダンスをするという知見に基づく考えだ。また、丘の上と下に巣箱を置き、丘の上から下、あるいは下から上に採餌飛行をおこなわせた場合に、砂糖水で重くなった体を丘の下から上へ運ばなくてはならない時の方が、丘の上で砂糖水をとり、重力を利用して麓の巣へ戻れる時よりも、帰ってきた採餌蜂はダンスでより長い距離を示すという観察もされている。

しかし近年、異なるメカニズムでミツバチが距離を測定していることが明らかになった。蜂は、飛行すると景色が後方に流れ去っていくのを見ることになる。たくさん飛べば、たくさんの景色が流れる。この景色の流れを「オプティックフロー」というが、その量を飛んだ距離の指標にしているというのだ。

シドニー大学のスリニバサン博士のグループは、とても巧みな方法でこのことを証明してみせている。彼らはまず、巣から六メートル先の餌場に採餌蜂を通うよう訓練した。このような近距離の餌場を示すとき、尻振りダンスは8の字型にならず、円を描いているように見える。このようなダンスを、円舞という。

次に、博士らはこの採餌蜂を六メートルのトンネルをくぐらせて、餌場に通うように訓練した。このトンネルの中には縞模様が描かれているのだが、もしこれが縦の縞模様であれば、やはり帰巣した採餌蜂は円舞を踊る。しかし、トンネルの中に描かれているパターンを横の縞模様にすると、ダンスは8の字を描くようになるのだ。8の字型の尻振りダンスは、通常数十メートル以上離れた餌場を示すのに用いられる。つまりこの蜂は、自分が飛んだ距離を数十メートル以上だと認識してしまったのだ（Srinivasan et al., 2000）。横の縞の上を飛ぶと、たくさんのパターンが視界を流れていく。そのため、実際に飛んだ距離は六メートルであっても、より長い距離を飛んだと錯覚してしまうのだろう。

スリニバサン博士らのグループはさらに、この長く飛んだと錯覚した蜂のダンスを追従した蜂が、どこへ誘導されるのかも調べている（Esch et al., 2001）。追従蜂は、このダンスが錯覚によって実際よりも遠くを示していることを見破るだろうか？　もしそうでなければ、追従蜂にはトンネルをくぐらせないので、ダンスが示す距離を飛んで、ダンス蜂が通った餌場よりずっと遠くで餌場を探すだろう。巣から異なる位置に餌場を置いておくと、七十メートルの距離に置いた餌場にもっとも多くの追従蜂がたどりついた。トンネルをくぐらされ、長い距離を飛んだと勘違いした蜂のダンスは七十二メートルを示していたので（尻振り走行の長さから算出できる）、この結果は追従蜂がダンスの情報を素直に受けとって、餌場を探したことを示している。

だめ押しということだろうか、スリニバサン博士らは同じ実験を、餌場をちがう方向に置いて、もう一度繰り返している。一回目の実験は南に餌場を置いて採餌蜂にトンネルをくぐらせたが、今度はただそれを北西にして同じことをしただけだ。この時も採餌蜂は錯覚を起こし、ダンスの尻振り走行時間は一回目の実験とほとんど変わらなかった。つまりダンスは一回目と同じ距離を示しているように見えた。ところがそれを追従した追従蜂は七十メートルの餌場ではなく、一四〇メートル地点にある餌場に行ってしまったのだ（Esch et al., 2001）。この奇妙な結果は、とても重要なことを教えてくれることになった。

スリニバサン博士らはこう考えた。たとえ蜂が同じ距離を飛んだとしても、認識されるオプティックフローの量は、どのようなものの上を飛んだかで異なるだろう。草原のようなコントラストの少ない場所よりも、森林のような場所の方がたくさんの景色が流れ去ったと感じるかもしれない。尻振りダンスは、追従蜂に餌場までの絶対的な距離を教えているのではなく、きっと餌場にたどりつくまでに経験するオプティックフロー量を示しているのだ。一回目と二回目の実験の結果が異なっていたのは、巣の南方向には、オプティックフローをたくさん感じさせる地形か何かがあったにちがいない。実際、尻振り走行時間と距離の関係を南方向と北西方向について調べてみると、その関係は異なっていた。同じ長さの尻振りダンスでも、北西方向に飛行した場合には南方向の倍くらいの距離を示していたのだ。このことは、スリニバサン博士らの仮説をよく支持している。採餌蜂は距離をオプティックフローの量として測り、それをダンスで伝える。しかし、単位距離当たりのオプティックフローの量は飛行ルートによって異なるので、ダンスは絶対的な距離を伝えてはいないのだ。それでもちゃんと追従蜂が示された餌場にたどりつけるのは、ダンスが餌場方向も伝えるために、追従蜂がダンス蜂と同じルートを飛行することになるからだろう。追従蜂が正しい方向に飛んでいさえすれば、ダンスが示したオプティックフローの量を経験し終わったところが、ダンスが示した地点になるのだ。

ミツバチに語りかける

ミツバチが尻振りダンスによって、どのように距離と方向を示しているのかがわかると、私たちもミツバチの言葉を理解することができるようになる。つまり、ダンスを解析することで、その採餌蜂が巣仲間に伝えようとしている餌場の位置を読みとることができるようになるのだ。そのダンスが示す巣からの距離と方向を地図上に書き込めば、実際にその餌場を見つけることもできるだろう。

しかし、この情報は本当に他の蜂に伝わっているのだろうか？　用心深い研究者は、結論をだす前にこのようなことも考える。ダンスはたしかに餌場の位置を表現している。しかし、それは表現されているだけで、他の蜂はこの情報を読みとることができないのではないか？　ダンスを読んで、餌場にたどりついているように見える蜂は、じつはダンスの情報ではなく、別の手段を用いて餌場を見つけているのかもしれない。たとえば、ミツバチは他の仲間を誘引するフェロモンを分泌することができるが、それで空中に匂いの道を作りだしている可能性もある。実際、そのような方法で巣仲間を餌場へ誘導するとされている蜂もいる。

この問題については、一九六〇年代から、ダンス言語の存在を主張するフリッシュ博士の研究グループと、それとは異なる見解をもつウェンナー博士のグループによって、学術誌上で激しい論争が繰り広げられた。当時、この論争は決着がつかないまま終息してしまったが、現在ではフリッシュ博士らの主張を強く支持する証拠がいくつか存在する。

ダンスで発信された情報を巣仲間がたしかに「聞いている」ことを示すには、どのような方法があるだろうか? たとえば、巣で待機している採餌蜂に実験者がダンス言語で「語りかけて」、採餌蜂がその言葉のとおりに餌場に行ったとすると、これはミツバチがダンス言語を理解した、つまりダンスで表現されている情報を受けとる能力があることを強力に示す証拠になるだろう。

しかし、人がミツバチの言語を使って蜂に語りかけるなどということは不可能だ。と、ふつうなら思うものだ。ところが、デンマークのアクセル・マイケルセン博士らは、ロボット蜂にダンスを踊らせることで、蜂に語りかけることに成功している(Michelsen et al., 1992)。彼らが用いたロボット蜂は、大きさこそミツバチサイズだが、見た目はまったく蜂に見えない、卵型をした金属の塊だ。この塊にミツバチの体表を薄く包んでいる蜂蝋を塗ってある。この塊は付属している小さな管から、本当のダンサーがするのと同じように、ダンス中に周りの蜂に少しずつ蜜を配ることができる。そして、塊から伸びた棒をオペレーター装置に接続することによって、ロボット蜂に尻振り走行や戻り走行をおこなわせることができる仕掛けだ。このロボット蜂がダンスを踊ると、巣の周りにいくつも置いた餌場のうち、ロボット蜂のダンスが示した餌場に多くの採餌蜂が現れたことをマイケルセン博士らは報告している。この結果は、ミツバチがダンスの情報を利用できることを示している。

同様の結論は、ダンスを追従した採餌蜂に極小の発信機をつけて、出巣後の飛行の軌跡を追う研究からも得られている。そのような研究結果を見ると、ミツバチには尻振りダンスの中に餌場の位置を表現する能力も、ダンスからその情報を読みとる能力もあると考えてもよいだろう。

ダンスを無視する採餌蜂

採餌蜂は自分が通うべき餌場をもっている時には、他の蜂が踊るダンスにほとんど興味を示さず、巣と餌場の間をせっせと往復して餌を巣へと運び込む。ダンスを追従している蜂は、まだ採餌を始めたばかりで餌場を見つけていなかったり、それまで利用していた餌場で餌がとれなくなって巣で待機している蜂だ。この追従蜂に絵具などで小さなマークをつけてやると、ダンス追従を終えた後すぐに巣を離れ、ダンスが示している餌場にやってくるのがわかる。もちろん、ダンスを追従していた蜂のすべてがその餌場にやってくるわけではない。地図をもらった人が必ずしもそこに書かれた目的地にたどり着けるとはかぎらないのと同じで、位置を教わってもそこにたどりつけるとはかぎらないからだろう。実際に、追従蜂がどのくらい餌を採ってきているか調べると、何ももたずに戻ってくるものがかなり多い。ある研究では、追従蜂が採餌を成功させるためには、ダンス追従の後の飛行を平均三回繰り返さないとならなかった、と報告されている。つまり最初の二回は餌を見つけられなかったということだ（Biesmeijer & Seeley, 2005)。

つい最近までミツバチの研究者のほとんどが、こう考えていたと思う。

「追従蜂は必ずしも、ダンスで示された餌場にたどりつけるわけではない。しかし、その餌場に向かおうとしていることは確かだ」

だから、二〇〇八年に権威ある学術誌である王立協会紀要（『Proceedings of the Royal Society B』）に掲載されたクリストフ・グリューター博士らの論文はひどくセンセーショナルだった。なぜなら、彼らはある条件下では、ダンスを追従した蜂がまったくそのダンスの情報を無視して、それが示す餌場とはちがう餌場に向かっていることを示したからだ。

彼らの実験はこうだ。まず、巣から異なる方向に二つの人工餌場を設置し、それぞれの餌場で異なる蜂のグループが砂糖水をとるように訓練する。このとき、どちらの餌場を利用していたのかがわかるように、餌場ごとに採餌蜂を異なる色の絵具でマーキングしておく。これらの蜂に十分餌場を覚えさせた後、どちらの餌場も空にしてしまう。すると、それまで餌場で採餌をおこなっていた蜂は、餌場に行くのをやめ、巣の中で待機するようになる。そして、餌場を空にして三時間後にどちらか一つの餌場（たとえば餌場1）に砂糖水を満たすと、それを見つけた採餌蜂が巣に戻ってその餌場を指すダンスを踊ることになる。グリューター博士らは、もう一方の餌場（餌場2）で採餌をしていた蜂が、このダンスを追従した後に、ちゃんとダンスで示された餌場（餌場1）に行っているかを調べた。驚くべきことに、ほとんど（九十三パーセント）の追従蜂は、ダンスで示されている餌場には行っていなかった。これらの蜂は、もともと自分たちが通っていた空の餌場（餌場2）に現れたのだ（Grüter et al., 2008）。

この論文とこれに関連する一連の論文が発表されてから、尻振りダンスの役割が見直されるようになった。それまで、尻振りダンスは

「あの餌場に行け！」

というメッセージだと思われていたのが、じつは

「とにかく採餌に行け！」

という意味で使われる場面も多いと考えられるようになったのだ。

植物によっては花蜜や花粉は、一日のうち限られた時間にしか供給しないものがある。それにミツバチの採餌は、にわか雨等の突然の悪天候で中断されることもある。だから、他の採餌蜂が採餌に成功したことをダンスで確認したら、まずは自分の知っている餌場に行ってみるのかもしれない。

グリューター博士らの論文は、現在のミツバチ研究者を驚かせた（だからこそ、権威ある雑誌に論文が掲載された）のだが、同じような現象はじつはダンス言語を発見したフリッシュ博士によっても観察されている（Frisch, 1968）。フリッシュ博士が書いた論文を読むと、この時代には、ダンスの情報に従わない追従蜂がいるということは、ごく当たり前の現象として理解されていたという印象をうける。しかし、ダンス言語という精巧な仕組みに研究者の関心が集まると、しだいにダンスの機能が強調されて、研究者が理解するミツバチの姿がゆがめられていったのではないだろうか。

このように、ミツバチには尻振りダンスによって餌場の位置を伝える能力があるが、それは常に使われているわけではないということが、現在のところ大方のミツバチ研究者の理解だ。ただし、自然条件下の採餌で、追従蜂がどのくらいダンスの情報を利用しているのかは、まだ誰も知らない。グリューター博士らが設定した実験条件は、ダンスの情報が無視されやすいきょくたんなものなのかもしれない。条件が変

わると追従蜂はもっとダンス情報を利用するようになるという研究もある。一方で、グリューター博士らの実験で見られた現象は、実際の現象をよく反映していて、ダンスで伝えられる情報をもとに餌場を探す蜂というのはとても限られた条件のもとでのみ、現れる可能性もある。今後、そのあたりが明らかにされると、ミツバチの採餌の全貌が見えてくるはずだ。

ダンスの不正確さとその意義

追従蜂がダンスの情報を無視するというのは、やはり不思議だ。ダンスは、良い餌場の場所を教えてくれているのだから、その情報を利用しない手はないような気がする。ダンスの情報が常に利用されるわけではない理由の一つは、ダンス情報をもとに餌場に向かったとしても、その餌場にたどりつけるとはかぎらないからかもしれない。ダンスを追従した蜂の多くが採餌に失敗して戻ってきていることは先に述べた。そのため、ダンス情報を利用するよりも、自分が知っている餌場に行ってみた方がよい場合もあるのだろう。

ダンスがもたらす情報にかなり多くの誤差が含まれていることは古くから知られていた。そのことを考えると、ダンスを頼りに餌場を探しても、目的の餌場にたどり着けないことが多いという事実も理解できる。ダンス蜂は一回のダンスの中で、何度も尻振り走行（とその後の戻り走行）をおこない、その長さと方向で餌場の位置を示す。しかし、蜂はどうやら毎回正確にダンスをすることはできないようで、回によ

図7・5　玉川大学で毎年開催されているミツバチ科学研究会で講演される岡田龍一さん（写真提供　中村 純氏）.

って尻振り走行の長さも方向も、少しずつ異なる。兵庫県立大学の岡田龍一博士（図7・5）らは、この回ごとの変動を詳しく調べ、それがいかに大きいのかを明らかにしている。博士らによれば、たとえば一キロメートル先に餌場があったとすると、ダンスが示す範囲は、その餌場を中心としてサッカーのグラウンド二十二面分の広い面積だという（Okada et al., 2008；岡田ら、二〇〇七）。それほど曖昧な情報なのであれば、ダンスはほとんど採餌を促進するためには機能していないのではないか、と考えたくなるが、そうでもないようだ。岡田博士らは、観察巣箱に入れたミツバチのダンスを筆を使って妨害するとコロニーレベルで採餌量が落ちるということを示し、ダンスの有効性を証明して見せた（Okada et al., 2012）。しかし、先ほどから述べているように、ダンスが採餌を促進する仕組みは、巣仲間をダンスが示す餌場へと誘導することだけではないかもしれない。岡田博士らが考えているのは、ミツバチはダンスに誤差を残しているからこそ、次々と現れては消えていく花資源をうまく利用できるという仮説だ。野外では、前日は咲いていなかった花が咲き、そこがひじょうに良い餌場になるということが起こりうる。すでに存在する餌場にダンスを使って仲間を送り込むだけでは、このような新しい餌場を見つけだすことは難しいだろう。しかし、ダンスに誤差があり、目的地周辺の比較的広い範囲に採餌蜂が送り込まれている場合には、採餌に失敗する蜂も多いだろうが、目的地にたどり着けなかった蜂のうち何匹かは、新しく出現した餌場を偶然発見することになるかもしれない。そのために、コロニー単位で見たときに、ダンスによって正確に餌場に仲間を送り込むよりも、多くの餌を集めることに繋がるのではないか、というのだ。もし、ダンスに誤差を含まないで正確に餌場を指し示すことができるミツバチの系統などが存在するのであれば、そのような蜂とダンスに誤差を含むふつうの蜂で、採餌の成功度を測ってやれば、この仮説を検証することができるだろう。しかし、そのような系統は存在しないので、実際には難しい。そこで、岡田博士らはコンピューターシミュレーションを使って、この仮説を検証した。コンピューター上に仮想の世界を作り、いくつかの餌場から、仮想のミツバチが蜜を集める、というシミュレーションだ。餌場のうちの一つだけが良い餌場になっているので、コロニーはこの餌場に集中的に働き蜂を送り込まなければならない。ただし、餌場の状態は一定ではなく、実験の途中で、それまで良かった餌場が悪い餌場に、悪かった餌場の一つが良い餌場になるようにしておく。そのような条件では、ダンスにある程度の誤差があることによって、コロニーは急に良くなった餌場をうまく見つけることができ、採餌蜂を送り込む餌場をすばやく切り替えることができる、という結果が得られている（Okada et al., 2014）。

ミツバチのダンスに含まれる誤差に適応的な意義があるのかどうかという問題は、今まさに盛んに議論がおこなわれている最中で、決着がつくまでまだしばらくかかりそうだ。私たちは、直感的に正確である方が良いと考えがちだが、そのような思い込みを排除することが、ミツバチの本当の姿に迫るために必要だろう。

ダンスだけではない

ダンス言語によって伝えられる餌場の位置情報以外にも、ダンス蜂がコロニーにもたらすものはいくつもある。一つは、餌場の匂いだ。ミツバチの餌場は通常花なので、その植物特有の香りをもっている。採餌蜂は餌といっしょにこの匂いを巣へもち帰る。匂いは体について運ばれもするが、蜜にも含まれる。ダンス蜂は尻振りダンスをしながら、採集してきた蜜をサンプルとして追従蜂に渡す。それによって、追従蜂は餌場の匂いを学習し、餌場の特定にこの匂いを使うのだ。ダンス言語によるコミュニケーションでは、ある範囲が餌場として示されるだけなので、そこに行ってみるとさまざまな種類の花があり、ダンサーが示していた良い餌場がどれなのかわからない、という場合もあるだろう。そのようなときには、ダンサーを追従した時に覚えた匂いが役に立つ。最近では、巣の中の採餌に直接かかわらない蜂にも、匂いの情報が伝わっており、現在どのような花が咲いているのかという情報が、コロニー内で共有されていることが示唆されている。さらに、学習された花の匂いは、採餌を止めて巣内で待機していた採餌蜂を再活性化する機能もある。以前に採餌していた花の匂いが巣内でするということは、またその花が蜜を出し始めた、ということかもしれないからだ。そのような場合には、採餌蜂はダンスを追従しなくても出巣して、かつて採餌していた花を訪れてみる。

ダンス蜂は花の匂いを発散して踊るだけではなく、他の蜂に採餌を促すフェロモンを巣内に放出していることも明らかになっている。昆虫では、フェロモンを用いて情報伝達をおこなう場合がよくあるが、ミツバチでこのフェロモンが発見されたのは、比較的最近（二〇〇七年）のことだ（Thom et al., 2007）。この発見が遅れたのも、ダンス言語があまりにも有名になりすぎたせいなのかもしれない。

このように、ミツバチは、ダンス言語による情報伝達とそれ以外の情報伝達の両方を利用して、効率よく採餌をおこなっている。

腹八分目で巣に戻るミツバチ

ミツバチの採餌を効率よくしているのは、ダンス言語や化学物質を使ったコミュニケーションだけではない。驚くほど微妙な行動調節によっても、採餌の効率化がなされている。

ミツバチは自分の体重のほぼ半分に当たる五十~六十マイクロリットルの蜜を蜜胃に入れてもち帰ることができる。蜜胃とは、蜂の消化管の一部が膨らんで蜜を一時的に貯めることができるようになった袋（そ嚢）のことだ。ここに入れた蜜は、自由に吐き戻すことができるので、採餌蜂は花の蜜や水を巣へと運ぶために、この器官を用いる。

しかし、採餌から戻ってきたミツバチがどのくらい蜜をとってきているのか調べると、蜜胃を満タンにして帰ってくる蜂はむしろ少ない。蜜胃がほとんど空の状態で戻ってくる蜂もいるが、これは排泄など採餌以外の目的で飛び出した蜂か、あるいは花を見つけることができなかった蜂と考えてよいだろう。中途半端な量の蜜をもって戻ってくる蜂は、見つけた花で十分な蜜が集められなかった蜂だ、と私は思っていた。ところが、そうともかぎらないようなのだ。

単純に考えれば、効率よく蜜を集めるためには、発見した餌場でとれるだけの蜜をとって巣へ運ぶことが良さそうに思える。しかし、採餌蜂はいくらでも砂糖水がとれるようにした人工の餌場からでも、蜜を最大限までとらないことがある。これは、たくさんの蜜をもって巣まで戻ると、体が重くなって飛行のためのエネルギーがかかりすぎるからだ、と説明されている。同じ百メートルを飛ぶのにも、蜜を満タンに積んで体の重くなった蜂と、蜜をもっていない身軽な蜂では消費エネルギー量が異なることは容易に想像がつく。実際、働き蜂にさまざまな量の蜜を飲ませてから飛行させる実験により、飛行中の消費エネルギー量は、体重に比例して増加することが明らかになっている（Wolf et al., 1989）。蜂のエネルギー源は花蜜なので、たくさんの蜜を集めれば集めるほど、飛行にたくさんの蜜を消費してしまうようになる。そこで働き蜂は、飛行エネルギー源として消費されてしまう蜜の量を考慮し、満腹になる前に巣へ戻ることで、効率よく蜜を集めているようだ（Schmid-Hempel et al., 1985）。これは、蜂がただやみくもに餌をとっているのではなく、採餌効率を最大化するような「賢い」やり方をしていることを示す良い例だ。

コラム　ハチミツをいただこう

大学では、生産物を得るためにミツバチを飼っているわけではないが、研究の副産物として、毎年春にはハチミツを収穫している。セイヨウミツバチの集蜜力はすばらしく高く、採蜜をおこなわないでいると、巣板がハチミツでいっぱいになって、蜂児を育てるスペースが不足してくる。そのため、タイミングよく採蜜をおこなうことで、コロニーの状態はより良くなるような印象がある。

採蜜は、ハチミツの貯められた巣板を巣箱からとり出すところから始まる（図コラム⑫上）。巣板についた蜂は、巣板からふるい落とすが、コツをつかむと蜂を怒らせずに落とすことができる。つぎに、巣房の蓋を蜜刀という専用のナイフで切りとる（図コラム⑫下）。そのようにした巣板を、遠心分離器で回すことにより、ハチミツだけを採取する（図コラム⑬）。あとは、目の細かい布で夾雑物をとり除いて、瓶に詰めるだけだ（図コラム⑭）。

私たちが採っているハチミツは、その季節に咲いたさまざまな種類の花の蜜が混ざったもので、百花蜜《ひゃっかみつ》と呼ばれる。花の種類によって花蜜の香りと味は異なるので、ハチミツもその影響を受ける。花蜜が集められた期間が一週間ちがうだけでも、だいぶ香りの異なるハチミツになることがある。

養蜂家は、単花蜜《たんかみつ》といって、特定の植物の蜜を主体としたハチミツも採っている。アカシア蜜、ミカン蜜、ソバ蜜などといって売られているハチミツがそれだ。ミツバチは、いろいろな花が咲いていても、その中でもとくに良い蜜源に集中して訪花する習性がある。そのため、そういった植物が開花している時期

図コラム⑫　熟成されたハチミツがたまった蜜巣板(上)．巣房の大部分に働き蜂が分泌した蝋で蓋がされている．遠心分離器にかける前に，蜜刀で蜜蓋を開ける(下)．

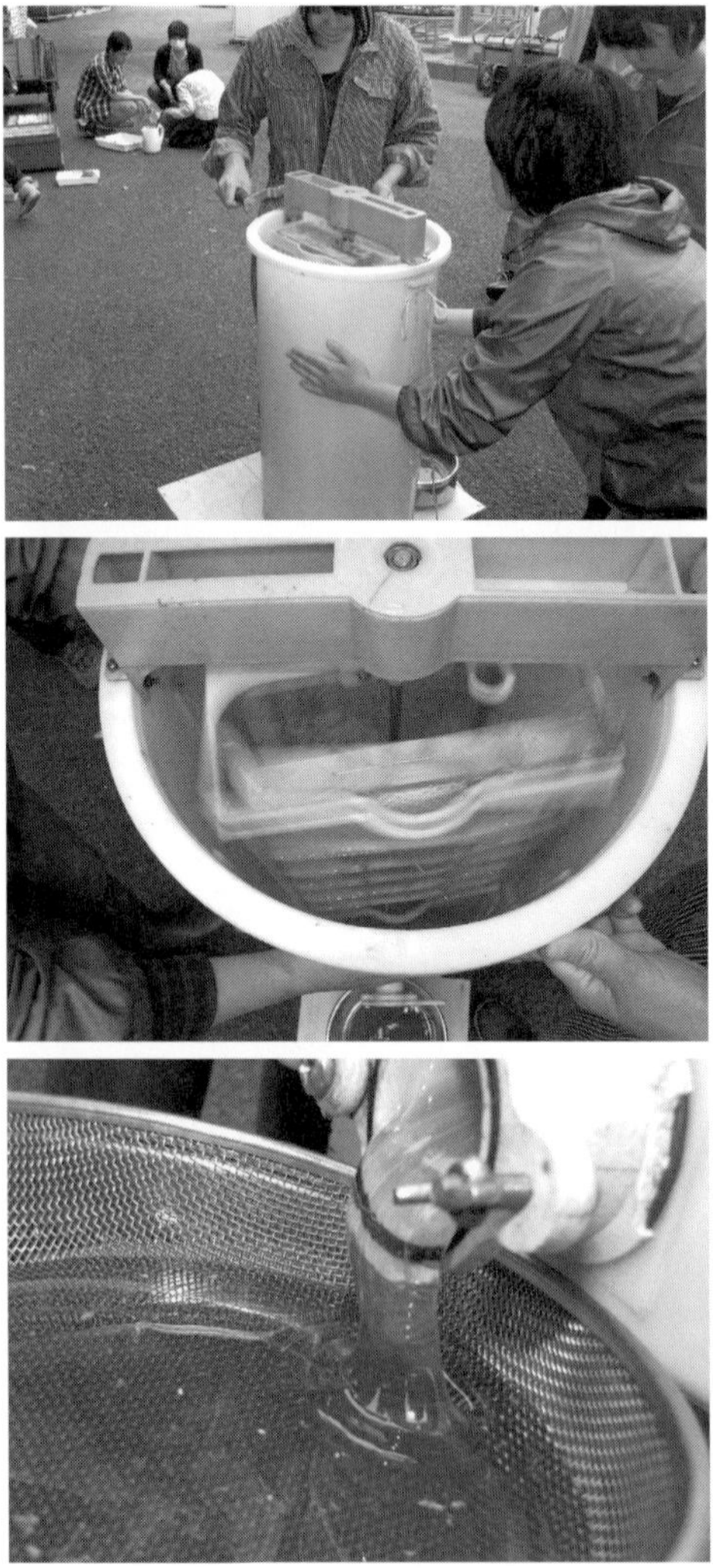

図コラム⑬　蜜巣板を遠心分離器にかけてハチミツを採取する．

図コラム⑭　採取したハチミツは，布で濾した後，瓶詰される．非売品．

には、巣に運び込まれる花蜜のほとんどがその植物由来のものになる。この短い期間に作られたハチミツだけを集めたものが単花蜜だ。単花蜜は、蜜源となった植物によって驚くくらい味と香りが異なるので、機会があったら食べ比べてみるとおもしろいだろう。

第8章
ミツバチの燃料調節

ミツバチを飛ばすための燃料

ミツバチが餌場からどのようにして効率よく蜜を集めてくるかということに関しては、多く研究がおこなわれており、かなりのことがわかってきている。それだけの研究がおこなわれてきたのはやはり、働き蜂一匹一匹がとってくる蜜の量がコロニーとしての収量に直接関わってくるからだ。一方で、採餌に行こうとするミツバチが、どのくらいの蜜を巣からもっていくかという問題は、ほとんど調べられていない。

初めて知る方も多いと思うが、採餌の際にミツバチは巣から蜜をもって出ている。これは、ミツバチの働き蜂が、貯蔵エネルギーを体内にほとんどもっていないからだ。多くの動物は餌が摂れないときのために、脂肪のような貯蔵エネルギーをもっているが、ミツバチはこのような形でエネルギーをもたない。たぶん、飛行するために体を軽くする必要があり、空を飛ぶ鳥が骨を中空にして体重を減らしているように、貯蔵エネルギー源を体から最大限に削りとっているのだろう。だからミツバチは、活動するためにはいつも蜜を食べてエネルギーに換えていないといけない。捕まえてきた働き蜂に餌を与えなかったために、一時間もしないうちにエネルギー切れを起こさせてしまうことも、私たちはよく経験している。あまり激しい運動をしなくてもそうなのだから、飛行をしている時に蜜が切れるということは、働き蜂の命にかかわる一大事だ。

そのため、採餌に出ようとする働き蜂はかならず、飛ぶための燃料となるごく少量の蜜を蜜胃に入れてから巣を飛び出す。これを少しずつ消化してエネルギーに変え、採餌活動をおこなうのだ。私たちは、働き蜂が巣を離れる時にもっているこの蜜のことを「出巣時積載蜜」と呼んでおり、とくに燃料として使われる場合には「燃料蜜」と呼ぶこともある。

プロジェクトの始動期

出巣時積載蜜の量は、通常数マイクロリットルでしかない。この程度であれば、ミツバチはこれといった調節なしに、少量の蜜を適当にもって出るだけかもしれない。しかし、もち帰る蜜の量を微妙に調節しているミツバチのことだ。何か特別なことをしていてもおかしくはない。そこで、この出巣時積載蜜に量の調節があるのかどうか、またあるとしたらどのように調節されているのかを調べる計画を、私の学部時代の指導教官であった佐々木正己先生が立ち上げた。一九九九年のことだ。

前にも書いたが、尻振りダンスが情報を表現しているだけでなく、情報が他の蜂に読みとられているかどうか、ということに関しては長い間議論が続いていた。一九九九年当時はまだ、この議論を終結させる決定的な証拠は見つかっておらず、それを発見すればかなりインパクトのある研究になるはずだった。そこで、佐々木先生が注目したのが出巣時積載蜜だ。ダンスを追従して採餌に行く蜂が、ダンスで示された餌場までの距離と比例して、出巣時積載蜜を増やすということを示せれば、それはダンスの情報が追従蜂に伝わっている証拠になるはずだ。

この頃私は、研究生として研究室に在籍していたので、巣仲間認識の仕事をしながら、一年後輩の浅井

(現・光畑) 明子さんという学生が、卒業研究としてこのテーマにとり組んでいるのを横目で見ていた。正直な話をすると、はじめはいくらミツバチでもそんな微妙なことをしているはずはない、と思っていた。それを調べるには、蜜胃に入っているわずか数マイクロリットルの蜜を正確に測らなくてはならないが、それだって卒論生には難しいにちがいない。

ところが、数か月後に浅井さんと話をすると、蜜胃の蜜の量は測定できるようになったという。それだけでなく、予想どおりのデータがでているらしいのだ。結果をまとめた図は、たしかに追従したダンスの尻振り走行の長さに比例して、追従蜂の出巣時積載蜜量が増えていく傾向を示していた。これは本当に、ダンスによって餌場の位置情報が伝わっている証拠として使えるかもしれない。

佐々木先生は、この結果に加えて、少しちがう方法を使っても同じような傾向が見られるということを示そうとした。浅井さんの実験は、野外の花で採餌しているコロニーを使ったものだったが、巣から異なる距離に人工の餌場を置いて、そのような実験的な条件でも、遠い餌場を指しているダンスを追従した蜂が、近い餌場を指しているダンスを追従した蜂よりもたくさんの出巣時積載蜜をもっているのかどうかが調べられた。

この年の夏休みに、佐々木先生は有志の学生を募り、「ミツバチ合宿」と称して栃木の田園地帯で実験をおこなった(図8・1)。私も有志の一人としてこの時の実験に参加している。この場所には、田んぼの中をまっすぐな農道がはしっており、その端に巣箱を置けば直線で九百メートル先に餌場を作ることができた。周りはぐるりと水田で囲まれており、ミツバチが蜜をとれるような花はほとんど咲いていないの

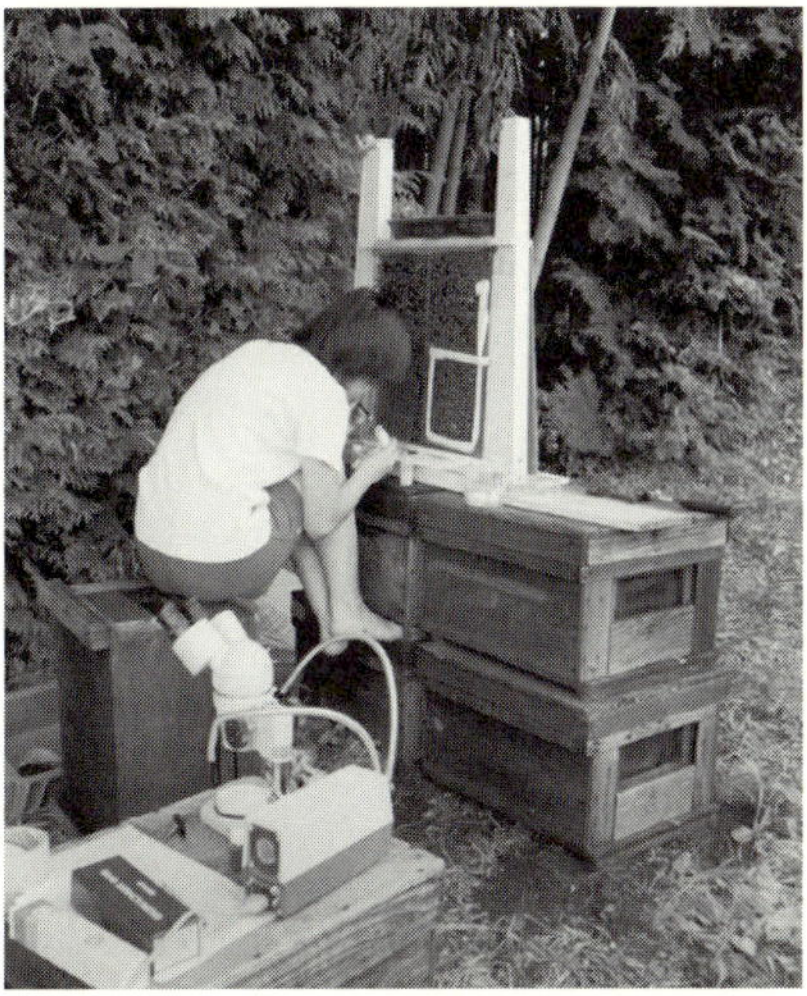

図8・1　佐々木正己先生の元で最初に燃料調節の仕事にとり組んだ当時学部4年生の浅井(現・光畑)明子さん．ミツバチ合宿で実験をしているところ(写真提供　佐々木正己氏)．

で、蜂は人工の餌場から蜜をとることに集中してくれる。ここで約一週間、佐々木先生と浅井さんそして私を含めてお手伝いの学生五～六人がキャンプ生活をしながら、実験をおこなった(図8・2)。

まずは蜂を餌場に通わせなければならない。最終的には巣箱から九百メートル先に餌場を作りたいのだが、いきなりそこに餌場を置いても採餌蜂がそれを見つけるまでには何日もかかってしまう。このような実験の常套手段は、まず巣の目の前に餌場を置いて蜂を誘導し、数メートルずつ遠くへと餌場を動かしていくやり方だ。私たちもこの方法を使い、餌場をしだいに目的地点へと近づけていった。巣から餌場が近いうちはたくさんの蜂がやってきて、すぐに九百メートルまでもっていけるような気がしたのだが、餌場を遠くに動かすほど、採餌をあきらめる蜂が増えていく。真夏の炎天下である。蜂も遠くへ採餌に飛んでいくのはかったるいのだろう。正午すぎのもっとも暑い時間には、ほとんど採餌蜂が出てこなく

図8･2　ミツバチ合宿には数人の学生が手伝いとして参加した．左側に立っているのは筆者（写真提供　佐々木正己氏）．

なり、「蜂が昼休みに入ったから」といって、やむなく私たちも昼休みをとった。そして、夕方少し涼しくなってまた蜂が飛び出す頃に、餌場の移動を再開し、二日目にはどうにか九百メートル地点に餌場をもってくることができた。

餌場の設置はできたものの、このペースではとても目的のデータはとれないということで、蜂をあせらせて採餌を促すことになった。巣に貯められた蜜が採餌を抑えることはよく知られていたので、実験コロニーの巣房に貯められた蜜をスポイトで一つひとつ抜くことにしたのだ。

佐々木先生が

「蜜抜きの刑だ」

といって、楽しそうに蜜を吸い出していたのが印象的だ。

これは、たしかに効果があったようで、餌場に来る蜂の数が増え、データがとれるようになってきた。ところが、あまりコロニーをいじめたのが災いしたのか、しばらくすると巣の中の蜂が落ち着きをなくしたように、ざわつき始めた。逃去の兆候だった。セイヨウミツバチは巣から逃去することはめったにないが、きょくたんに餌不足が続いたり、巣内を攪乱され続けたりすると、成虫が巣を捨てて逃げ去ることがある。この時は、逃去は免れたものの、そのような落ち着きを失ったコロニーでは実験できないので、別のコロニーに交換して、どうにか実験を続けることができた。このように、実験は綱渡り状態だった。

それでも、手伝いで来ているだけの学生は気楽なものだ。実験場所のそばには小川が流れていたので、実験の合間に水浴びをしたり、田んぼの水路にいる水生昆虫や小魚をとったりすることができた。とくに水路には、この頃すでに首都圏では見つけることが難しくなっていたタガメが多数生息していた。手伝いの学生の中には水生昆虫マニアが一人おり、彼には天国のような環境だったようだ。目をハートにしつつ、実験よりももっぱらタガメ採集にいそしんでいた。しかし、この実験を卒業研究としておこなっていた浅井さんはだいぶ心構えがちがっていたらしい。

「この実験が失敗したら卒業できないと思って、必死でやっていました」

後で彼女がそう言っているのを聞き、遊び半分だった私は少し申し訳ない気分になった。

このミツバチ合宿はその数年後にもう一度おこなわれ、データが追加された。その結果を見ると、たしかに追従蜂の出巣時積載蜜の平均値はダンス蜂が利用した餌場が遠いほど多くなっていた。しかし、個々のデータはバラツキが大きく、残念ながらその傾向は統計的には有意ではなかった。つまり、偶然そのような結果になった可能性を排除しきれず、餌場が遠いほど出巣時積載蜜が多いとは言いきれなかった。

一方で、この実験から明らかになったこともある。ダンス蜂と追従蜂の出巣時積載蜜量のちがいだ。ミツバチ合宿では、追従蜂がダンスから距離の情報を読みとり、それに基づいて燃料蜜の量が決められているかどうかに焦点が当てられていたが、もし、追従蜂がそのようにしているのであれば、情報を伝える側のダンス蜂はもちろん、自分が訪れている餌場までの距離に応じた量の燃料をもっているはずだ。そのことを確かめるために、ミツバチ合宿ではダンス蜂の出巣時積載蜜も調べられていた。こちらも距離に応じて積載蜜量が増える傾向が見られたものの、統計学的に偶然ではないと言いきれるデータではなかった。しかし、興味深いことにダンス蜂の出巣時積載蜜は追従蜂よりも明らかに少なかった。この現象は、私が後になってみずから出巣時積載蜜量を測定したときにも確認された。このちがいの原因については、後で詳しく考察したいと思う。

再度　距離との関係

前にも書いたように、私はその後、青年海外協力隊員としてフィリピンですごした後、大学院に進学し、燃料蜜とは関係ないテーマで学位を取得した。そしてつくばでバッタとコガネムシの研究をさせてもらっていたが、二〇〇九年から玉川大で、博士研究員として再びミツバチの研究に携わることになった。博士研究員は、ポスドクとも呼ばれ、特定の研究プロジェクトのために雇われる任期付きの研究員だ。ふつうの会社でいえば契約社員のようなものだろうか。学位をとったばかりの若手研究者は、まずはこのような任期付きの研究員として経験を積み、それから大学教員などの正規のポストを狙っていくことが多い。博士研究員は、募集の時点ですでにとり組むべき研究テーマが決まっているのがふつうだが、私の場合は、研究テーマにまだ選択の余地が残されていた。そうはいっても、雇用されたプロジェクトの目的から大きく外れることはできない。私が雇われたのは、動物の脳の働きを明らかにすることを目標にするプロジェクトだった。このとき頭に浮かんだのが、学生時代に見ていた出巣時積載蜜の調節に関する研究だ。この調節に関する情報処理は脳でおこなわれているにちがいないから、このテーマでやらせてくれませんかと、このの研究プロジェクトの代表者であった佐々木先生に打診すると、ＯＫの返事をもらうことができた。そのようにして、十年前にはお手伝い学生として見ているだけだった、この出巣時積載蜜の研究に携わることになった。

先に説明したように、すでにこの時佐々木先生と学生が十年間にわたって積み上げてきた知見があった。だから私は、その知見を土台にして、新しい研究をすればよかった。しかし、過去の知見をもとに研究を進める場合には、その知見について書かれた論文を引用しなくてはならない。これは、間違った知識に基づいて研究が積み上げられてしまうことを防ぐための、研究者間の約束事の一つだ。もし前提になった知見に疑問をもてば、論文を参照してみずから実験して確かめられるようになっている。ところが、出巣時積載蜜の研究では、まだこの時点で発表された論文がなかった。だから、私に課せられた最初の仕事は、それまでに蓄積された知見を論文として発表することだった。

研究室には、四年生（と大学院生）の努力の結晶ともいえる卒業研究で集められたデータが蓄積されていた。それをそのまま使って論文を書くこともできたかもしれないが、私はこの現象を自分自身の目で確かめてみたかった。そうでないと、自信をもって論文にすることもできないだろう。そこで、できるだけ先入観をもたないようにして、一からデータをとり直すことにした。

ミツバチの燃料測定法

まず、とり組んだのは餌場までの距離と出巣時積載蜜量の関係だ。しかし、それを調べるのにミツバチ合宿でやったような餌場を置く方法は、人手がかかりすぎてできそうもない。そこで、野外で自由に採餌をさせる別のやり方を採用することにした。自由に採餌させてしまえば、採餌蜂がどこで餌を採って帰ってくるか、つまりどのくらい遠くの餌場を利用しているかわからなくなる、と思われるかもしれない。しかし、ミツバチにかぎっては、ミツバチ自身がその餌場の位置を教えてくれるのだ。第7章で詳しく述べたように、ミツバチは尻振りダンスによって、餌場の距離と方向を巣仲間に伝える。このミツバチの「言葉」を読み解くことで、ダンス蜂がどのくらい離れた餌場を利用しているのかを知ることができる。

このような研究手法は、フリッシュ博士がダンス言語を発見してから多くの研究者が用いてきた。通常、ミツバチは木の巣箱で飼育されているが、ダンスを観察する場合には、壁がガラスでできている観察巣箱と呼ばれる特殊な巣箱を利用する。この巣箱を室内に設置し、外へつながる通路を付けてやれば、採餌蜂に

図8･3　出巣時積載蜜の研究で使った観察巣箱（上）．ダンスフロアを網で覆って，マーキングを可能にしてある．外へつながる通路の途中には，出巣蜂を捕まえるための装置がある．目的の蜂が通路内の筒に入ったら両端にしきり板を差し込み（左下），箱ごととり出してサンプリングすることができる（右下）．

野外で自由に餌を採らせることができるし、ダンスを含む巣内での活動を容易に観察できる（図8・3）。先に述べたように、ダンス蜂が腹部を振って直進する時間、すなわち尻振り走行の持続時間が巣から餌場までの距離を示していることがよくわかっているので、これをストップウォッチを使って計測して、餌場までの距離の指標として使うことにした。そして、蜂が餌場に向けて巣から出ていくときにそれを捕まえて、もっている蜜の量を調べるのだ。

こう書くと、とても簡単な実験に思えるかもしれないが、うまくやるにはいくつかの工夫が必要だ。玉川大の研究室は、そのような実際的なノウハウをたくさんもっていた。私は、それをそのまま、あるいは少し修正する形で使わせてもらうことにした。

実験では、ダンスを記録した蜂を捕獲するまで見失わないようにしなくてはならない。巣の中には数千の蜂がひしめいているので、何も目印がなければ、目的の蜂から一瞬でも目を離しただけで、もうどの蜂がそれかわからなくなってしまう。多くの研究では、このようなとき絵具を使って蜂をマーキングするが、絵具をつけられた蜂はこれを嫌がってそれまでの行動をやめてしまうことがある。そのようなことがないよう、絵具の代わりにチョークの粉を使ってマーキングをした。チョークの粉を絵具のように少量筆にとり、蜂の胸部に背中側からつけてやると、ある程度の時間それが残る。そうすることで、目的の蜂を他の蜂から見分けることができる。不思議なことに、蜂は絵具は嫌がるのにチョークの粉はほとんど気にしないようで、この方法を用いるとグルーミング等で行動が中断されることはほとんどなかった。

そのようにして印のついた蜂が、巣箱から外へつながる通路に出てきたときに捕獲するのだが、捕獲のための装置も研究室で考案されたデザインをもとに作成した。通路の途中に三本の四角柱状の筒を隙間なく入れ、蜂が三本のうちのどれかに入った瞬間に、筒の両端をしきり板でふさげるようにした装置だ。この筒は、通路から簡単にとり出せるようになっており、この装置を使うと他の蜂の行動を邪魔せずに、目的の蜂を捕まえることができる（図8・3）。

出巣時積載蜜量の測定は、かわいそうだが蜂を解剖して蜜胃をとり出しておこなうことにした。この作業は、蜂が蜜胃の中の蜜を消化してしまわないうちに（正確には、蜜を腸へ送ってしまわないうちに）、手早くおこなわなければならない。さまざまな方法を試行錯誤したすえ、最終的には工業用の冷却スプレー（エルピーキューーレイ、株式会社サンハヤト製）で瞬間的に蜂を冷凍して、そのまま冷凍庫に保管し、時間のある時に解剖するというやり方に落ち着いた。このスプレーは、もともとは電子部品の冷却試験用に開発されたもののようだが、冷却性能は高く、ミツバチ程度の大きさの昆虫であれば、一秒間程度で体内まで完全に凍らせることができる（Harano & Nakamura, 2016）。

出巣時に積載される蜜の量は数マイクロリットルときわめて微量だ（一マイクロリットルは一ミリリットルの一千分の一の量）。その調節を調べるのだから、この微量な蜜をいかに正確に計量するかが重要になってくる。解剖してとり出した蜜胃は、ちょうど透明な水風船のようだ（図1・15参照）。これを解剖皿に載せ、針の先で蜜胃を破って、中の蜜をマイクロシリンジと呼ばれる小さな注射器で吸い上げる。マイクロシリンジには正確な目盛りがついているので、それを使うと〇・一マイクロリットルの単位までは定量することが可能だ。この方法を使って、蜜胃内容物量の変化を正確に把握することができた（図8・4）。

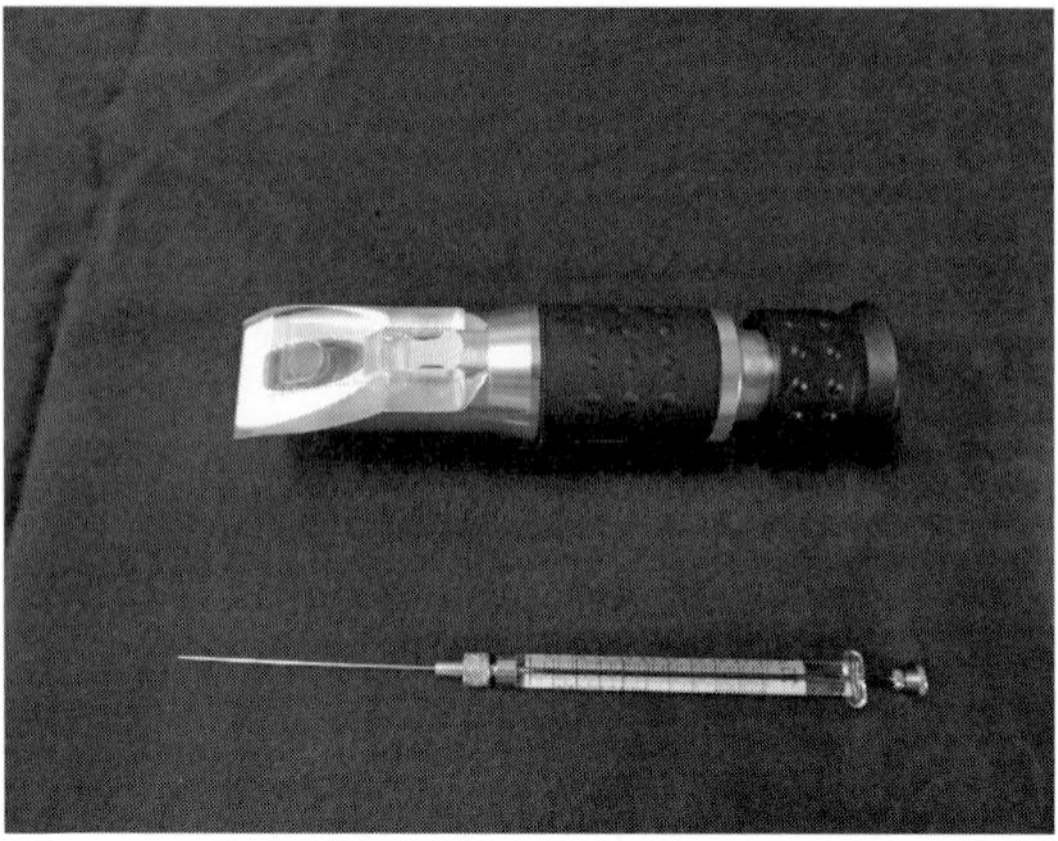

図8・4　蜜胃内容物の測定に用いる手持ち屈折糖度計（上）とマイクロシリンジ（下）.

このような方法を用いて、二〇一一年にとったデータを図8・5に示した。ダンス蜂とダンス追従蜂の出巣時積載蜜量が、巣から餌場までの距離の指標である尻振り走行の継続時間との関係という形で示されている。この尻振り走行時間は、データがダンス蜂のものであれば、自身が踊ったダンスのそれであり（つまり自身が現在利用している餌場までの距離）、ダンス追従蜂であれば、追従したダンス蜂の尻振り走行時間（ダンス蜂が示している餌場への距離）である。この図が示すように、ダンス蜂もダンス追従蜂も餌場の距離に応じて出巣時積載蜜量を増加させていた。やはり採餌蜂は、飛行距離に応じた量の燃料を巣からもって出ているのは確かなようだ。それだけではなく、同じ距離の餌場を利用するときでも、ダンス蜂に比べ、追従蜂の方がよりたくさんの蜜をもって出巣していることも確認できた。この傾向は、ミツバチ合宿でも見られていた。

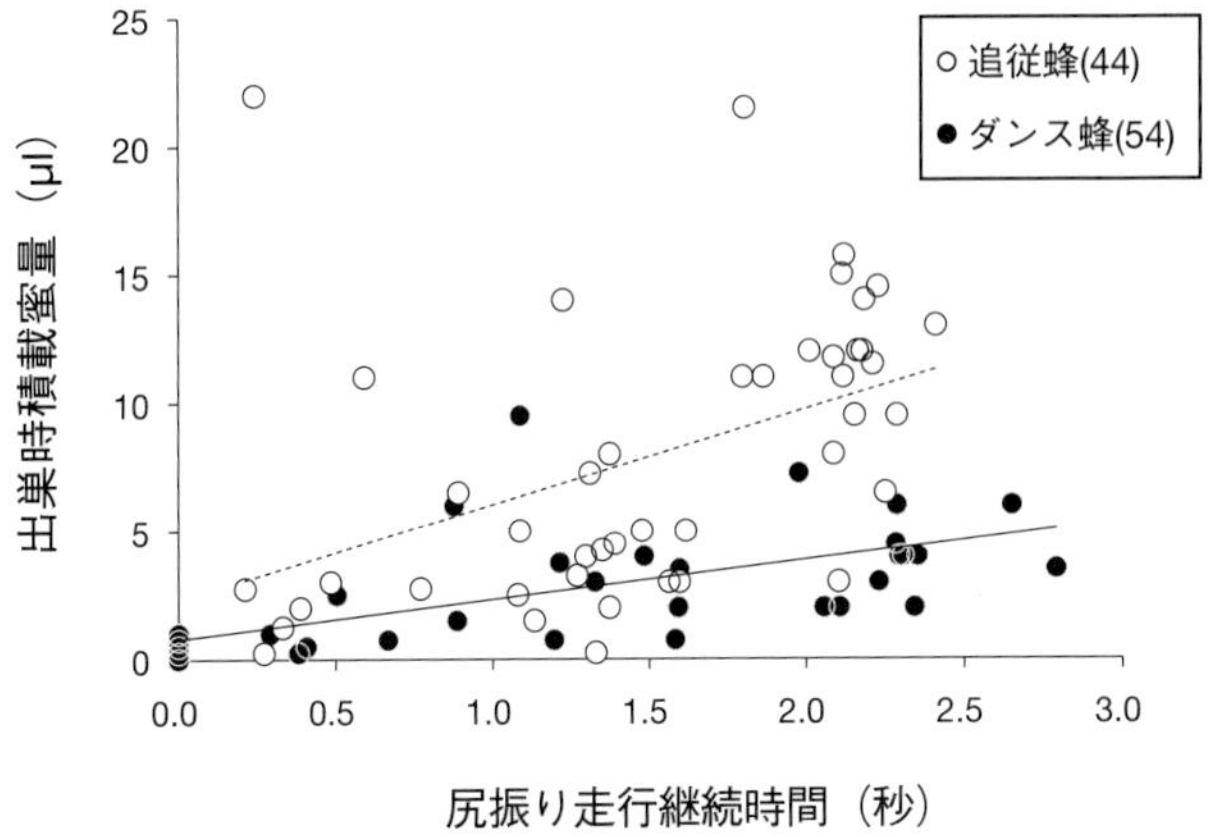

図8・5　野外採餌の採餌蜂の出巣時積載蜜量と餌場距離の関係．ダンスの尻振り走行継続時間を餌場距離の指標として使用した．ダンス蜂はみずからが示したらダンスの尻振り走行継続時間を，追従蜂は追従したダンス蜂の尻振り走行継続時間を示す．Harano et al., 2013より改変．

燃料を調節する理由

長く飛ぶためにはそれだけ多くの燃料が必要なのだから、餌場が遠いときに、多くの燃料をもって行くということは理解しやすい。しかし、ダンスによって教えられた餌場に行こうとするときに、それを教えた蜂よりもたくさん燃料を積載していくというのはどういうことだろう。これは、ダンス蜂とダンス追従蜂のもっている餌場に関する情報量のちがいによるものかもしれない。前の章で述べたとおり、ダンスは餌場の位置をピンポイントで示せるような正確なものではなく、大まかな場所を教えるだけだ。だから、ダンスの情報をもとに餌場を見つけようとするダンス追従蜂は、餌場にたどり着くまでにかなりの時間を探索に費やさなくてはならないかもしれない。もし、その間に燃料が切れてしまえば、探索にかけた時間やエネルギーがまったくの無駄になるだけではなく、餓死の危険にも直面する。そうならないように、追従蜂は少し多めの燃料を積載していくのだろう。

それならば、距離に合わせた調節などせず、いつもたくさんの燃料を積んで行けばよい。そのように考える人もいるだろう。しかし、蜂は蜜をたくさんもって体が重くなると、飛ぶためのエネルギーが余計にかかるという話を思い出してほしい。おそらく、燃料として巣からもち出す蜜の重さも同様の影響をもたらし、多くの燃料を積んだ蜂の燃費は悪くなってしまうのだろう。

このことをもう少し詳しく考えてみよう。ミツバチは、ハチミツという形で巣に大量の糖を蓄える。この糖は、長い冬を乗り越えるために必須のエネルギー源なので、糖をたくさん蓄えていればいるほど、コロニーが生存しやすくなる。だから、採餌の目的は、花蜜を集めて巣へもち帰り、巣に蓄えられた糖を増やすことだ。しかし、花蜜を集めるためには飛行燃料として巣に蓄えられた糖を消費しなくてはならない。つまり、糖を集めるために糖を消費しなくてはならないわけだ。だから、巣の蓄えを増やすためにはただ多くの糖（花蜜）を集めるだけでなく、できるだけ採餌中に糖を消費しないようにすることも重要だ。ちょうど、企業の目的が純利益を最大化することであることと似ている。いくら売り上げが多くても、そのための経費が大きければ、利益があがらないのと同じことだ。

蜂が飛行するときに消費する燃料の量は、体重の影響を受けるため、もし必要以上に多くの燃料を積んでいけば、重くなった体のせいで、必要ぎりぎりの燃料をもった蜂よりも多くの糖を消費してしまうことになる。つまり、両者が同じ量の糖を花から集められたとしても、巣へ貯め込める糖の量（純利益）は、後者の方が多くなるのだ。この差はほんのわずかなものかもしれないが、多くの蜂が採餌をおこなっているので、コロニーレベルでは大きなちがいとなるだろう。

花蜜採餌の場合には、燃料を入れる容器と、収穫物を入れる容器が同じであるということも、採餌蜂が燃料を微妙に調節している原因であると考えられる。この容器というのは、蜜胃のことだ。たしかに蜜胃はひじょうに伸縮性に富んだ袋ではあるが、その収容量には限界がある。だから、そこにいくらかの燃料が入っていれば、もち帰れる花蜜の量はそれだけ減ってしまう。そのため採餌蜂は、距離に応じた燃料調節をし、餌場に到着したときに蜜胃をできるだけ空になるようにしているのかもしれない。

落胆

ミツバチのような小さな生き物が、距離に合わせて巣からもっていく蜜の量を決めている。しかも、伝聞情報による採餌が不確かであることまで考慮に入れて、その調節をおこなっているなんて、まだ誰も知らない。同じ結果が繰り返し得られているし、データの信頼性には問題がないだろう。これはかなりいい論文が書けるのではないか、と期待が膨らんだ。ところが、この研究の新規性に関して疑問を投げかけるような古い論文を見つけてしまったのだ。

その頃、私はミツバチのダンス言語を発見してノーベル賞をとったフリッシュ博士の『The dance language and orientation of bees（ハナバチのダンス言語と定位）』という本を読んでいた。一九六七年に出版された古い本であるが、フリッシュ博士の研究の緻密さ、ダイナミックさ、そして観察眼の鋭さがわかる良い本だ。賞をとったからすごい、というようなことはあまりいいたくないが、それでもフリッシュ博士はすごいと思わせる本だ。今更、そんな古い本を読んでも役に立つ情報などないだろう、と思われるかもしれないが、私は、そのようなところに意外と新しい研究のヒントになるようなことが書いてあるかもしれないと思い、この本を読んでいた。

この本の最初の方に、ダンス蜂の行動を詳しく説明した部分がある。ダンスを終えた蜂は、蜜胃に残っている花蜜を巣仲間に受け渡し、体をグルーミングして清潔にしてから、燃料を補給して、次の採餌飛行のために急いで巣を出て行く、と書かれている。ああ、やっぱりフリッシュ博士も、燃料補給行動を気にして見ていたんだな、他に何か役に立つことは書いてないかな、と思って見返してみると、「燃料を補給して」の部分に註がついている。そして、その註には次のような記載があった。

「蜜胃は燃料タンクとして機能する。一回の採餌飛行が終わると、蜜胃の内容物は巣仲間に分配され、それから次の飛行に必要なハチミツが、目的地までの距離に応じた量だけとり込まれる。」(Frisch, 1967

＊訳・傍点は筆者)

これを見たときには、頭から血が音を立てて引いていくような気がした。これは、私たちがこれから論文にしようと思っている現象ではないか？　慌てて、この記述の根拠として引用されていたラス・ボイトラー博士の一九五〇年の論文（Beutler, 1950）を手に入れた。後でわかったことだが、ボイトラー博士はフリッシュ博士のもとで昆虫の生理学を学んだドイツの女性研究者で、ミツバチのエネルギー代謝について精力的に研究をおこなった人だった。彼女の一九五〇年の論文はドイツの生物学学術誌『Naturwissenschaften（「自然科学」）』誌に掲載されていた。原文はドイツ語だったが、運のいいことに、英語の翻訳版が別の雑誌に掲載されていた（Beutler, 1951）。これを読んでいくと、フリッシュ博士が引用したとおり、採餌蜂が巣からもって出る燃料と餌場までの距離の関係が調べられているのがわかった。方法は、ミツバチ合宿でおこなった実験と同じだった。人工的な砂糖水の餌場を、巣から一メートル、百メートルあるいは一〜二キロメートルの地点に作ってやり、そこを覚えて餌場と巣を往復するようになった採餌蜂を、出巣時に捕まえて積載燃料量を測定する。そして、そのような方法で得られたデータは、餌場が遠いほど採餌蜂はたくさんの糖をもっていることを示していた。その結果からボイトラー博士は、採餌蜂は距離に応じて燃料量を変えるという、私たちとまったく同じ結論を導いていた。

科学の世界では、それまで誰も知らなかったことを最初に発見することが重要だ。なぜなら、それが人類全体の知識を一つ増やすことになるからだ。逆に、誰かがすでに見つけたことを、確かにそれがありました、先に報告されていたことは間違いではありませんでした、と確認することだけでは、新しい研究成果とはみなされない。新しい知見を積み上げることこそが研究という活動の目的だからだ。

私たちは、ボイトラー博士の研究を繰り返しただけにすぎないのだろうか？　いったい、ボイトラー博士は、どこまでを明らかにしていたのか？　祈るような気持ちで最後まで論文を読んでわかったことは、ボイトラー博士もダンス追従蜂の燃料蜜量は測定していない、ということだった。それがわかって、どうにか少し緊張を解くことができた。ダンスによって示された餌場までの距離が遠ければ遠いほど、追従蜂がもって出る燃料蜜は多くなる、という結果は新しい知見として報告できそうだ。そしてもちろん、追従蜂がダンス蜂よりもたくさんの燃料を積んで出て行くということは、まだ他の研究者が誰も知らない事実のようだった。

経験を積む過程を追う

このようにして、この研究のもっとも重要な成果は、追従蜂とダンス蜂の間のちがいを見つけたことであることが、だんだんとわかってきた。論文もそのことを中心に書いていけばよいだろう。

その頃、佐々木先生の学生であったK君という四年生が、卒業研究として私といっしょに燃料蜜の研究をおこなうことになった。彼は、夏休みの間ほとんど毎日養蜂場に通い詰め、追従蜂とダンス蜂の燃料のちがいが経験のちがいに由来することを突き止めた。次に、その実験を紹介したい。

先にも述べたように、ダンス追従蜂はダンス蜂から情報を得て餌場に向かおうとするとき、途中で迷うことも考慮して多くの燃料をもって行くのだろう、と私たちは考えていた。もしそうであれば、いったん餌場を見つけ、巣から餌場までの飛行ルートを学習した後は、巣で積載する燃料の量を減らすはずだ。この予測を確かめるために、ダンス追従蜂が餌場を見つけ、採餌を繰り返す間に見られる出巣時積載蜜量の変化を追っていった。理想的には、一匹の蜂の蜜胃内容量を何度も測定したいのだが、私たちの方法では、解剖しないと蜜胃内容物の測定ができない。そのため、採餌経験の異なる多数の個体を調べることで、経

図8·6　砂糖水フィーダー.

験の出巣時積載蜜量への影響を推定することにした。

この実験では、蜂が餌場で採餌をした回数を正確に記録する必要があるが、自然の花で採餌している蜂でこれをやるのはほとんど不可能だ。そこで、ここでは人工の餌場を利用することにした。四十パーセントショ糖液を腰高シャーレに入れ、それを板の上に逆さまに置いて、フィーダー（餌場）とした（図8・6）。このタイプのフィーダーは、ミツバチの採餌の実験でよく使われている。板と容器の間に作ったわずかな隙間から漏れ出てくる糖液を蜂に採らせる仕組みだ。このときは、隙間を作るのにシャーレと板の間に、カーペットなどのすべり止めに使われる柔らかなスポンジの網を用いた。大学の近くの百円均一ショップで売っていたものだ。シャーレに糖液を入れて、それを置いておくだけでも、フィーダーにはなるのだが、離陸時や着陸時によろけて糖液の中に落ちる蜂がいるので、そのような事故を防ぐために、このような浸みだし型のフィーダーの方がよい。

これを観察巣箱の巣門から約三メートルのところにおいて、働き蜂に採餌させた。しばらく、このフィーダーで採餌をおこなわせると、そのうちにダンスをおこなう蜂が出てくる。このダンスを追従して出巣していく蜂をダンス追従蜂として捕獲した。餌場へとやってきた蜂は、個体ごとに異なる色の絵の具を胸部につけ、個体識別できるようにした。そのようにマークをつけた蜂を何匹も作っておき、どの蜂が何回餌場を訪れたのかをすべて記録した。そして、あるときそれらの蜂を出巣時に捕獲して、採餌回数と出巣時積載蜜量の関係を調べた。この実験で大事なのは、この人工の餌場を知っている蜂と知らない蜂を区別することだ。初めて餌場を訪れたと思った蜂が、じつはすでにその餌場で何度も採餌をしていた、ということになったら、正確な経験の影響を測定することはできないので、餌場を訪れた蜂は一匹残らずマークをつけた。そうするためには、出巣する蜂を捕まえている間も誰かが必ずフィーダーを見張っていなくてはならない。このときは、私がフィーダーに張り付いてマーキングをし、四年生のK君に出巣する蜂を捕まえてもらう、という分業体制で実験を進めた。

その結果、採餌を重ねるにつれて、出巣時積載蜜量が減少していく様が明らかになった（図8・7）。予想どおり、フィーダーでの採餌経験のない蜂がダンスを追従して出巣する時が、もっとも出巣時積載蜜量が多かった。餌場に到着する蜂のすべてが、ダンスを追従した後にやってきているのかどうかは確かめていないが、ダンスがおこなわれていないと、新しく餌場にやってくる蜂はほとんどいなくなるので、大部分の蜂はダンスを追従して、餌場を見つけていると考えてよいだろう。そのような蜂が、餌をとって巣へ戻った後、次に出巣するときには大きく蜜の量を減らしていた。そのような減少は、最初の二回の採餌

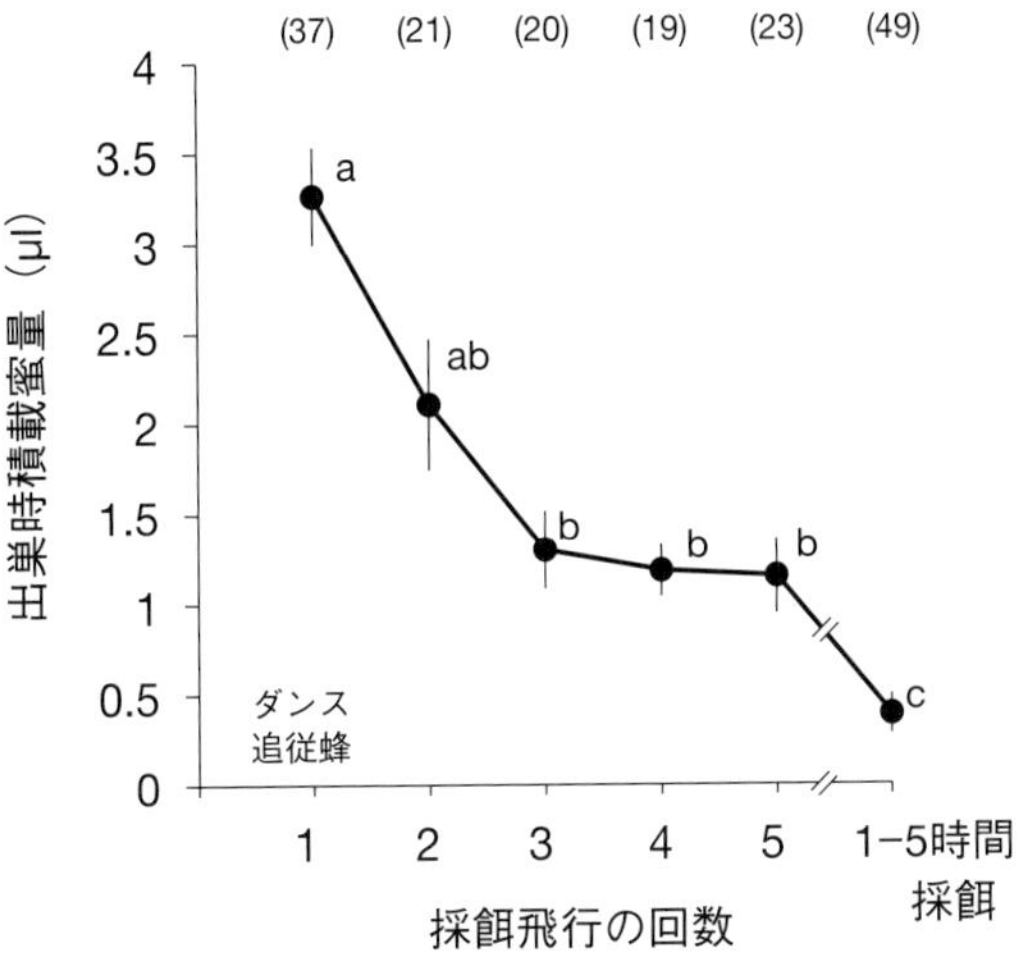

図8・7　採餌回数と出巣時積載蜜量の関係．採餌1回目は，ダンス追従後に出巣する蜂．異なるアルファベットは，スティール・ドゥワス検定による有意差を示す（P＜0.01）．括弧内はN．Harano et al., 2013より改変．

の間で顕著に見られた。おそらく、この二回の採餌で蜂は餌場の位置などを学習して確実に餌がとれるようになるために、燃料の積載量を減少させるのだろう。この結果は、ダンス蜂とダンス追従蜂を比較した実験の結果ともよく合致している。ダンス追従をした蜂も、餌場を見つけて何度かそこに通うようになると、ダンスをするようになるので、やはりダンス蜂とダンス追従蜂の出巣時積載蜜量の差は、餌場への訪問回数のちがいによると考えるのがよさそうだ。

K君とはさらに、フィーダーで砂糖水ではなく人工の花粉をとらせたときの経験の影響を調べた。その結果については、もう少し後で詳しく述べたい。

ＡＡＡマレーシア大会

Ｋ君との実験で、経験の影響について良い結果が得られたので、ここまでの成果をアジア養蜂研究協会（Asian Apicultural Association：略称ＡＡＡ）大会で発表することにした。ＡＡＡは、名前のとおりアジアのミツバチや養蜂に関わる人たちが集まって研究発表をする学会だ。アジアの国々からの参加が多いが、アジアの在来ミツバチを研究する西洋の研究者の参加もある。私にとっては、大学三年生の時に最初に参加した国際的な学会（図２・１）で、思い出深い学会だ。

二〇一二年のＡＡＡ大会は、マレーシアのクアラ・トレンガヌで開催された。クアラ・トレンガヌは、マレー半島の東海岸に位置する港町だ（図８・８）。その中心街からは少し外れた海沿いにある大きめのホテルが、この会議の会場だった（図８・９）。日本には、在来のニホンミツバチ（トウヨウミツバチの日本亜種）と養蜂のために飼育されているセイヨウミツバチの二種だけしか、ミツバチは存在しないが、アジア圏には九種の異なるミツバチが分布している。さらに、東南アジアとその周辺にはハリナシバチという針をもたないミツバチ科の社会性昆虫もいる（図８・10）。このような多様な種についての研究発表が聞けるのがこの学会の魅力だ。

私の発表は口頭発表で、生物学のセクションでおこなわれた（図８・11）。会場はホテルの会議室の一室でかなり広く、その中にまばらに聴衆がいる、という感じだった。発表する内容には自信があったのだが、私の研究が聴衆の興味と一致するかどうかが少し気掛かりではあった。ＡＡＡは、基礎生物学系の学

図8･8　クアラトレンガヌの町並み（上・中）．クアラトレンガヌ州はマレーシアの中でもイスラム色が強く，ホテル内でもビールが買えず苦労した．中華街までビールを買いに行かなくてはならなかった．（下）自転車タクシーに乗る玉川大学大学院農学研究科修士課程の木原佑輔君．ミツバチの水採集行動について発表した．

図8･9　2012年のアジア養蜂協会大会のはマレーシアのクアラトレンガヌで開催された．写真は，会場になったホテル．

図8･10　マレーシアで出会ったハリナシバチの一種．

図8・11　ホテルの会議室で研究発表がおこなわれた.

会とはちがい、生物学研究者だけでなく、省庁の養蜂担当者や養蜂家、養蜂産物を扱う企業の人などが多く参加している。学術会議と並行して、養蜂産物や養蜂具などが展示販売される展示会が同時開催されているのも特徴だ（図8・12）。だから、参加者がかならずしもミツバチの生物学的側面に興味があるとはかぎらない。それに、私が研究対象にしているのが、アジアの在来種のミツバチではなく、セイヨウミツバチということも心配の種ではあった。アジアの一国である日本でやった研究だから、まあいいだろうと、勝手に開き直って参加したが、やはり他の研究発表を見ると自分のテーマが場違いなのはいなめない。

発表を十二分でおこない、その後の三分間は質疑応答に充てられる。この形式は、国内の学会とほぼいっしょだ。ただし、使用言語は英語になる。練習したとはいえ、やはり慣れない英語での発表は緊張する。所々で噛みながら、セイヨウミツバチの出巣時積載蜜が距離に応じて調節されていること、ダンス追従蜂でも同様の結果が得られたこと、またこれらの蜂ではダンス蜂よりも積載蜜量が多く、それは伝聞情報による採餌が不確実であることを反映していると考

図8・12　学会と併催された展示会のようす．

えられることなどを述べて、十二分間の発表を終えた。しかし、問題はこの後の質疑だ。発表は前もって練習できるし、最悪でも原稿を読めばどうにかなるが、どのような質問がくるかは予測がつかない。英語での質問を聞きとって、それに対する適切な答えを考え、それをまた英語で説明するのは、発表よりもずっと難しい。そして、この質疑の時間が充実するかどうかが、その研究に対する聴衆の評価となる。内容がよく伝わり、聴衆の興味を引くことができれば、質問もより本質に近づいた深いものになるからだ。

では、質問をどうぞ、と司会をしてくれている座長がいう。私は会場を見回すが、質問の挙手はない。質問はありませんか、と再び座長がいう。しかし、手は挙がらない。このようなときには、座長が質問をしてくれるのがルールなのだが、座長も困ったように会場を見回すだけで質問はしてくれず、そのまま私のもち時間は終わってしまった。

やはり場違いの発表だったということだ。私の英語がまずいこともあって、言っていることが伝わらなかったのかもしれない。

演台から降りていくと、一番前の席に座っていた白人の男性が小さな声で、

「いい研究だ」

といってくれた。それは、国際社会性昆虫学会の会長を務める、オーストラリア人のミツバチ研究者ベンジャミン・オルドロイド博士だった。何も質問がでなかった私のことを気づかって、声をかけてくれたようだった。「サンキュー」、とお礼をいって、席に着いた。私は、しばらく会場で他の研究者の講演を聴いてから、外へ出た。

聴衆からの反応がほとんどなかったのは残念だったが、不思議と落ち込む気持ちはあまりなかった。それは、私自身ではこの研究結果をおもしろいものだと思っていたからかもしれない。とにかく、発表は終わったし、あとは関心のある講演をきいて、残りの時間はビーチでゆっくりすごして日本へ帰ろう。

ＡＡＡの会議では、口頭発表の他に、研究結果を壁新聞のような大きなポスターにして発表するポスター発表もあった。そのようなポスターを見たり、会場に用意されていたコーヒーを飲んだりして、次の講演が始まるまで時間をつぶしているときに、オルドロイド博士に声をかけられた。

「発表聞いたよ。いい研究だね」と博士。

「私の言っていることはわかりましたか？　質問がでなかったので、誰も理解してくれなかったのではないかと思ったのですが……」と聞いてみる。

「そんなことない。わかったよ。ところで、あの結果はもう論文になっているの？」

「いえ、まだですが、『行動生態学と社会生物学』誌に投稿しようと思っています」と私。

「ああ、それもいいけど、もっといい雑誌でも行けると思うよ」

どうやら、オルドロイド博士は私たちの研究を評価してくれているようだった。

オルドロイド博士とは、次の日のエクスカーションのバスの中でもいっしょになった。エクスカーションとは、見学旅行のことで、会場からバスを仕立てて少し遠出をする。たんなる観光旅行の場合もあるが、生物系の学会の場合、関連の生物やその生息環境を見に行くことが多い。この学会ではいくつかのコースが選べたが、私たちは、近くの島にスノーケリングに行くというツアーに参加していた。目的地に着くまでの間、オルドロイド博士と私はお互いの研究のことについて、いろいろと話をした。博士は、私たちの蜂の燃料の研究に関心を示し、おもしろい、おもしろい、と言いながら聞いてくれた。前日の発表でまったく質問がでなかった私は、うれしくなって、発表では話さなかった断片的な結果や、その時考えていたアイディアなどについて話した。

「トウヨウミツバチでは研究しないの?」

トウヨウミツバチは、私たちが研究対象にしているセイヨウミツバチと近縁な、アジアの在来種だ。日本の亜種はニホンミツバチと呼ばれる。博士は、しばしばタイや中国に滞在してアジア在来のミツバチについての研究をおこなっていたので、それらの種の燃料調節はどうなっているのか、気になったのだろう。

「しばらくはセイヨウミツバチで研究するつもりです。たぶん、トウヨウミツバチの燃料調節も、基本的にはセイヨウミツバチと同じでしょうから」

発表ではほぼ聴衆に無視されたような形になったが、オルドロイド博士という理解ある聞き手に出会えて、私は満足だった。これで、この学会に参加した甲斐はあったと思い、日本へ向かう飛行機に乗った(図8・13)。

帰国後、出巣時積載蜜の調節に関する結果を論文にまとめ、私、佐々木先生、そして関わった学生たちの連名で『Behavioral Ecology and Sociobiology(行動生態学と社会生物学)』誌に投稿した。この論文は、査読者との多少のやりとりの後受理され、二〇一三年に掲載された(Harano et al., 2013)。

図8・13　海外の学会参加では，現地の食べ物に出会える楽しみもある．帰国前に屋台でロティーを食べる．小麦粉の皮で具を包んで焼いた軽食．

採餌確実性に対する調節　先を越される！

ＡＡＡの会議に参加する前なので、話は少し前後するが、Ｔ君という四年生といっしょに、採餌の不確実性に対して、蜂がどのように出巣時積載蜜を調節するのかということを調べたので、その結果を簡単に紹介したい。

先に述べたとおり、人工の餌場で蜂に採餌をさせる実験により、採餌蜂は、同じ餌場で採餌するという経験を積むと燃料蜜量を減少させることがわかった。これは、餌場の位置を学習し、迷わずにそこにたどり着けるようになったためだと考えた。しかし、結果をよく見ると、餌場の場所を覚えたというだけでは説明がつかない部分もあることに気がついた。たしかに、蜂は餌場を見つけると最初の二回の採餌で大きく燃料の量を減らす（図８・７）。これは餌場の場所を覚えたことによるのだろうが、不思議なことに蜂は出巣時積載蜜をその後も減らし続けている。三～五回目の出巣時積載蜜量よりも、一時間以上（採餌回数にすると十回以上）採餌を継続させた後の出巣時積載蜜の方が、より少ないのだ（図８・７）。この採餌を繰り返した後にも見られる出巣時積載蜜の減少はなんだろうか？　ミツバチの学習能力は高いので、おそらく蜂は二～三回も餌場を訪れれば、十分に場所を記憶してしまうだろう。だから、その後の出巣時積載蜜の減少は、何か別のことを学習した結果ではないだろうか。

もしかしたら、蜂は「この餌場に来ると、いつでも蜜がとれる」ということを学習しているのかもしれない。もし、確実に蜜がとれることを保証されている餌場があれば、蜂はそこまで飛ぶ分の燃料をもって

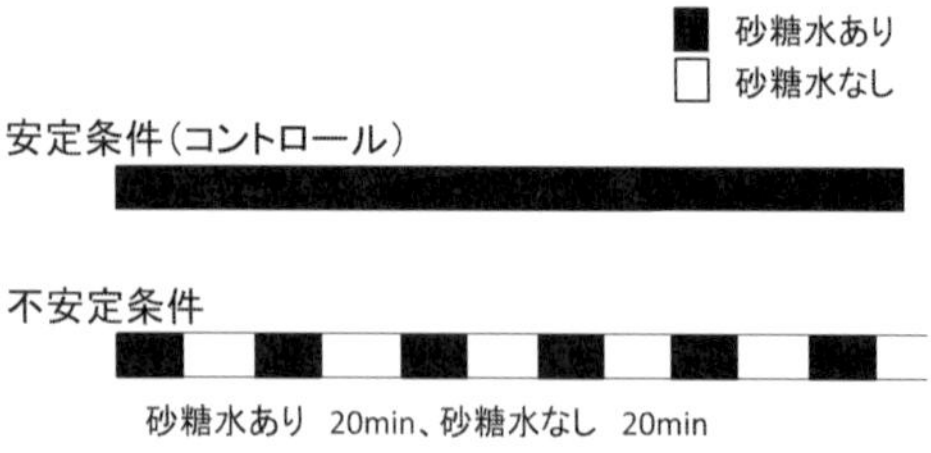

図8・14 実験方法の図解. 安定フィーダー(上)と不安定フィーダー(下).

いればよい。餌場にたどり着いたときに、燃料を使い果たしていても、そこでとった蜜を、帰りの燃料とすることができるからだ。蜂にとって餌場(花)はガソリンスタンドのようなものだ。そこでは燃料となる蜜を積み込むことができる。ところが、このガソリンスタンドはいつも営業しているとはかぎらない。ふつう花はいつまでも蜜を出しているということはなく、巣から長い距離飛んでやってきたら、蜜がなかったということはふつうに起こりうる。だから、蜂は花が蜜を出さなくなっていた時でも燃料切れで死んでしまわないように、いつも多めに蜜をもってきているはずだ。しかし、人工の餌場では蜜が枯れることがない。蜂は何度もそこを訪れることで、それを学習し、予備としてもっている燃料蜜の量を極限まで減らすのかもしれない。

T君とは、この可能性を検証するための実験をおこなった。この実験では二つの餌場を作って、蜂に採餌をおこなわせた。一つの餌場は、「安定フィーダー」で、常に砂糖水をとることができる。もう一つは「不安定フィーダー」で、二十分毎に蜜がとれる時ととれない時が交互にくるようにしてある(図8・14)。一匹の蜂は、どちらかのフィーダーしか利用できないようにしておき、餌場から十五回餌をとった後の出巣時の積載蜜量を比べてみた。「不安定フィーダー」を利用していた蜂は、少なくとも二回は空振り、すなわち餌場に行ってみたら蜜がなかった（餌をとらずに巣へ戻っている）、という状況を経験している。一方で、「安定フィーダー」の蜂は、十五回の間一度も蜜がとれなかったという経験をしていない。はたして、「安定フィーダー」の蜂は、「不安定フィーダー」の蜂に比べて、出巣時積載蜜を減らしているだろうか？

結果は予測どおりだった。「不安定フィーダー」を利用していた蜂の出巣時積載蜜は、平均〇・九マイクロリットル、「安定フィーダー」を利用していた蜂の出巣時積載蜜は、平均〇・五マイクロリットルと、約二分の一にまで減少していた。統計学的な解析の結果、このちがいは偶然によるものではなく、餌場の安定性のちがいがもたらすものだと考えられた。安定した餌場に行くときには、蜂は予備の燃料も減らしていくのだ。これは逆に考えると、蜂は不安定な餌場に行く場合には、蜜を多めにもっていき、万が一の時のために備えているということもできる。では、「不安定フィーダー」を利用している蜂は、常に多めの蜜をもって出巣しているのだろうか？　それとも、餌場で蜜を見つけられなかった（空振り）という経験をした後にだけ、出巣時積載蜜を増やしているのだろうか？　これは後者が正しかった。「不安定フィーダー」では、蜜のない二十分間の後に蜜がある二十分間がくる。蜂は、蜜のある二十分間に何回か餌場と巣を往復することができるので、ある時点で蜂を捕まえると、空振りをした後に何回採餌を成功させていたかが、個体によって異なる（図８・15）。この回数によって出巣時積載蜜量が大きく異なっており、空振りの後の採餌成功回数が多いほど、出巣時積載蜜が少なくなるという傾向が見られたのだ。つまり、蜂

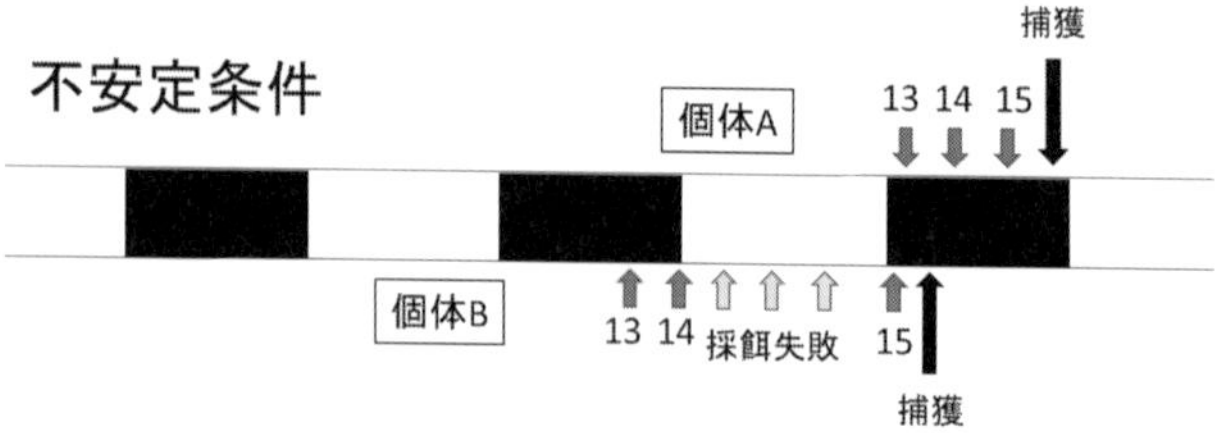

図8・15　16回目の採餌飛行に出巣する時に採餌蜂を捕獲したため，個体によって採餌失敗後の採餌成功回数が異なる．この例では，個体Aは連続採餌成功は3回だが，個体Bは1回．連続採餌回数が多いほど，出巣時積載蜜は多かった．

は餌場に行って蜜がとれないと出巣時積載蜜を増やすが、その後で蜜がとれるようになると、また出巣時積載蜜を減らしていくのだ。三～四回連続で採餌を成功させると、出巣時積載蜜量は「安定フィーダー」で採餌をしている蜂とほとんど変わらなくなった。「不安定フィーダー」を利用している蜂は、そのようにして蜜を増やしたり減らしたりしていたのだ。

蜂は、採餌の確実性に応じて出巣時積載蜜量を調節していた。蜜がとれない可能性が高いと判断すると出巣時積載蜜量を増やし、餓死の危険性を減らしているようだ。T君とおこなったこの研究はおもしろい結果になったが、データの量がやや少ないことと、餌場を巣から三メートルとごく近くに作ってしまったため、出巣時積載蜜量が全体的に少なく、ひじょうに微妙なちがいを議論しなくてはならないという問題があり、すぐには論文にしなかった。もう少し、データを集めてから論文化しよう、と思っているうちに数年がすぎた。

二〇一五年十一月のある日、「あなたの論文が引用されました」というメールが届いた。これは、自分の論文が引用されると自動でメールが配信されるインターネット上のサービスによるものだ。メールは、

『サイエンティフィック・リポーツ』誌の最新巻に掲載される「トウヨウミツバチは採餌報酬の変動性に合わせて燃料積載量を調節する」と題した論文に、私たちの出巣時積載蜜の調節についての論文が引用されたことを知らせていた。この論文の筆頭著者はケン・タン博士という中国の研究者であったが、何人かいる共著者の一人がAAAで私を激励してくれたオルドロイド博士だった。内容はタイトルのとおり、ミツバチは変動する餌場に向かう時に出巣時積載蜜をどのように調節しているかを報告したものだった。彼らは、トウヨウミツバチで実験をおこなっていたが、実験の骨子や目的は私とT君がやったこととほぼ同じだった。そして、同じように不安定な餌場に向かう時には燃料を増やすという結論をだしていた。ただ、彼らの実験は私たちのものよりより洗練されていて、糖液を採れるときと採れない時を作るのではなく、糖液濃度を二十分毎に変えることで、変動する餌場を作り、そのような餌場を利用する蜂は、巣からもち出す燃料を増加させることを示していた（Tan et al., 2015）。

この研究では、私たちの実験では不十分だった、餌場の距離（私たちはたった三メートルだったが、彼らは一・二キロメートル離れた餌場を作り、その結果、出巣時積載蜜の量は正確な解析をするのに十分なほど多くなっていた）やデータ量の問題もクリアされていた。さらに、私たちは出巣時積載蜜の量だけしか測定していなかったが、彼らはその濃度も調べていた。つまり、完全に先を越された、というわけだ。

こうなってしまっては、私たちの研究結果を発表したところで、「タンらの研究と同じことをやった後追い研究だ」と見なされるだけだ。いくらその結果は私たちが先に出していた、といったところで、それは科学の世界では通用しない。これは、結論を掴みかけていたにもかかわらず、十分なデータを集めずに放置した私の落ち度だ。「データをとったらすぐに論文にしなくてはいけない」と何度もいろいろな人から言われたことを思いだし、その意味を痛感した。

花粉採餌蜂の出巣時積載蜜調節

ここまでは、おもに花蜜を採餌する働き蜂について話してきたが、ミツバチは餌として花粉も集める。集めた花粉は、後足にある「花粉かご」と呼ばれる剛毛でできた構造（図1・16）にまとめられ、団子状にされて巣へもって帰られる。そしてここで重要なのは、花蜜を集める蜂と花粉を集める蜂は緩やかに分業しているということだ。一般に、採餌蜂がもち帰る花粉の量と蜜の量は反比例の関係にある。つまり、たくさんの蜜を集めてくる個体は花粉をあまり集めず、大きな花粉団子をもって帰ってくる個体は蜜をあまりもち帰らない。このように、花蜜採餌と花粉採餌の分業は連続的で、きっぱり二つのグループに分かれるのではないのだが、研究をおこなう際には、これらの中の両極端のもの、つまり花蜜だけをもち帰る花蜜採餌蜂と花粉だけをもち帰る花粉採餌蜂を対象にするのがわかりやすいだろう。これから、花蜜採餌蜂あるいは花粉採餌蜂といった場合には、とくに説明しないかぎり、これらのどちらかしか集めていない蜂を指すことにする。

花粉採餌蜂が花蜜採餌蜂に比べてより多くの出巣時積載蜜をもっている、ということは、出巣時積載蜜研究のパイオニアであるボイトラー博士がすでに一九五〇年に報告している。ミツバチが、集めた花粉に花蜜を混ぜていることはさらに古くから知られていた。粉状の花粉を団子にするためには、つなぎとなる糖液を混ぜる必要があるのだ。注意深く観察すれば、採餌蜂が、花で花粉をとるとすぐに、口元に蜜を吐き出し、それを脚でとって花粉団子につけているのを観察することもできる。花粉採餌蜂は、この花粉団子を作るための蜜を巣からもち出しているのだ。ここでは、この蜜のことを「つなぎ蜜」と呼ぶことにしたい。

私たちは、このつなぎ蜜の量も燃料蜜と同様に調節されているのかどうか調べてみた。前に、花蜜採餌蜂の出巣時積載蜜量に経験が影響することを示すために、人工の餌場を作って、採餌回数と出巣時積載蜜量の関係を調べた実験を紹介したが、同様の実験を花粉採餌蜂でもおこなっている。ただし、餌場には砂糖水ではなく、きな粉を置いた（図8・16）。本来は、花粉を集めてきて、花粉の餌場を作るべきだろうが、この時は技術的にそれができなかったので、花粉の代用品としてきな粉を使った。蜂にきな粉を与えると聞くと、奇妙な感じがするかもしれないが、養蜂家は花粉が採れない季節に花粉の代用品として、ミツバチ群にきな粉を与えることがある。ミツバチは花粉をタンパク源として集めるのだが、きな粉（つまり大豆の粉）もタンパク質が豊富なため、花粉の代用品となるのだ。とくに、コロニーに花粉が不足していると、蜂は一生懸命きな粉を集める。

蜂がシャーレに入れたきな粉を集めるやり方は、彼女らが花で花粉を集めるやり方にちかい。個体によって集め方に個性があるのはおもしろいところだが、共通しているのは、きな粉の山に一瞬着地したり、シャーレの縁で前足を使ってきな粉をかき集めるようにして体につけた後、ホバリングしながら体につい

図8・16　きなこを集めにやってきた採餌蜂．花粉かごにきなこで作られた団子が見える（下・矢印）．

たきな粉を集め、吐き出した蜜を混ぜて、後脚の花粉かごに団子を作っていく過程だ。花でも、体に花粉をつけてから、それを集めて蜜を混ぜることで団子にするので、この「きな粉採餌蜂」を花粉採餌蜂のモデルとして研究することにした。

きな粉採餌蜂の出巣時積載蜜を見てみると、餌場で砂糖水をとらせた時よりもあきらかに多かった（図8・17。図8・7と比較してほしい）。きな粉採餌蜂も、少なくともつなぎ蜜を巣からもち出すという点では花粉採餌蜂と同じようだ。そして、砂糖水フィーダーを使った実験の時と同様に、個体識別をして、採餌回数と出巣時積載蜜の関係を調べると、採餌回数の影響が花蜜採餌蜂とは逆の方向に現れることがわかった。花蜜（砂糖水）採餌蜂は、採餌を重ねるごとに出巣時積載蜜量を減少させたが、きな粉採餌蜂では経験を積むと出巣時積載蜜量が増加したのだ。花蜜採餌蜂の場合、不慣れな餌場に向かう時には、迷うことを想定して予備燃料をもっていったわけだが、花粉採餌蜂の場合には、常に大量のつなぎ蜜をもっている。もし、迷ったとしてもつなぎ蜜を燃料として転用すれば、餓死することはないので、ダンス追従蜂が出巣時積載蜜を増やす必要はないのかもしれない。しかし、経験を積むと出巣時積載蜜を増やす理由はよくわからない。慣れない餌場に行く場合に、重いつなぎ蜜を全量もっていくのは経済的でないかもしれない。最初の採餌飛行では、長い間飛んで餌場を探さなくてはならないかもしれないからだ。餌場の位置をきちんと確認した後であれば、労力をかけて大量の蜜を運ぶ気になるということだろうか？　このことについては、まだはっきりした答えがでていない。

つぎにやったのは、花粉採餌蜂の出巣時積載蜜が餌場の距離とどのような関係にあるのか、を明らかに

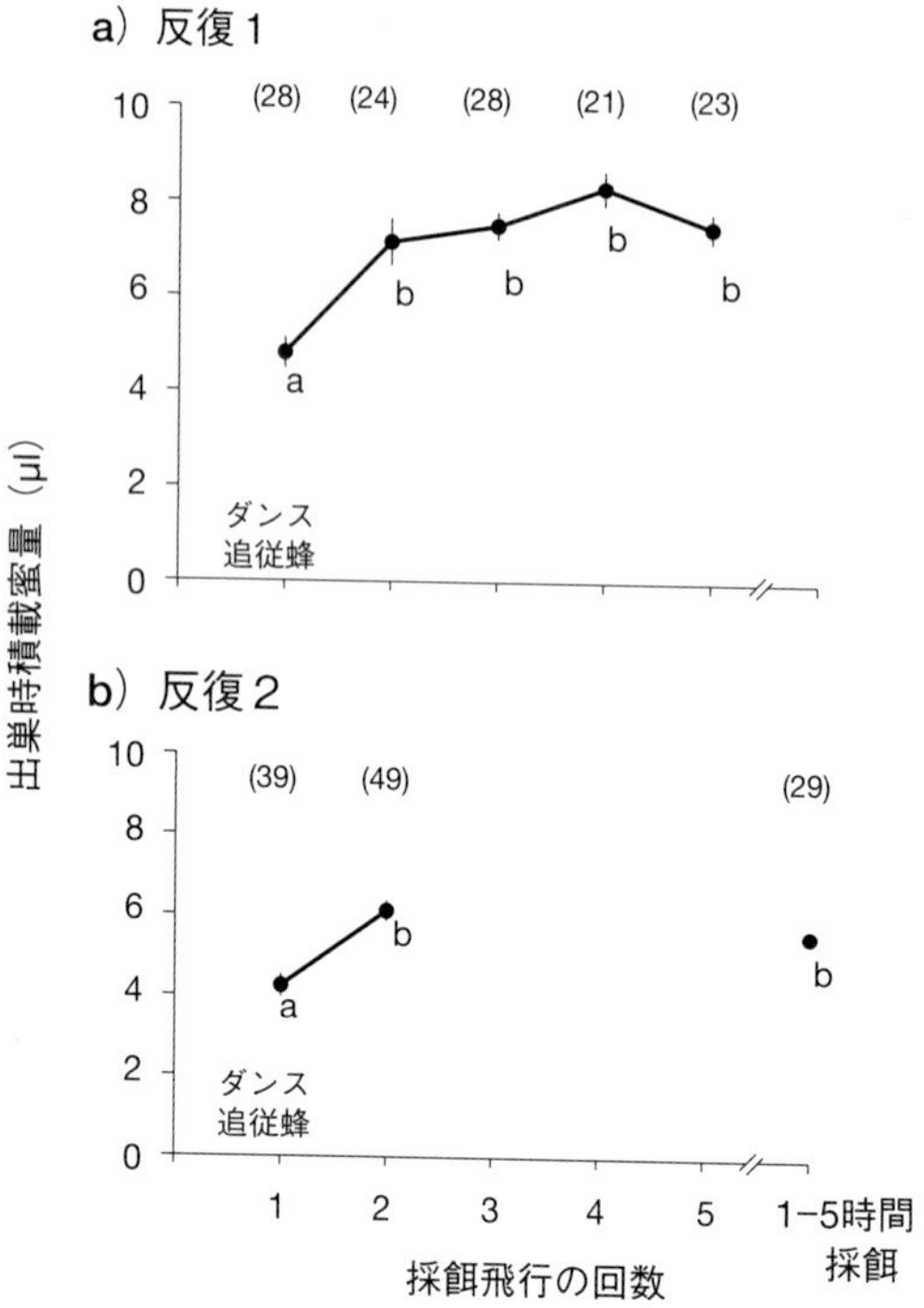

図8・17　きなこ採餌時の採餌回数と出巣時積載蜜の関係．異なるアルファベットは，スティール・ドゥワス検定による有意差を示す（P < 0.01）．括弧内はN．Harano et al., 2013を改変．

することだ。花蜜採餌蜂では、餌場が遠いほど出巣時積載蜜が増えるという関係にあった。花粉採餌蜂は、燃料に加えてつなぎ蜜をもって出ているだけなので、当然同じ傾向が見られるだろう。ところが、花蜜採餌蜂と同じようにして、花粉採餌蜂の出巣時積載蜜量を調べてみたが、まったくその傾向を見つけることができなかった（図8・18）。じつは、これは私だけでなく、佐々木先生の学生が何人か試みていたが、やはり特定の傾向は見られていなかった。唯一、最初に出巣時積載蜜の仕

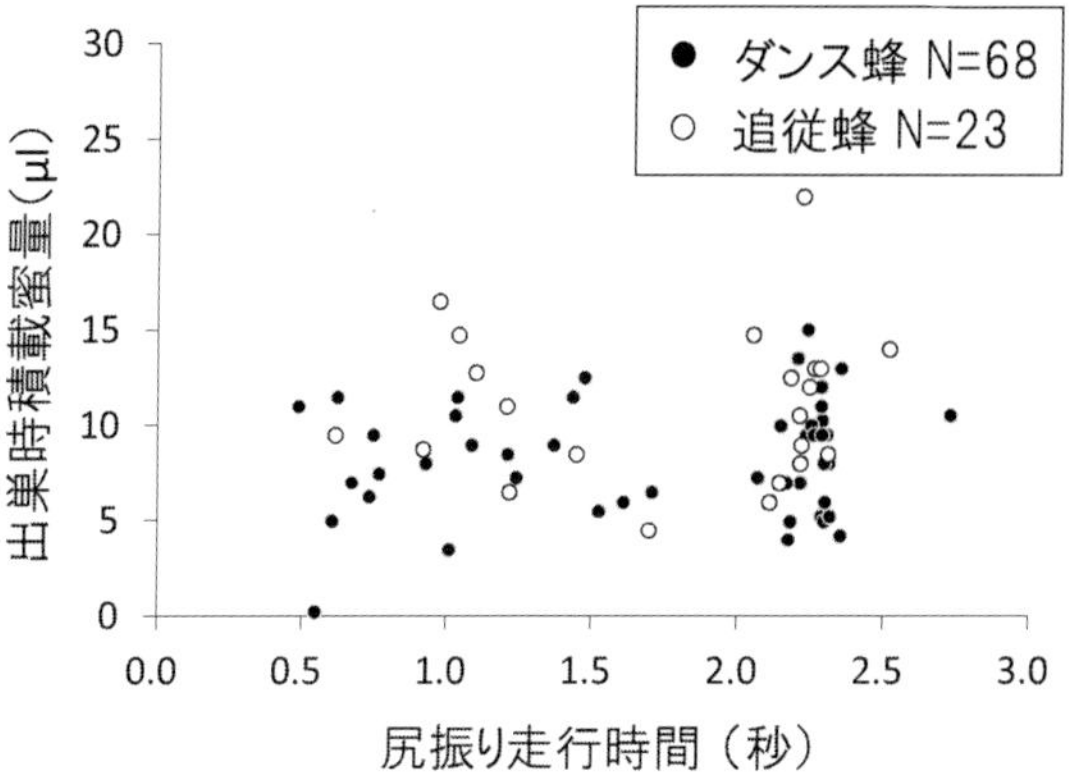

図8・18　野外自由採餌の花粉採餌蜂における出巣時積載蜜量と尻振り走行時間（餌場までの距離の指標）の関係．ダンス蜂，追従蜂ともに2つの変数間に相関は見られなかった．花粉団子の大きさは考慮せずデータを収集した（原野，未発表）．

事を手掛けた浅井さんだけが、その傾向を見つけていた。なぜ、距離との関係がでたりでなかったりするのだろう？

国内の学会でこのデータを発表した時、ある先生から次のような意見をいただいた。花蜜採餌蜂は、花で採った花蜜を蜜胃に入れてもち帰るので、花に着いたときに余分な蜜が蜜胃に残らないように出巣時積載蜜を厳密に調節するけれど、花粉採餌蜂は花粉を脚につけて運ぶので、蜜胃に蜜が残っても関係ない。この距離との関係がでないデータは、花粉採餌蜂が蜜採餌蜂とちがって、微妙な調節をしていないことを示しているのではないか？

たしかに、そう言ってしまえば説明がつく。しかし私は、ミツバチがそんないい加減なことをしているとは思えなかった。花粉採餌蜂だって、余分な蜜を運べば無駄なエネルギーを消費してしまう。だから、ぎりぎり必要な分だけをもって行っているはずだ。距離との関係が見られないのは、きっと何か他にも積載蜜量に影響する要因があって、それが距離の影響を覆い隠してしまっているからなのではないだろうか?

しばらく、この「他の要因」というのが何かわからなかったが、ある時、花粉団子の大きさが重要なのではないか?と思った。重要なことというのは、いつも目にしていることだったり、わかってみれば当たり前のことだったりする。この時も、まったくそうだった。蜂がもち帰る花粉団子の大きさにバラツキがあることには、前から気づいてはいた(図8・19)。ただ、花粉団子の大きさごとに蜂を分けていたのでは、なかなかデータが集まらないので、この要因を考えないようにしていたのだ。しかし、大きな花粉団子を作るのにたくさんの蜜が必要だと考えるのはふつうのことだ。蜂は、もって行った蜜を使って、できるだけ大きな花粉団子を作ってもって帰るのではなく、自分がどのくらいの花粉を集めるかをあらかじめ決めてあり、それに応じた量のつなぎ蜜をもっていくのかもしれない。

図8・20を見てほしい。これは、巣から南に二キロメートル弱の距離を示してダンスを踊っていた(約二秒の尻振り走行)花粉採餌蜂の出巣時積載蜜量だ。出巣時積載蜜を測定した後、体に残っていた花粉を顕微鏡で調べてもいる。どの蜂の花粉も形が同じだったことから、これらの蜂は同じ場所にある同一の花粉源植物を利用していたものと考えられる。そして、個体によってもち帰る花粉団子の大きさがバラついていた。観察巣箱を眺めていて、偶然、異なる大きさの花粉団子をつけた蜂が同じ場所を指して踊っているのを見つけ、慌ててとったデータだ。この結果が示すように、同じ餌場で花粉をとっていても、大きな花粉をとって戻ってきた蜂は、次に出ていくときにより多くの蜜をもっていくのだ。ここではデータは示

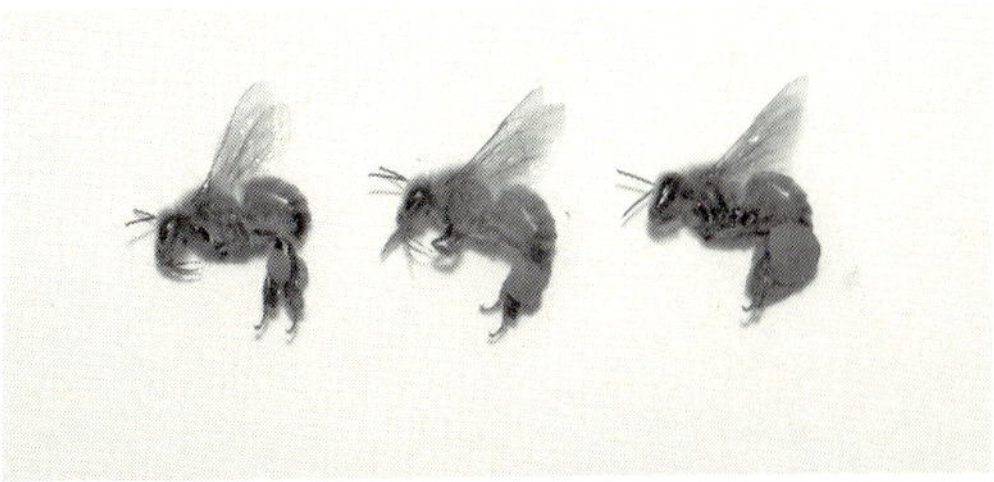

図8・19　花粉団子の大きさのバラツキ(左からS，M，Lサイズ).

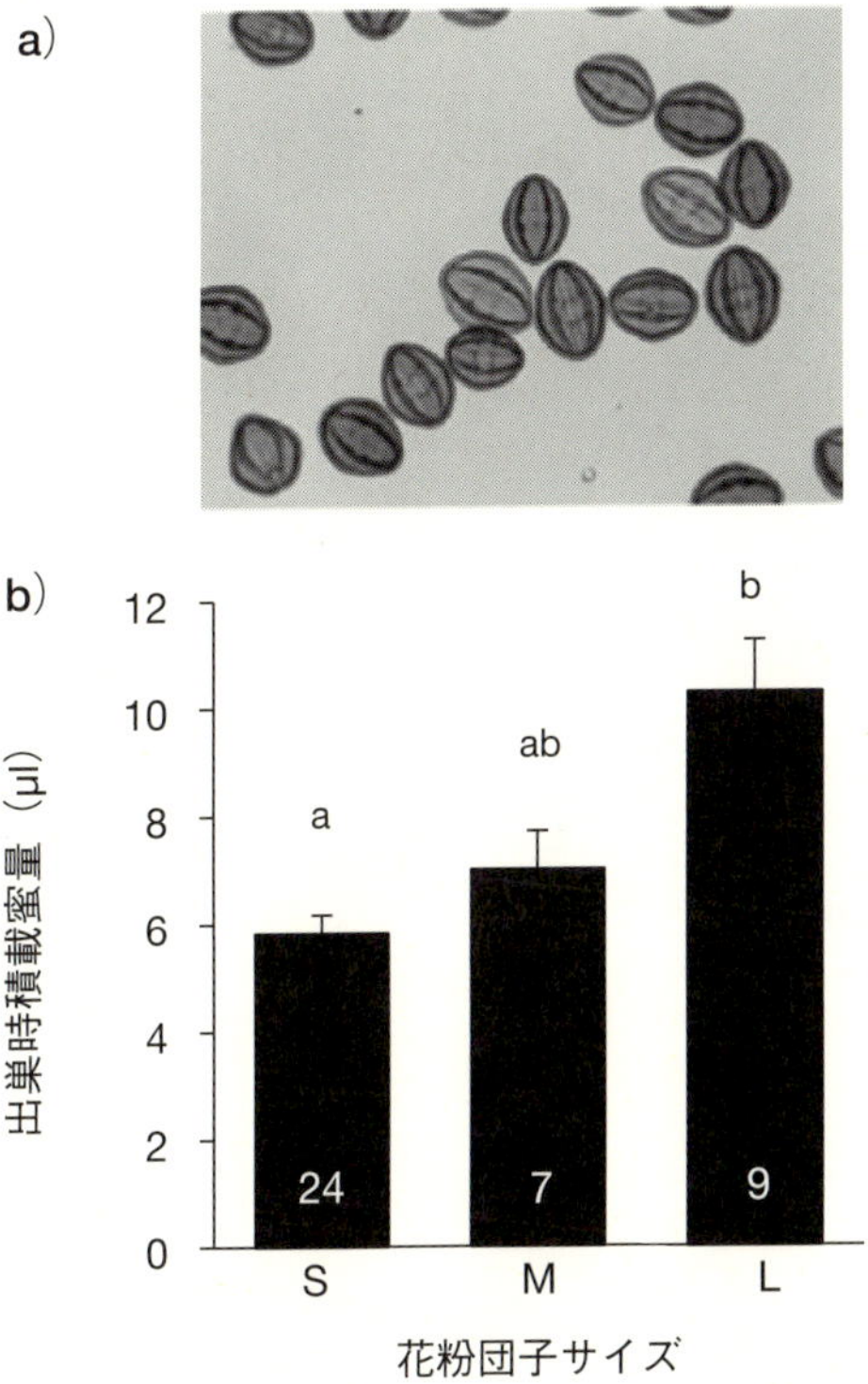

図8・20　2011年6月末から7月半ばに，巣箱の南約2km先を指して踊ったダンス蜂からデータをとった.（a）それらの蜂がもち帰った花粉の光学顕微鏡像.（b）それらの蜂がもち帰った花粉団子の大きさと，出巣時積載蜜量の関係. Harano & Sasaki, 2015を改変.

さないが、花粉団子の大きさが個体によってだいたい一定していることも明らかにしている（Harano & Sasaki, 2015）。

けっきょく、この花粉団子の大きさの要因を無視していたのが、距離と出巣時積載蜜量の関係を見つけだすことができなかった理由の一つだった。手間はかかったが、花粉採餌蜂を、もち帰った花粉団子の大きさで三つに分けてから、餌場までの距離と出巣時積載蜜量との関係を調べると、今度は予想していたような関係が見られた（図８・21）。

このように、一応距離と出巣時積載蜜量の間には、比例関係が見られたわけだが、データはひじょうにばらつきが大きく、まだ他に花粉採餌蜂の出巣時積載蜜に影響を与える要因がありそうだ。考えられる可能性の一つは、花粉源で花蜜がとれるかどうかだ。植物の中には、サルスベリ *Lagerstroemia indica* のように花蜜をまったく出さない花をもつ植物がそれなりにある。このような花の場合、採餌に必要な蜜はすべて巣からもち出す必要があるが、花蜜と花粉を同時に採餌できるような花ならば、つなぎ蜜は巣からもち出さなくてもいいかもしれない。このような議論はすでに一九二六年のラルフ・パーカー博士の論文で見られる（Parker, 1926）。パーカー博士は、花蜜を分泌する植物であるクローバーと花粉しか提供しないバラの仲間にミツバチがやってきたときにこれを捕まえると、前者の場合は蜜胃がほぼ空なのに対して、後者の場合は蜜胃が半分程蜜で満たされていた、と述べている。ただし、蜜のある花に行くときには、常につなぎ蜜を省略するというように単純なルールでもないようだ。じつは、図８・20のデータで使った蜂たちが利用していた花には、花蜜があり、花粉採餌蜂たちは蜜も同時に集めていることを確認している

a) ダンス蜂

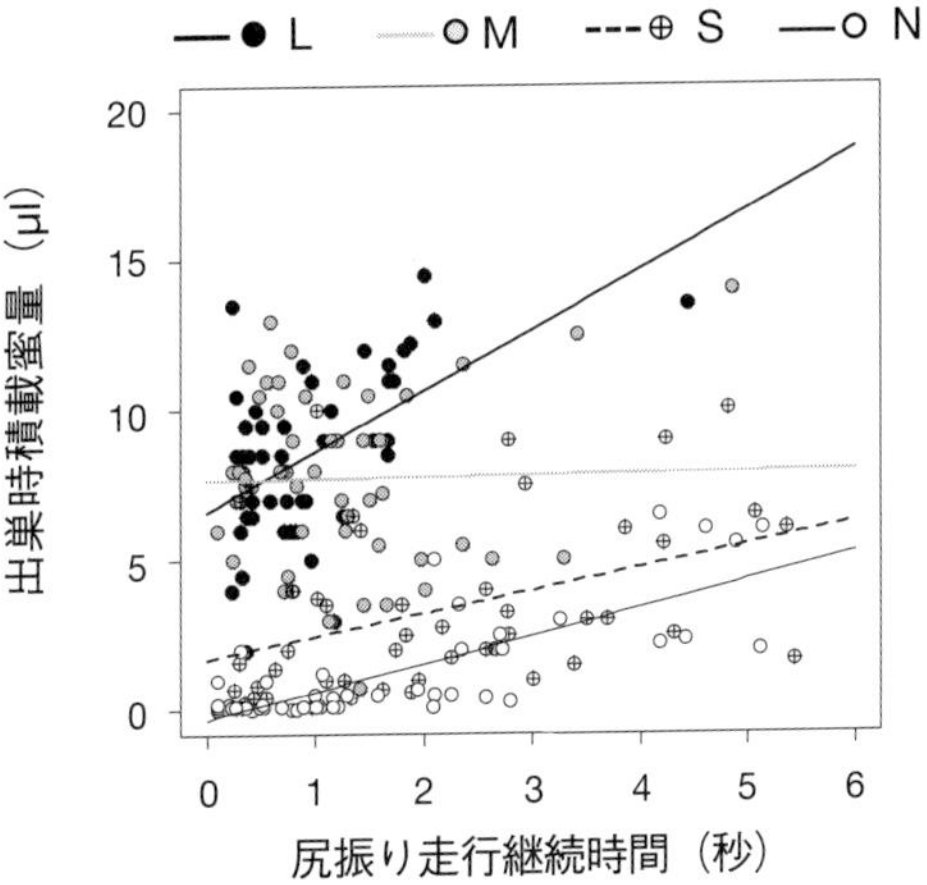

b) 追従蜂

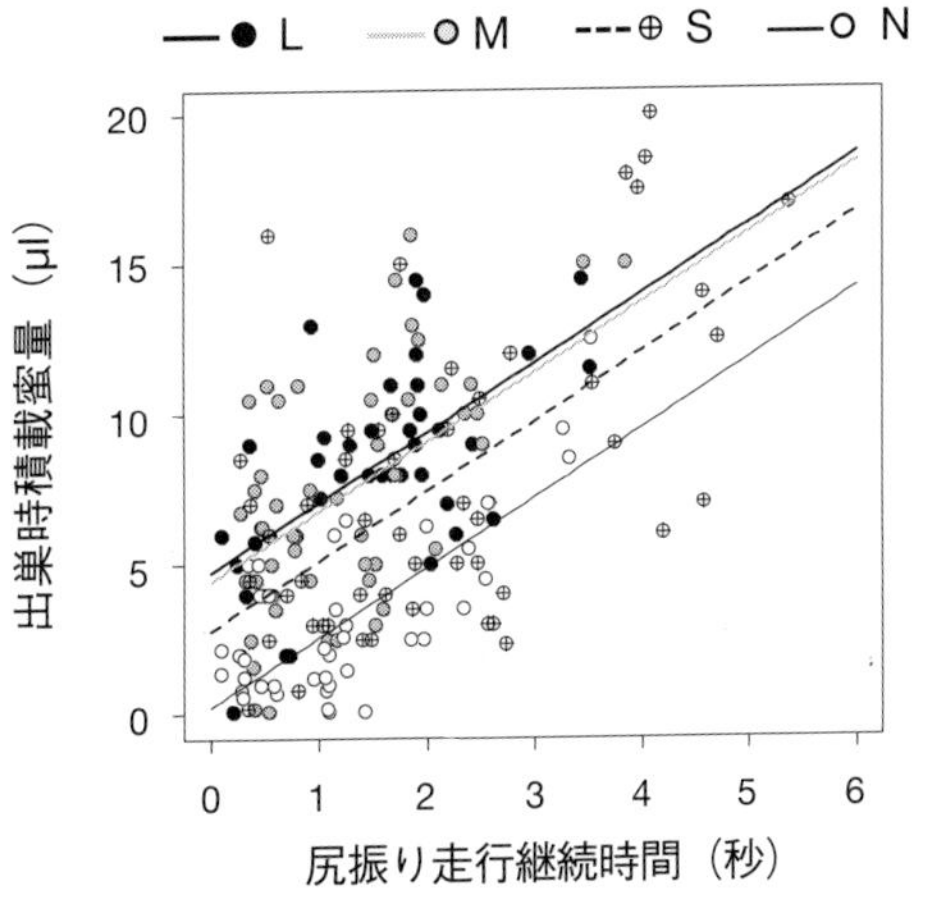

図8・21　もち帰った花粉団子サイズ別に出巣時積載蜜量と尻振り走行継続時間（餌場距離の指標）との関係を調べた．L・M・Sはそれぞれ花粉団子の大きさ（図8・19），Nは花蜜採餌蜂．Mダンス蜂以外は，2つの変数に有意な相関が見られた（P < 0.01, GLM）．Harano & Sasaki, 2015を改変．

（Harano & Sasaki, 2015）。それなのに、この蜂たちの出巣時積載蜜は平均六～十マイクロリットルと、二キロメートル先の餌場に飛んでいく燃料としては多すぎる（図8・5　花蜜採餌ダンス蜂の出巣時積載蜜尻振り走行二秒を参照）。つまり、蜜のとれる花粉源にもつなぎ蜜をもって行っているのだ。しかし、パーカー博士が観察したように、ある種の蜜のある花に行くときにはつなぎ蜜を省略しているようなので、花粉採餌蜂の出巣時積載蜜の制御を調べるときには、この要因も考えに入れることが必要だろう。

花粉団子の大きさと花粉源での蜜供給の有無の影響をとり除いたときに、餌場距離と出巣時積載蜜量の関係がもっとも明確に見られるはずだ。玉川大周辺では、真夏のある時期、花粉源がほとんどサルスベリだけになる。これを利用して、サルスベリに行っている花粉採餌蜂だけでデータをとったことがある。先に述べたように、サルスベリは花蜜を出さないので、蜂は必要なすべての蜜を巣からもち出さなくてはならない。そして、花粉団子の大きさの影響もでないように大きめの団子をもって帰ってきている蜂だけに注目した。すると、予想どおり距離との関係がひじょうにきれいにでた（図8・22）。ダンス蜂だけでなく、追従蜂の出巣時積載蜜を調べてみると、花蜜採餌蜂と異なり、ダンス蜂よりも少なかった。これは、きな粉採餌蜂の実験結果ともよく一致する。やはり、花粉採餌蜂は、ダンス情報をもとに出巣するときもって出る蜜の量は少なく、採餌経験を積むと蜜の量を増加させるのだ。ただ、なぜそのようにしているのかはまだわかっていない。

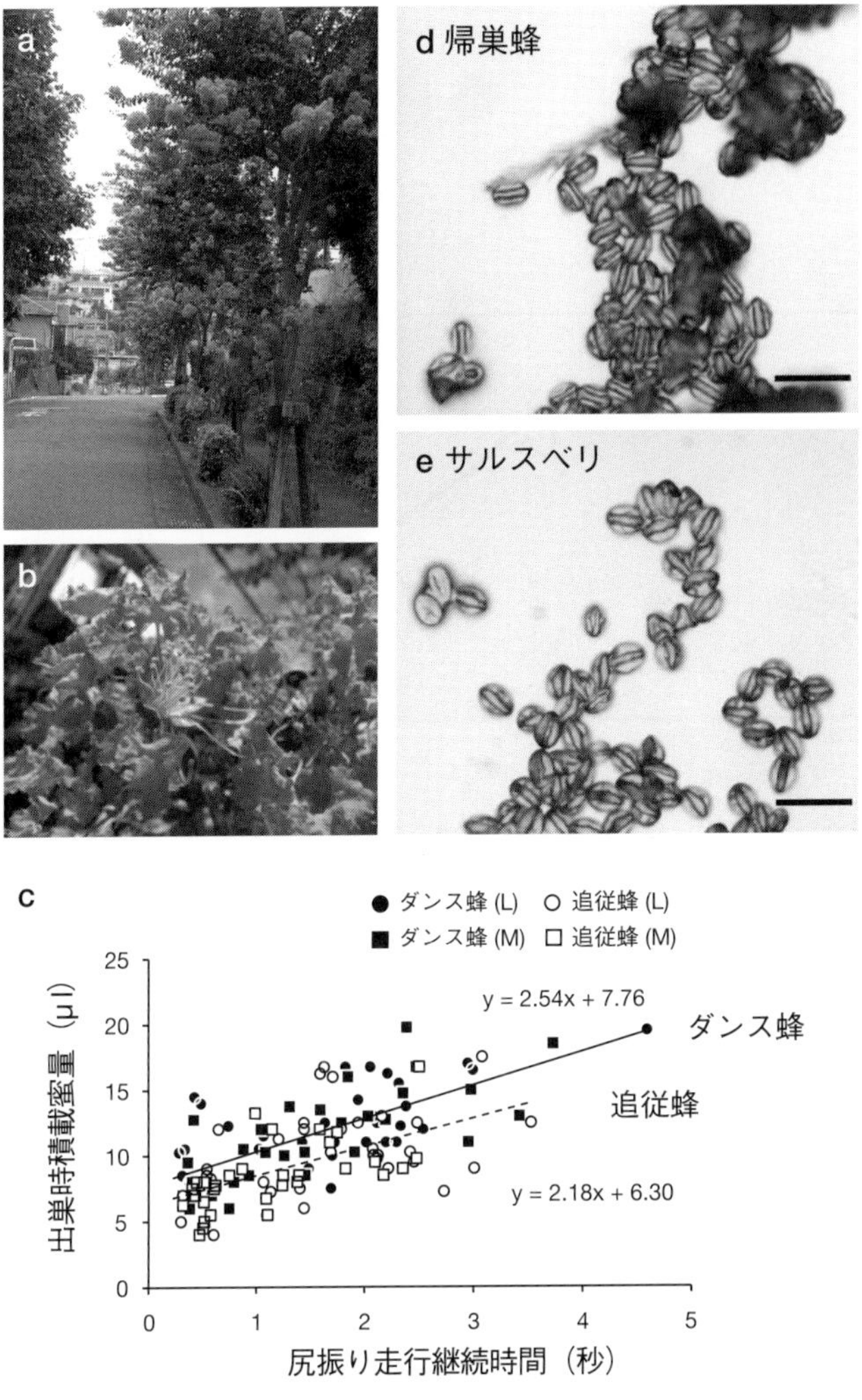

図8・22　サルスベリの並木 (a) と花 (b)．この花は花蜜を分泌しない．(c) サルスベリ採餌花粉採餌蜂の出巣時積載蜜量と尻振り走行継続時間（餌場距離の指標）との関係．花粉団子サイズがＬとＭのものがいたが，その影響は見られなかったのでプールして解析した．これらの蜂がサルスベリで採餌してきていることは，花粉団子を形成する花粉の形態から確認した (d, e)．スケールバーは100μm．Harano et al., 2014を改変．

ダンス蜂がもたらすもう一つの情報

前章でダンスによる情報伝達について詳しく説明したが、餌場でとれる餌の種類についての情報が伝わっているのかどうかという問題にはふれなかった。その餌場では花蜜がとれるのか花粉がとれるのかという情報は、追従蜂に伝えられるのだろうか？　この情報は、追従蜂にとっては重要だろう。花粉を採らなくてはならない場合、つなぎ蜜を用意していく必要があるからだ。

そのような情報が伝わっている可能性を示すデータがある。人工餌場を用いた実験で、ダンス蜂は砂糖水かきな粉を採ってきているのだが、どちらの餌を採ってきたかによって、追従蜂の出巣時積載蜜量が異なるのだ。まずは、図8・7と図8・17を見ていただきたい。この時の追従蜂（採餌一回目）は、一度もこれらの餌場に行ったことがないということは、私が餌場に張り付いて一匹残らず来た蜂をマークしているので間違いない。それでも、餌場で砂糖水を与えているときの方（図8・7）が、きな粉を与えている時（図8・17）よりも追従蜂の出巣時積載蜜は少ないのだ。

これらの実験は別々の日におこなっていたのだが、砂糖水フィーダーときな粉フィーダーでの採餌を同時におこなわせた実験でも、同じ結果が確認できた（図8・23）。この結果は、追従蜂はダンス蜂から餌場で花粉がとれるのか、蜜がとれるのかという情報を受けとっていることを示唆している。

その情報は、どのようにしてダンス蜂から追従蜂に伝えられているのだろう？　一番ありそうなのは、花粉団子の存在を手掛かりに、ダンス蜂が花粉をとってきているのか、それとも花蜜をとってきているの

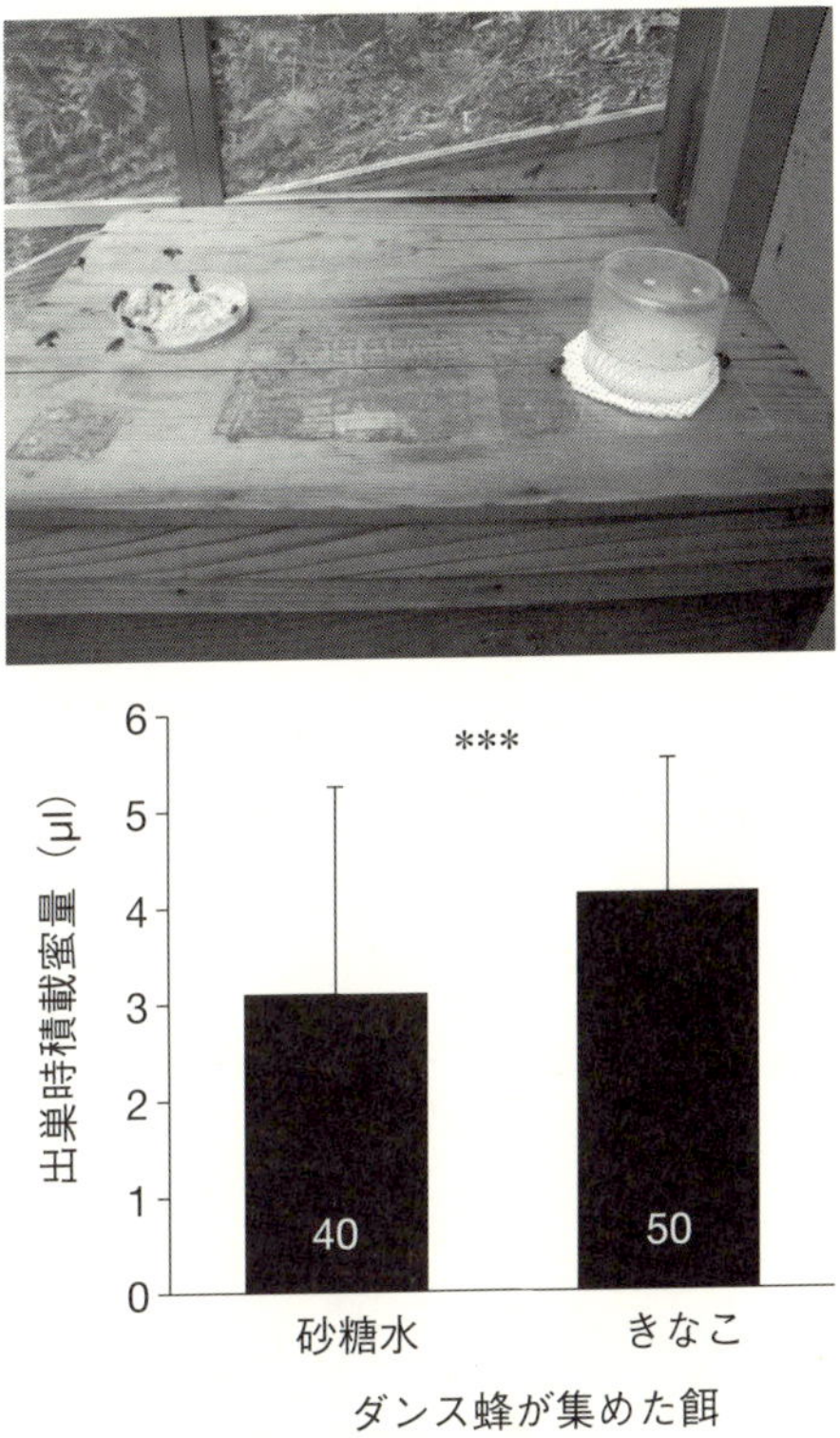

図8・23　ダンス蜂がもち帰った餌の種類（きな粉／砂糖水）による追従蜂の出巣時積載蜜量への影響．＊＊＊ P < 0.001 マン・ホイットニー U検定．棒中の数字はN．きな粉と砂糖水は同時に与えたが，ダンス蜂はどちらか片方しか集めていない．追従蜂はどちらの餌場での採餌経験もない．Harano et al., 2013を改変．

かを判断している可能性だ。多くの場合、花粉採餌蜂は巣へ戻ると花粉団子をつけたままダンスをする。そのため、追従蜂にとっては花粉団子の存在が一番わかりやすい手がかりだろう。この可能性は、花粉採餌蜂がダンスを踊る前に花粉団子をとり除いてしまうという実験ができれば検証可能だ。つまり、もう花粉をつけていない花粉採餌ダンス蜂を追従した蜂の出巣時積載蜜量が、蜜採餌ダンス蜂を追従した蜂の出巣時積載蜜量と同じであれば、花粉団子の存在を手掛かりにしているということになる。しかし、花粉団子をとり除いてダンスを踊らせることは、かなり難しかった。半年間、さまざまな手法を試したものの、うまくいかず、あきらめてしまった。

出巣時積載蜜の濃度

ここまでは、出巣時積載蜜の量がさまざまな要因によって調節されるのを見てきた。しかし、蜂は蜜の量を調節しようとしているのではなく、おそらくそこに含まれている糖の量を必要に応じて調節しようとしているのだろう。採餌距離に応じた調節では、燃料となる糖の量が重要だろうし、花粉団子を作るためにもある程度の糖を混ぜ込む必要があるはずだ。より多くの糖をもち出すためには量を増やす以外に、高濃度の蜜を使う、という手段もある。ミツバチの巣には、採餌蜂によって濃度二十〜六十パーセント程度のさまざまな濃度の花蜜が運び込まれており、巣内蜂がさらにそれを濃度八十パーセント以上まで濃縮してハチミツにしているので、コロニーには多様な濃度の蜜が存在する。その中から特定の濃度の蜜をもっていくことはできなくはないはずだ。実際、ミツバチは利用する蜜の濃度を変えることで、もち出す糖の量を変えている。次に、そのような調節についての研究を紹介したい。

出巣時積載蜜の濃度を調べることは以前から考えていた。濃度を変えるような調節があると予測していたわけではないのだが、単純に出巣時積載蜜の濃度がどのくらいなのかを調べてみたかった。簡易的な糖濃度の推定なら、屈折糖度計を使えば簡単にできる。屈折糖度計とは、果物やハチミツの糖度を測るために使われる道具だ（図8・4）。糖液は光を当てると、その濃度に応じて異なる率で光を屈折させるので、それを利用して濃度を推定する。[*2] しかし、この道具を使って濃度を測るためには、ある程度まとまった量の蜜が必要だ。出巣時積載蜜は量が少ないので、なかなかうまく測定できなかった。水を加えて量を増やしてから糖度を測定し、その後元の糖度を計算で求めるということもしたが、これで正確に濃度が測れているのかは疑問だった。

少量の糖液の濃度を測定するためのよい道具があるということを（間接的に）教えてくれたのは、私たちの論文の査読者だった。花粉採餌蜂における出巣時積載蜜量の調節についての結果を論文にして投稿した際、一人の査読者が「なぜ、濃度を測らないのか？　量だけではなく、濃度によっても調節されているかもしれないではないか」というコメントをしてきた。その査読者は、これを見ろ、という感じで、ハリナシバチの出巣時積載蜜の濃度を報告した論文があることを教えてくれた。ハリナシバチというのは、南米や東南アジアに生息するミツバチよりもずっと小さな社会性のハナバチだ。出巣時積載蜜はミツバチよりさらに少ないはずなのに、どうやってその濃度を測定したのだろう？　急いで論文を手に入れて読んでみると、その論文の著者は、花蜜や昆虫の消化管内容物の糖度を測るための、特別な屈折糖度計を使っていた。

それを製造しているのはイギリスの会社であることもわかったので、さっそくとり寄せて使ってみた

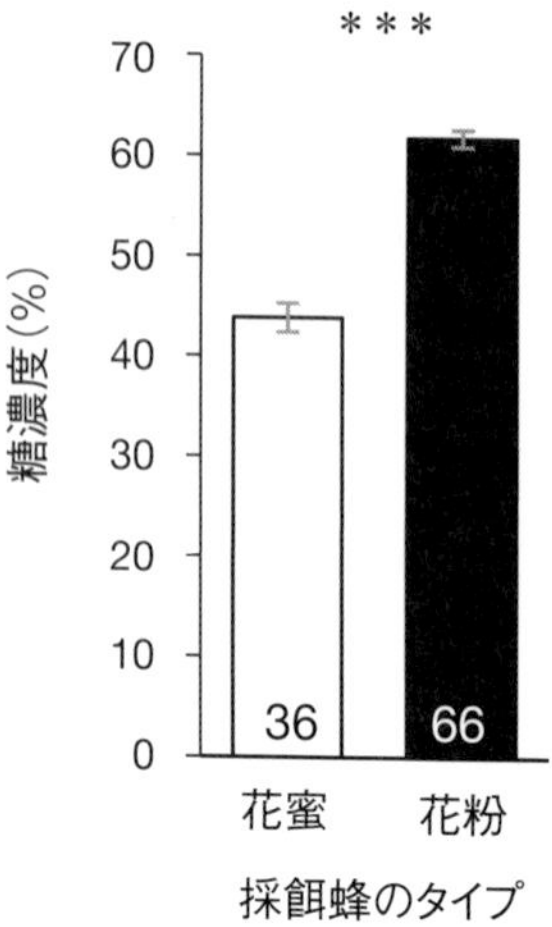

図8・24　花蜜採餌蜂と花粉採餌蜂の出巣時積載蜜濃度のちがい.
*** P < 0.001 GLM.
Harano & Nakamura, 2016 を改変.

（図8・4）。

なんとすばらしい！

うまく使うと、一マイクロリットルに達しない量でも、（どうにか、という感じではあったが）、糖度が測定できた。少しテストをしてみると、ごく少量のサンプルでも精度はそれほど悪くないこともわかった。

よし、これを使って出巣時積載蜜の糖度を測定してみよう。まず、花蜜採餌蜂と花粉採餌蜂の比較をすると、これら二つのタイプの採餌蜂の出巣時積載蜜には、異なる濃度の蜜が使われていることがわかった（図8・24）。花蜜採餌蜂の出巣時積載蜜は、糖濃度が約四十パーセントであったが、花粉採餌蜂は約六十パーセントと、二十パーセントも濃い蜜だった。蜂は出巣時積載蜜を積載する時に、巣の中の蜜をランダムにもっていくのではないようだ。

では、距離との関係はどうだろう？　新しい屈折糖度計を使うと、これを調べるのはさほど難しくなかった。以前おこなった実験の要領で、ダンス蜂を出巣時に捕まえて、

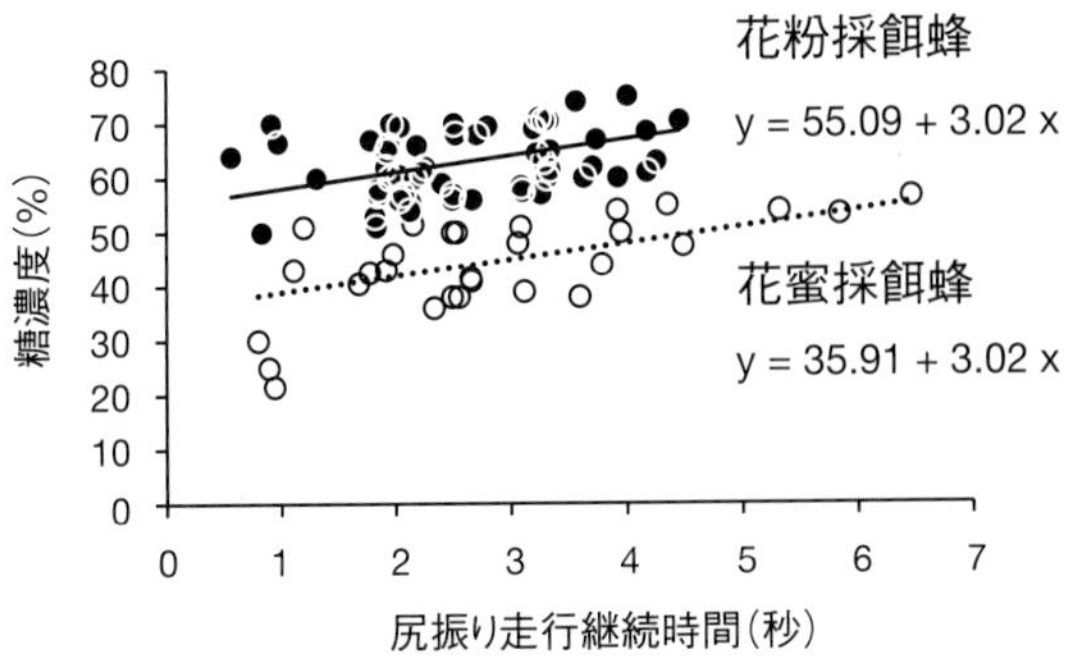

図8・25　出巣時積載蜜濃度と尻振り走行継続時間(餌場距離の指標)との関係．Harano & Nakamura, 2016を改変．

出巣時積載蜜濃度と餌場までの距離を示しているダンスの尻振り時間との関係を調べた。その結果、個体によるばらつきは大きいものの、明らかに距離が増すと出巣時積載蜜の濃度も増加するという傾向を、花蜜採餌蜂と花粉採餌蜂の両方が示すことがわかった（図8・25）。さらに、花蜜採餌のダンス蜂と追従蜂を比較することで、追従蜂の方が高濃度の蜜を使っていることも明らかになった（原野、未発表）。つまり、距離に応じてというだけでなく、糖（エネルギー）の必要性に応じて、出巣時積載蜜の濃度を変えているのだ。

出巣時積載蜜の量と濃度がわかると、それをかけ合わせることによって含有糖量がわかり、蜂がどのくらいの距離を飛ぶためのエネルギーをもって出巣しているかを推測することができる。実験室内で飛行した蜂の呼吸量を測定し、そこから飛行に使われる糖量を算出した研究がある。それによると、糖一ミリグラムで蜂は約二キロメートル飛行できるという（Gmeinbauer & Crailsheim, 1993；体重八七ミリグラム、飛行速度時速二十九キロとした場合）。この情報を使って、餌場までの距離と出巣時積載

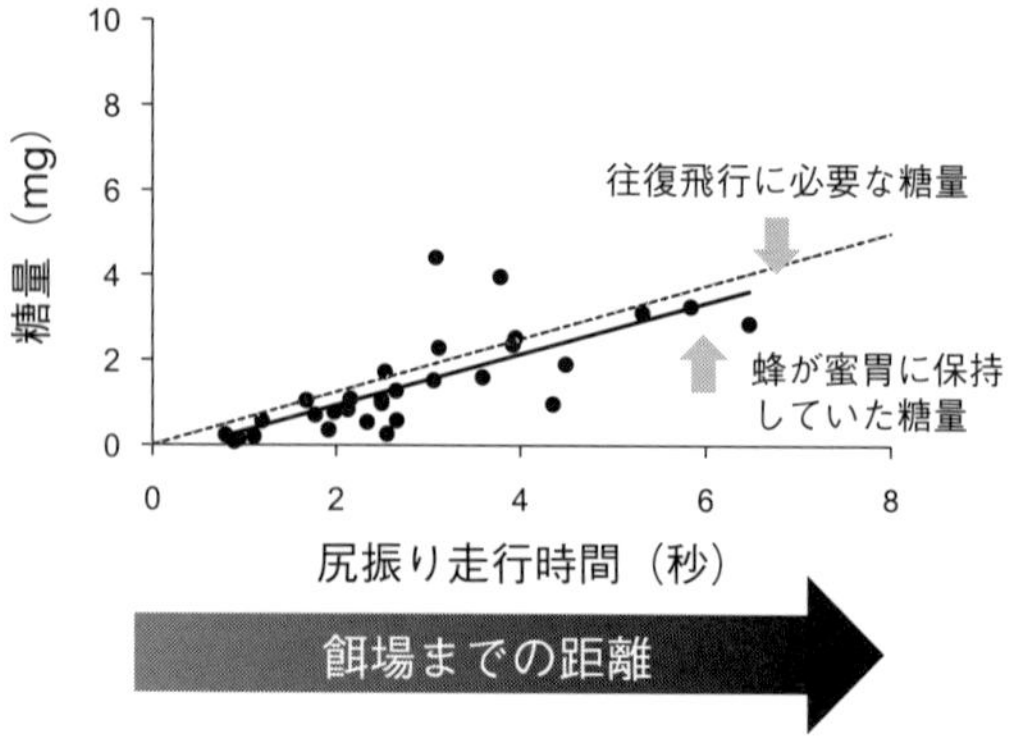

図8・26　計算によって求められた餌場までの往復飛行に必要な糖量と，実際に蜂が蜜胃中に保持していた糖量．Harano & Nakamura, 2016を改変．

蜜の含有糖量との関係を見てみると、ダンス蜂は平均して餌場までの距離の二倍を飛行できる糖―つまり、往復分の燃料をもって出巣していることがわかった（図8・26）。花は、突然花蜜の分泌を止めてしまうことがある。いくら慣れた餌場だからといっても、片道分の燃料しか積まなければ、そのような時にエネルギー切れで、巣へ戻れなくなってしまう危険性がある。だから、いつ花蜜がなくなるか予測できない環境で採餌をしているミツバチは、常に予備の燃料を欠かさないのだろう。

ミツバチは、必要な量の燃料（糖）を確保するために、さらにもう一段階複雑な調節をしているかもしれない。蜂たちは、条件によって特定の濃度の蜜を利用するとはいえ、出巣前の燃料積載時に、間違って目的の濃度とは異なる濃度の蜜を受けとってしまうこともあるはずだ。そのような時には、受けとる量を調節して、必要な糖を確保しているように見えるデータが得られている（Harano & Nakamura, 2016）。薄い蜜を受けとってしまった時には少し多めに、逆に濃い蜜を受けとった時には少し少なめに受けとっているようだ。しかし、さすがに蜂がおこなう調節にしては手が込んでいすぎるような気もする。本当にここまでしているのかどうかは、もう少し慎重に調べる必要がある。

データをとってみるまでは、ミツバチの燃料調節が量によっておこなわれていることはあっても、出巣時積載蜜の濃度を変えることによっておこなわれることはないだろうと思っていた。なぜなら、特定の濃度の蜜を積載しようとすると、そのような濃度の蜜をもっている巣内蜂を探し出さなくてはならないからだ。広い巣内にいるたくさんの巣内蜂の中から、目的の蜂を見つけだすのはとてもたいへんな作業で、早く花に行って餌を採りたい採餌蜂が、そんな手間のかかることをしているとはとうてい思えなかった。しかし、データを見れば、濃度を変えて調節しているのは間違いない。

当然、次の疑問はどうやってそれをしているかだ。とにかくまず、どのようにして採餌蜂が蜜を受けとるのか、その行動を詳しく観察してみよう。花蜜採餌蜂と花粉採餌蜂に分けて、巣のどの辺りで蜜を受けとるのか？　何匹の蜂から、どのくらいの時間をかけて受けとるのか、などを記録してみた。すると、いくつか重要なことがわかった。一つは花蜜採餌蜂と花粉採餌蜂とで、蜜を受けとる場所がちがうということ。花蜜採餌蜂は採餌飛行から戻ると、巣門を入ったすぐのところでとってきた蜜を他の蜂に渡す。ダンスを踊る場合も踊らない場合もあるが、やはり巣門の近くで蜜を受けとって出ていく。一方で、花粉採餌蜂は、巣に戻ると巣の奥の方まで入っていく。花粉を貯蔵している花粉圏が比較的巣の奥の方に広がっているからだ（図1・21参照）。とってきた花粉団子を花粉圏の巣房の中に下すと、すぐに蜜をもらう。そ

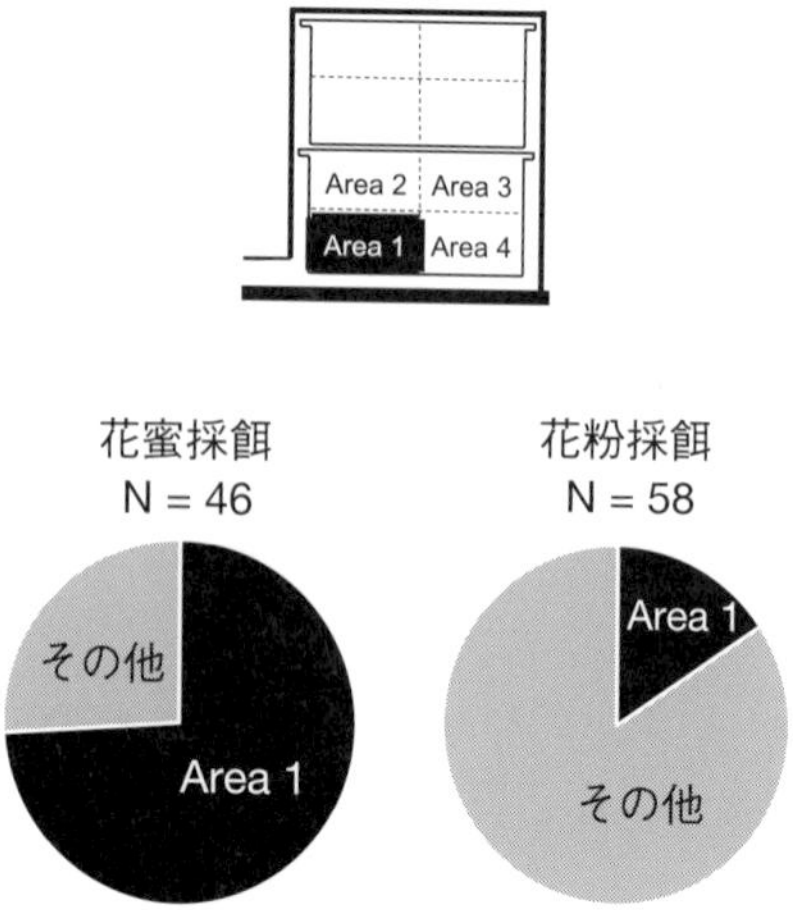

図8・27　餌の種類と出巣時積載蜜受けとり場所．観察巣箱の下巣板を4区画に分け，花蜜採餌蜂と花粉採餌蜂について，出巣前の蜜受けとり場所を記録した．Harano & Nakamura，2016を改変．

のため花粉採餌蜂は、花蜜採餌蜂に比べて蜜の受けとりが巣のより深部になっていた（図8・27）。

はじめは、これが花粉採餌蜂が花蜜採餌蜂よりも高濃度の出巣時積載蜜を利用する仕組みになっているのではないかと思った。というのは、巣の入口付近には、集められたばかりのまだ濃縮されていない花蜜をもっている蜂が多いが、巣の奥には、すでに濃縮が進み高濃度になった蜜をもった蜂が多いからだ。しかし、この予想は間違っていた。出巣時積載蜜の濃度と、受けとった場所の関係を見てみると、どこで受けとったかに関係なく、花蜜採餌蜂の出巣時積載蜜は薄く、花粉採餌蜂の積載蜜は濃かった（図8・28）。どうやら、蜂は目的の濃度の蜜を利用しやすい場所で、蜜の受けとりをしているが、出巣時積載蜜の濃度を決める仕組みは他にあるようだ。

そうなると、考えられるのは、蜜を貰おうとし

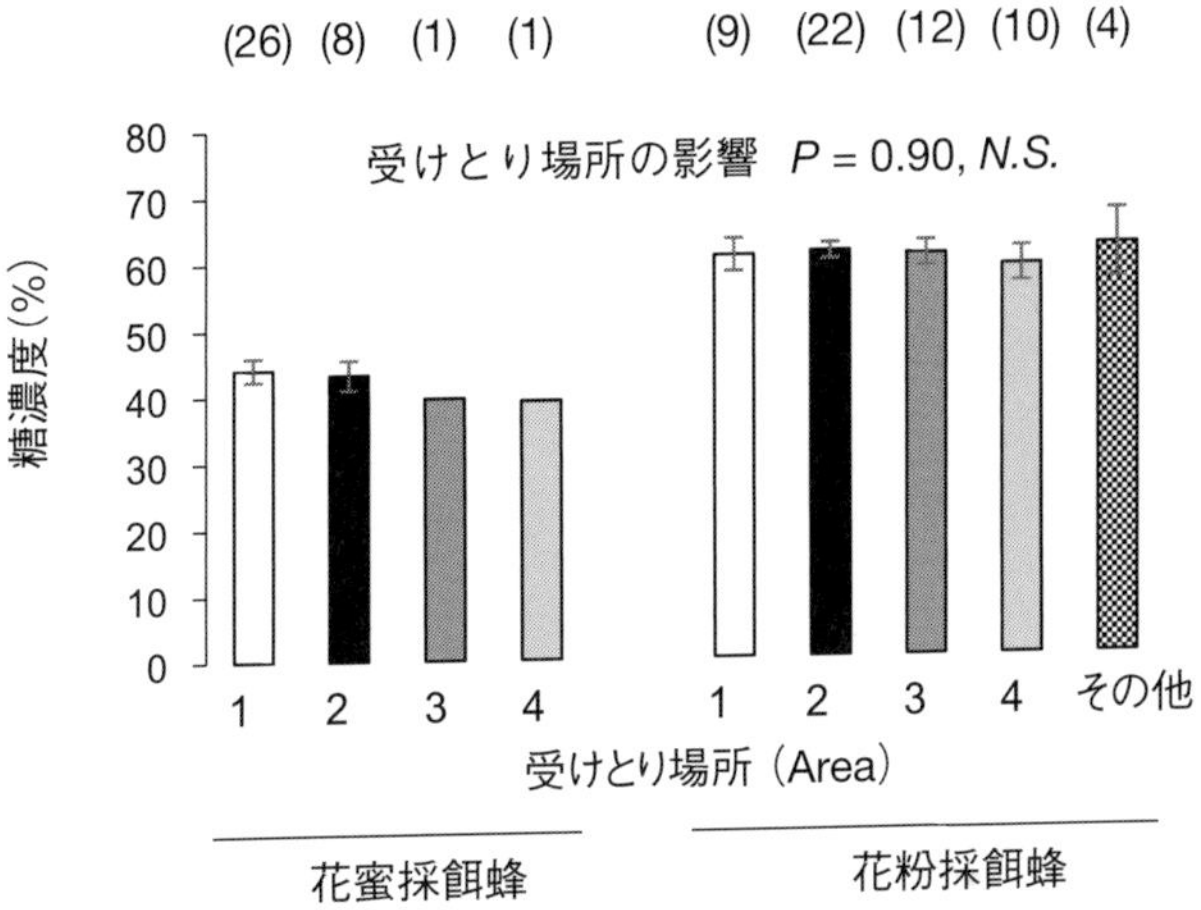

図8・28　出巣時積載蜜の受けとり場所(図8.27 参照)と糖濃度の関係．受けとり場所による影響は見られなかった．括弧内はN. Harano & Nakamura, 2016を改変.

たときに、望むような濃度の蜜でなかったら、受けとりを断る、というやり方だ。実際、そのように見える行動をよくする。採餌蜂は、出巣前には五～六匹の蜂から蜜の受けとりを試みるのだが、そのうちの二匹とは一瞬口器を触れ合わせるだけで、すぐに離れてしまうのだ（Harano & Nakamura, 2016）。ただ、この行動が本当に受けとりの拒否なのか、単純に蜜をもっていない蜂だったから受けとりができなかったのかは確かめられていない。どのようにして異なる濃度の蜜を出巣時積載蜜として積載しているのかを明らかにすることは、今後の課題だ。

＊2　厳密には糖度＝糖濃度ではないのだが、ハチミツや花蜜の場合はおおまかにはこの等式が成り立つと考えている。

出巣時積載蜜の濃度を調節することの意義

高濃度の蜜を使うことの意義は、体重の増加を抑えることだと考えていいだろう。先に述べたように、蜜を積載することで体重が増えると飛行エネルギーの増加など、いくつかの不都合が生じる。高濃度の蜜を使えば、運ばなくてはならない蜜の量は減るので、体重増加もそれだけ少なくてすむ。高濃度の蜜を使うのは、花粉採餌の時、遠距離採餌の時、ダンス追従の時など、糖（エネルギー）を大量に必要とする場合だ。そのような時に低濃度の蜜を使えば、多量の出巣時積載蜜を抱えて採餌することになる。高濃度の蜜を使うことによって、そのような状況を回避しているのではないだろうか。

では、なぜどの蜂も高濃度の蜜を使わないのか？　蜂は飛ぶときに水が必要なのではないか、だから水を多く含む低濃度の蜜を燃料として使おうとしているのではないか、と考える人もいるかもしれない。しかし、そうではないだろう。飛行している蜂の体内では水は余っているからだ。蜂の燃料である糖は、細胞内でエネルギーをとり出すために燃焼させられると、水を生じる。蜂は飛行するために多くの糖を燃焼させるので、それだけ水も生産され、それで必要は満たされているのだ（Roberts & Harrison, 1999）。

この問題は複雑で、はっきりとした答えはまだだせていないのだが、私は濃縮にかかるコストが関係していると考えている。高濃度の蜜というのは、巣内の蜂が花蜜を長期貯蔵するために、エネルギーと時間をかけて濃縮したものだ。だから、これを燃料として使うということは、そこに含まれる糖のエネルギーを使うというだけでなく、濃縮に使われた巣内蜂のエネルギーと時間を使うことでもある。そのようなコストをかける価値があれば、蜂は高濃度の蜜を使うし、そうでないかぎり、濃縮されていない低濃度の蜜を使おうとするのではないだろうか？

オス蜂の燃料

ミツバチコロニーの最終目的は、次世代にできるだけ多くの遺伝子を残すことだ。その遺伝子を次世代に運ぶのが、新女王とオス蜂であり、これらの繁殖個体が交尾を成功させることによってはじめて、コロニーの目的は達成される。このような重責を担う繁殖個体は、巣内蜂がコストをかけて作り出した高品質な燃料を使って、交尾を成功させる確率を高めているようだということを、大学院生の林 雅貴君（図8・29）が発見した。

ミツバチのオスは、羽化後一週間ほどすると性成熟し、交尾場所に向かって飛んでいくようになる。交尾場所は、巣から時に数キロメートルも離れた地上十〜四十メートルの空中にある。ここは「オス蜂の集合場所」と呼ばれ、さまざまな巣からオスが集まり、飛行しながら新女王の到着を待っている。新女王は飛行しながらここでこれらのオスと交尾をするのだ。

オス蜂の集合場所では、やってくる新女王の数に対して、オスの数の方が圧倒的に多い。そのため、オスの間で女王をめぐって競争になる。この時のようすは、高速で飛行する一匹の女王をたくさんのオスが追いかけるために、まるですい星のように見えるという。攻撃を伴うような競争はないので、おそらく早く女王を捕まえられたオスが交尾の機会を得るのだろう。

このような競争の中で交尾を成功させるためには、体を軽くして、素早く飛べることが重要なはずだ。燃料をいっぱいに積んでしまっていては、他のオスとの競争に勝つのは難しくなる。しかし、女王がやってくるまで飛行するだけの燃料も必要だ。いつ女王がやってくるかわからないのだから、長い間飛べる方が交尾のチャンスは増える。十分なエネルギーを確保しつつ、重量増加を抑えることができる燃料、それが高濃度に濃縮された蜜だ。

林君がいくつかのコロニーでオスの出巣時積載蜜を調べたところ、どのコロニーでもオスは、働き蜂よりもずっと高濃度の蜜をもっているということがわかった（図8・29）。直接の比較はしていないが、花粉採餌蜂の出巣時積載蜜よりも高濃度のようだ。観察巣箱でオスの出巣時のようすを観察してみると、なぜオスの出巣時積載蜜がそれほど高濃度になるのか、その原因の一端がつかめた。オスは働き蜂とちがい、巣房に貯められた蜜を出巣前に飲んでいくのだ。濃縮が進んだ蜜だけが巣房に貯められるので、オスは高濃度の蜜をもつことになる。このような蜜を燃料として使えば、少量で十分な時間飛行するだけのエネルギーを生みだすことができ、体重増加を抑えられた分だけ、女王を捕まえられる可能性も上がるのだろう。

オスが交尾のための飛行に高濃度の蜜を使っているという報告は、ブラジルのクマバチ *Xylocopa nigrocincta* でもある。クマバチのオスは、特定の空域に縄張りを作り、そこにやってくるメスと交尾をする。縄張りを防衛するために、オスはその空域を飛び続ける必要があるのだが、やはりそのときにも濃度の高い蜜を使った方が有利で、オスは縄張り飛行をする前に自分で蜜を濃縮するのが観察されている。だ

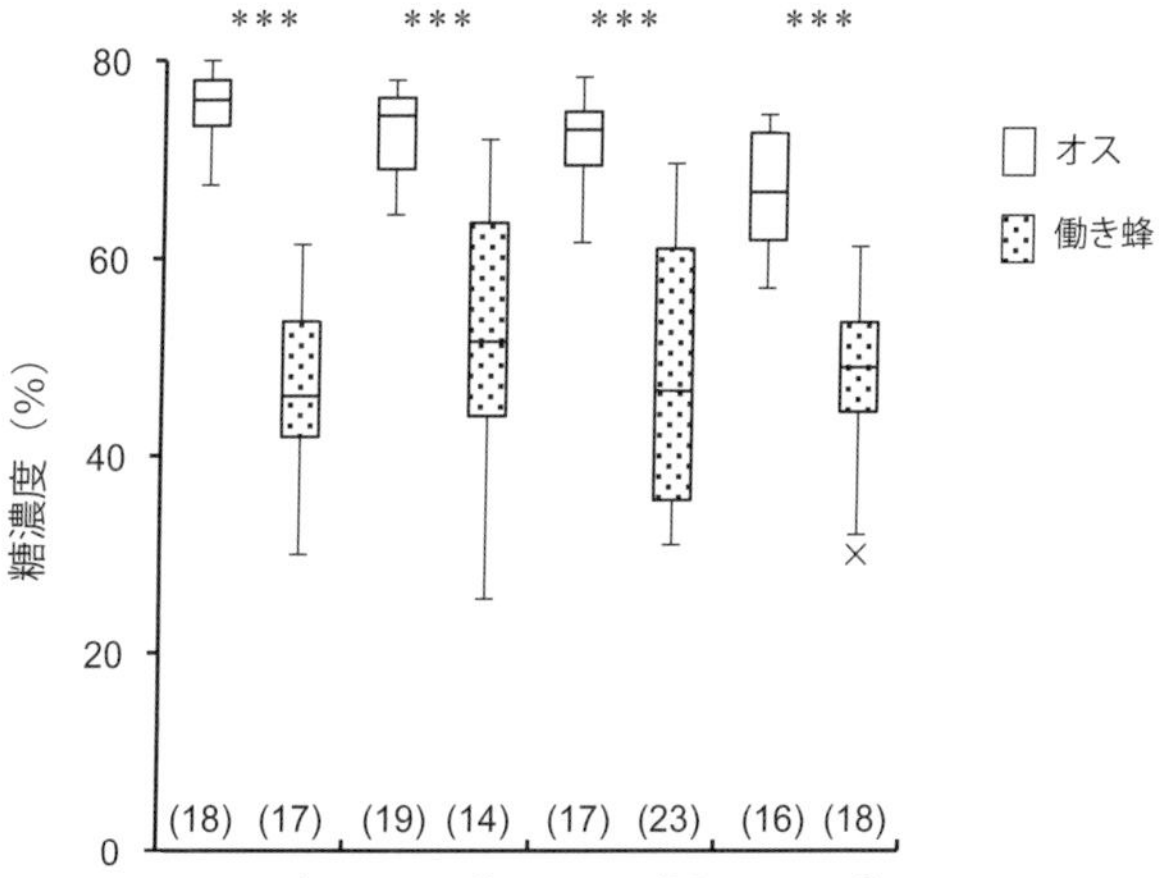

図8·29　林 雅貴君（上）．オス蜂と働き蜂の出巣時積載蜜の濃度（下）．コロニーBは異なる日に2回に調査をおこなった．　*** P < 0.001 マン·ホイットニーU検定．括弧内はN．Hayashi et al., 2016を改変．

が、いつまでも濃縮をおこなっていると縄張りを守ることができないので、ある程度のところで濃縮を切りあげているようだ。そのため、蜜の濃度は五十パーセント程度にしかならない。一方、ミツバチのオスは働き蜂に濃縮してもらった蜜を使うので、その濃度は七十パーセントを超えることもある。つまり、ミツバチのオスが高度に濃縮された燃料を使うことができるのは、ミツバチのコロニーがさまざまな仕事を分業してこなす高度な社会システムをもっているからなのだ。

オスの燃料調節には、まだまだ明らかになっていない興味深い問題がたくさんある。ミツバチのオスはドローン（怠け者）と呼ばれ、精子を運ぶだけの単純な「交尾機械」だという認識が一般的だった。しかし近年、社会性ハチ類のオスも、状況に応じて行動を変える柔軟さをもっていることが示され、その認識は改められつつある。東京農工大の林 晋也君という大学院生は、そのような新しい視点からオスの繁殖行動を調べている（図8・30）。彼の研究によると、オスは巣の位置や周囲の目印を学習することにより、交尾飛行からの帰巣率を高めていそうだ（Hayashi et al., 2017）。彼は、オスが飛行経験を積むにしたがって、巣の周囲に複数ある交尾場所の位置も学習するようになり、しだいに効率よくそこへ飛行することができるようになるだろうと考えている。もし、そうだとしたら花蜜採餌蜂で見られたように、経験を積んだオスほど、巣からもち出す燃料を減少させるような調節があるかもしれない。あるいは、経験を積むことでより遠い交尾場所へ飛行できるようになるのだとしたら、それらのオスは多くの燃料をもって出巣するにちがいない。出巣時積載蜜の研究からも、そういったこれまで知られていなかったオスの繁殖戦略が明らかになる可能性は十分にあるだろう。

図8・30　オス蜂の交尾飛行の研究をおこなう林 晋也君．オス蜂を空中で捕獲するためのトラップを持って実験場所へ向かう．

展望

ここで紹介したように、それぞれの採餌蜂は、自分の経験、花から何をもち帰ろうとしているのか、その花がどのくらい離れていて、どのくらい安定して蜜を供給しているのかなど、さまざまな要因を考慮して、出巣時積載蜜を調節している。その調節の全貌はまだ明らかになっていないが、わかってきた事実だけでも私の当初の予想などとうに超えてしまっている。複雑で、精巧な調節だ。巣からは次々と働き蜂が飛びだしていくが、その一匹一匹が、それぞれの状況に合わせて出巣時積載蜜を調節して出て行っているのだ。

蜂がもち出す燃料の量は、蜂が採餌でどのくらい飢餓リスクを感じているかを知る手がかりとしても使えるかもしれない。蜂は情報があまりなかったり、蜜供給が不安定な餌場に行くときなど、「蜜にありつけるまで時間がかかりそう。エネルギー切れになるかも……」と思うと、燃料を増やすようだ。だから、燃料を増やしているということは、そのようなリスクを感じているということになる。このことを利用して、どのようなときに蜂は採餌にリスクを感じるのか、ということを明らかにできるだろう。また、怖がりの人や大胆な人がいるように、働き蜂にも、リスクを感じやすい蜂とそうでない蜂がいるかもしれない。もしそうであれば、そのような個性はコロニーレベルでの採餌にどのように影響をあたえるだろうか？　そのような興味深いテーマにもこの研究は広がっていく可能性を秘めている。

コラム　飛行機の燃料　ミツバチの燃料

飛行機とミツバチ。空を飛ぶことくらいしか共通点はないように思えるが、同じような燃料調節をしている。もちろん、飛行機を飛ばす燃料は石油を原料としたジェット燃料で、ミツバチを飛ばす燃料は花蜜中の糖というちがいはある。しかし、体が重くなればなるほど、それを飛ばすときには、よりエネルギーが必要というルールは共通している。飛行機も、燃料をたくさん積めば機体が重くなり、同じ距離を飛んだとしても、消費する燃料の量はより多くなる。つまり、燃料をたくさん積めば積むほど、燃費が悪くなるので、そのことを避けるために燃料の調節が必要なのだ。

ミツバチ同様、飛行機（旅客機）も燃料タンクを満タンにして飛ぶことはまずないという。目的地まで飛行するのに必要な燃料だけでなく、何らかの理由で目的の空港が利用できなくなった時に別の空港まで飛行するための予備の燃料などに加え、予想される天候、旅客の人数、積み荷の量なども考慮されて、実際に積載する燃料量が決められるのだそうだ。燃料調節をする理由は、燃費の向上だけでなく、運転性能（離着陸のしやすさ、上昇性能など）の維持ということもあるという。このようにして、安全を確保しつつ、経済的にフライトをおこなうところはミツバチの採餌蜂にそっくりだ。

おわりに

長い時間、私の話にお付き合いくださり、どうもありがとうございました。

こうして振り返ってみると、不思議に思うことがあります。

私の歩んできた道の途中には、大げさに言えば人生の分岐点になるような分かれ目が、やはりあったと思います。そして、その分岐点では、かならずしも私が望んだ方向へ行くことができませんでした。しかし、そのようなもっとも望んだ選択肢がとれなくなったときに、私はとても重要な選択をしているのです。これは、選択をしたその時には意識していませんでしたが、後から考えると、その選択が私を私の望んだ方向へ連れていっているのです。逆に、どのような選択肢も自由に選べるような場合には、その後の人生に大きな影響を与えるような重要な選択をしていません。

具体的に言うと、私は理学部に入って哺乳類や鳥類など脊椎動物の研究をしたいと思っていましたが、それは叶いませんでした。どうにか入れてもらった農学部では、脊椎動物の研究はできず、昆虫を研究することになりました。しかし、そこで出会ったのが、この本の主役であるミツバチです。もし、私が首尾よく志望大学に入っていたら、今ミツバチを研究していることは、まずないでしょう。もしかしたら、それほど生物に魅せられることもなく、別の仕事をしていたかもしれません。

そして、大学院進学の時にも、望んだカラスの研究をすることはできませんでした。進学することすらできずにいたために、協力隊に参加することができました。これもみずから望んだことではありませんでした。しかし、今だに私の意識の中でフィリピンでの生活が大きな部分を占めているくらい、協力隊の経験は私に大きな影響を与えました。

学位をとった後もそうです。続けたかったミツバチの研究ができなくなり、仕事を探したけれど、どこも私を雇ってくれませんでした。しかし、そのおかげで最後に田中誠二さんに拾ってもらうことができました。バッタ研で学んだことほど、私の研究者としてのキャリアを支えているものはありません。

望みどおりの選択ができなかった時に、けっきょく重要な選択肢をつかんでいるということはだいぶ前から感じていました。はじめは、自分はとてつもなく幸運だったから、流されるまま来たのに、望みどおりの結果になっているんだと思っていましたが、今は少しちがう考えをもっています。

私が幸運であることは、ほぼ間違いのないことですが、それだけではないでしょう。というのは、同じような話を何人かの人からそれぞれ別々に聞いたことがあるからです。その人たちもやはり、一番の望みがかなわなかった時に、いい選択肢をつかむことができ、けっきょくは最初の望みはかなわなくてよかった、というようなことを言っていました。たぶん、たんなる偶然ではないでしょう。

私は、人間というのは自分が望むことをぼんやりとしか知覚できないのではないかと思っています。心の中に、やりたいことがあっても、それを正確な形で思い描くことができないといってもいいかもしれません。私であれば、生物の不思議に触れたい、それも分子生物学や生化学のレベルではなく、マクロなレベルで触れたい、というのがおそらく子どもの頃から心の中にあった望みだったんだと思います。それには、研究者になるのがいいということは考えられたけれども、それ以上はわからなかったのです。研究ということに対して具体的には何も知らなかったのですから。それに、その頃の私は、昆虫の世界がこれほど豊かだとは知りませんでした。だから、限られた知識の中から、心の中にあるぼんやりしたイメージと一番合致しそうなイメージを探しだしてきて、自分がなりたいのは鳥や哺乳類の研究者だ、と思いこんだのでしょう。そして、その夢を意識した時点で、それ以上自分のやりたいことが何かを考えなくなったのではないかと思います。

けれど、何らかの理由でその夢につながる道に進めなくなった時、本当に自分が何をしたいのかを、心を覗き込むようにして、じっくり考えるようになります。めざしていた道が閉ざされて、どうしたらいいかわからなくなるので、考えざるをえないのです。そして、残された選択肢の中から、ほんとうに自分がやりたいことを選ぶので、結果的に良い選択になる、というのが、今の私の考えです。

たとえば、本当に脊椎動物の研究がしたいのであれば、別の大学に入りなおすこともできたでしょう。経済的に厳しくても、学費を稼いで大学で勉強している人はいくらでもいます。もし、協力隊に行くことよりも大学院に進学したかったら、だれが何と言っても、協力隊を断ればよかったのです。でも、私はそちらを選択した、ということは、やはりそれが自分の望みだったのです。

だから、私は物事が思いどおりいかなくても、そんなにがっかりすることはないと思っています。本当に望む場所へ踏み出すためには、そういった経験が必要かもしれないのですから。それより、むしろ才能に恵まれ、何もかもがうまくいくような人の方が注意が必要かもしれません。

そうはいっても、やはり私は幸運でした。大勢の人が私を助けてくれました。それは、後輩であったり、自分が指導した学生であることもありました。もちろん、先生や先輩から助けていただいたことは数かぎりなしです。この本の中でも何人かの人とのエピソードを紹介しましたが、ここで書けなかったこともたくさんあります。協力隊時代は多くのフィリピン人と、ともに同国で活動した協力隊員のおかげで、困難を乗り切ることができました。この本を書くことは、こういった人たちの暖かい心にもう一度触れることでもありました。この場をお借りして、助けていただいた方々に、心からお礼申し上げたいと思います。

三人の指導者の方々には、特別にお礼を申し上げます。卒業研究と博士課程での指導をしてくださった佐々木正己先生は、私に昆虫の豊かな世界を教えてくれました。私の主体性を重んじ、自由に研究をさせてくださったことが、私の研究者としての土台を築きました。修士課程でお世話になった小原嘉明先生は、研究の自由さを教えてくださるとともに、論文の書き方の最初の手ほどきをしてくださいました。ポスドク時代のボスであった田中誠二さんは、自分は指導者ではないとおっしゃるかもしれませんが、バッタ研で私が学んだことは数え上げることができません。研究を進めるうえで大事なことを実際にやって見せてくださいました。ご指導に、心より感謝いたします。

そして、この人たちがいなかったら、この本を書き上げることができなかったという方が二人います。一人は、この本の担当編集者である東海大学出版部の田志口克己さんです。最初に執筆のお誘いをいただいたのは、私がつくばのバッタ研にいた頃なので、十年近く前です。こんなに長い間、根気強く原稿を待ってくださるとは思いませんでした。もう一人は妻の朱紀です。途中あきらめかけた私を励まして、執筆を続けさせたのは彼女です。ときに相談に乗ってくれたり、アイディアをくれたりもしました。最後はこの本の執筆に集中するため、論文執筆禁止令を出されました。お二人のおかげで、どうにかここまでこぎつけることができました。どうもありがとうございました。

二〇一七年八月二十二日　　原野健一

Tanaka S, Yukuhiro F, Yasui H, Fukaya M, Akino T, Wakamura S (2008) Presence of larval and adult diapauses in a subtropical scarab beetle: graded thermal response for synchronized sexual maturation and reproduction. Physiol. Entomol. 33: 334-345.

Thom C, Gilley DC, Hooper J, Esch HE (2007) The scent of the waggle dance. PLoS Biol. 5: e228.

Tokuda M, Tanaka S, Maeno K, Harano K, Wakamura S, Yasui H, Arakaki N, Akino T, Fukaya M (2010) A two-step mechanism controls the timing of behaviour leading to emergence from soil in adult males of the scarab beetle *Dasylepida ishigakiensis*. Physiol. Entomol. 35: 231-239.

徳田 誠（2016）植物を巧みに操る虫たち―虫こぶ形成昆虫の魅力．東海大学出版部．秦野．

Vander Meer RK, Saliwanchik D, Lavine B (1989) Temporal changes in colony cuticular hydrocarbon patterns of *Solenopsis invicta*. J. Chem. Ecol. 15: 2115-2125.

Vergoz V, Lim J, Duncan M, Cabanes G, Oldroyd BP (2012) Effects of natural mating and CO2 narcosis on biogenic amine receptor gene expression in the ovaries and brain of queen honey bees, *Apis mellifera*. Insect Mol. Biol. 21: 558-567.

Wakamura S, Yasui H, Akino T, Yasuda T, Fukaya M, Tanaka S, Maeda T, Arakaki N, Nagayama A, Sadoyama Y, Kishita M, Oyafuso A, Hokama Y, Kobayashi A, Tarora K, Uesato T, Miyagi A, Osuga J (2009) Identification of (R)-2-butanol as a sex attractant pheromone of the white grub beetle, *Dasylepida ishigakiensis* (Coleoptera: Scarabaeidae), a serious sugarcane pest in the Miyako Islands of Japan. Appl. Entomol. Zool. 44: 231-239.

Wolf TJ, Schmid-Hempel P, Ellington CP, Stevenson RD (1989) Physiological correlates of foraging efforts in honey-bees: Oxygen consumption and nectar load. Funct. Ecol. 3: 417-424.

1031-1034.
Ono M, Igarashi T, Ohno E, Sasaki M (1995) Unusual thermal defence by a honeybee against mass attack by hornets. Nature 377: 334-336.
Parker RL (1926) The collection and utilization of pollen by the honeybee. Mem. Cornell Univ. agric. exp. Sta. 98: 1-55.
Patricio K, Cruz-Landim C (2002) Mating influence in the ovary differentiation in adult queens of *Apis mellifera* L. (Hymenoptera, Apidae). Brazilian J. Biol. 62: 641-649.
Pflugfelder J, Koeniger N (2003) Fight between virgin queens (*Apis mellifera*) is initiated by contact to the dorsal abdominal surface. Apidologie 34: 249-256.
Richard FJ, Tarpy DR, Grozinger CM (2007) Effects of insemination quantity on honey bee queen physiology. PloS one 2: e9.
Roberts SP, Harrison JF (1999) Mechanisms of thermal stability during flight in the honeybee *Apis mellifera*. J. Exp. Biol. 202: 1523-1533.
Sasaki K, Nagao T (2001) Distribution and levels of dopamine and its metabolites in brains of reproductive workers in honeybees. J. Insect Physiol. 47: 1205-1216.
Sasaki K, Nagao T (2013) Juvenile hormone–dopamine systems for the promotion of flight activity in males of the large carpenter bee *Xylocopa appendiculata*. Naturwissenschaften 100: 1183-1186.
佐々木正己・高橋羽夕・佐藤至洋（1993）ニホンミツバチとセイヨウミツバチの収穫ダンスの解析とそれに基づく採餌圏の比較．ミツバチ科学 14: 49-54.
Schmid-Hempel P, Kacelnik A, Houston AI (1985) Honeybees maximize efficiency by not filing their crop. Behav. Ecol. Sociobiol. 17: 61-66.
スィーレイ，トーマス・D（1989）ミツバチの生態学．訳／大谷 剛．文一総合出版．pp. 256.
Srinivasan MV, Zhang S, Altwein M, Tautz J (2000) Honeybee navigation: nature and calibration of the “odometer”. Science 287: 851-853.
Sugahara M, Sakamoto F (2009) Heat and carbon dioxide generated by honeybees jointly act to kill hornets. Naturwissenschaften 96: 1133-1136.
Sugahara M, Nishimura Y, Sakamoto F (2012) Differences in heat sensitivity between Japanese honeybees and hornets under high carbon dioxide and humidity conditions inside bee balls. Zool. Sci. 29: 30-36.
Tan K, Latty T, Dong S, Liu X, Wang C, Oldroyd BP (2015) Individual honey bee (*Apis cerana*) foragers adjust their fuel load to match variability in forage reward. Sci. Rep. 5: 16418.
Tanaka S, Nishide Y (2012) Do desert locust hoppers develop gregarious characteristics by watching a video? J. Insect Physiol. 58: 1060-1071.

Hosono S, Nakamura J, Ono M (2017) European honeybee defense against Japanese yellow hornet using heat generation by bee-balling behavior. Entomol. Sci. 20: 163-167.

Hrassingg N, Leonhard B, Crailsheim K (2003) Free amino acids in the haemolymph of honey bee queens (*Apis mellifera* L.). Amino acids 24: 205-212.

Johnson JN, Hardgrave E, Gill C, Moore D (2010) Absence of consistent diel rhythmicity in mated honey bee queen behavior. J. Insect Physiol. 56: 761-773.

Kocher SD, Richard F, Tarpy DR, Grozinger CM (2009) Queen reproductive state modulates pheromone production and queen-worker interactions in honeybees. Behav. Ecol. 20: 1007-1014.

前野ウルド浩太郎（2012）孤独なバッタが群れるとき―サバクトビバッタの相変異と大発生．東海大学出版会．秦野．

Michelsen A, Andersen BB, Storm J, Kirchner WH, Lindauer M (1992) How honeybees perceive communication dances, studied by means of a mechanical model. Behav. Ecol. Sociobiol. 30:143-150.

Nakamura J, Seeley TD (2006) The functional organization of resin work in honeybee colonies. Behav. Ecol. Sociobiol. 60:339-349.

Nomura S, Takahashi J, Sasaki T, Yoshida T, Sasaki M (2009) Expression of the dopamine transporter in the brain of the honeybee, *Apis mellifera* L. (Hymenoptera: Apidae). Appl. Entomol. Zool. 44: 403-411.

Ohtani T (1985) An ethological study of adult female honeybees within the hive. Ph. D. thesis, Hokkaido University.

岡田龍一・池野英利・青沼仁志・倉林大輔・伊藤悦朗（2007）社会的適応行動から学ぶ情報共有システムの構築―ミツバチの８の字ダンスを対象として．計測と制御 46: 916-921.

Okada R, Ikeno H, Sasayama N, Aonuma H, Kurabayashi D, Ito E (2008) The dance of the honeybee: How do honeybees dance to transfer food information effectively? Acta. Biol. Hung. 59:157-162.

Okada R, Akamatsu T, Iwata K, Ikeno H, Kimura T, Ohashi M, Aonuma H, Ito E (2012) Waggle dance effect:dancing in autumn reduces the mass loss of a honeybee colony. J. Exp. Biol. 215: 1633-1641.

Okada R, Ikeno H, Kimura T, Ohashi M, Aonuma H, Ito E (2014) Error in the honeybee waggle dance improves foraging flexibility. Scientific reports 4: 4175.

Ono M, Okada I, Sasaki M (1987) Heat production by balling in the Japanese honeybee, *Apis cerana japonica* as a defensive behavior against the hornet, *Vespa simillima xanthoptera* (Hymenoptera: Vespidae). Experientia 43:

vertical distribution of burrowing scarab beetles *Dasylepida ishigakiensis*. Physiol. Entomol. 35: 287–295.

Harano K, Tanaka S, Maeno K, Watari Y, Saito O (2011) Effects of parental and progeny rearing densities on locomotor activity of 1st-stadium nymphs in the migratory locust, *Locusta migratoria*: An analysis by long-term monitoring using an actograph. J. Insect Physiol. 57: 27–34.

Harano K, Tanaka S, Watari Y, Saito O (2012a) Phase-dependent locomotor activity in first-stadium nymphs of the desert locust, *Schistocerca gregaria*: Effects of parental and progeny rearing density. J. Insect Physiol. 58: 718–725.

Harano K, Tokuda M, Kotaki T, Yukuhiro F, Tanaka S, Fujiwara-Tsujii N, Yasui H, Wakamura S, Nagayama A, Hokama Y (2012b) The significance of multiple mating and male substance transferred to females at mating in the white grub beetle, *Dasylepida ishigakiensis* (Coleoptera: Scarabaeidae). Appl. Entomol. Zool. 47: 245–254.

Harano K, Mitsuhata-Asai A, Konishi T, Suzuki T, Sasaki M (2013) Honeybee foragers adjust crop contents before leaving the hive. Behav. Ecol. Sociobiol. 67: 1169–1178.

Harano K, Mitsuhata-Asai A, Sasaki M (2014) Honey loading for pollen collection: regulation of crop content in honeybee pollen foragers on leaving hive. Naturwissenschaften 101: 595–598.

Harano K, Sasaki M (2015) Adjustment of honey load by honeybee pollen foragers departing from the hive: the effect of pollen load size. Insect. Soc. 62: 497–505.

Harano K, Nakamura J (2016) Nectar loads as fuel for collecting nectar and pollen in honeybees: adjustment by sugar concentration. J. Comp. Physiol. A 202: 435–443.

Hrassnigg N, Leonhard B, Crailsheim K (2003) Free amino acids in the haemolymph of honey bee queens (*Apis mellifera* L.). Amino Acids 24: 205–212.

Harris JW, Woodring J (1995) Elevated brain dopamine levels associated with ovary development in queenless worker honey bees (*Apis mellifera* L.). Comp. Biochem. Physiol. 111C: 271–279.

Hayashi M, Nakamura J, Sasaki K, Harano K (2016) Honeybee males use highly concentrated nectar as fuel for mating flights. J. Insect Physiol. 93: 50–55.

Hayashi S, Farkhary SI, Takata M, Satoh T, Koyama S (2017) Return of drones: Flight experience improves returning performance in honeybee drones. J. Insect Behav. 30: 237–246.

原野健一（2005）ミツバチ未交尾女王のライバル排除戦略　王台破壊の優先順位．ミツバチ科学 26(1): 1-7.
原野健一（2010）女王蜂の交尾に伴う生理学的・行動学的変化とそのメカニズム．ミツバチ科学 28(1): 7-20.
Harano K (2013) Effects of juvenile hormone analog on physiological and behavioral maturation in honeybee drones. Apidologie 44: 586-599.
Harano K, Obara Y (2004a) Virgin queens selectively destroy fully matured queen cells in the honeybee *Apis mellifera* L. Insect. Soc. 51: 253-258.
Harano K, Obara Y (2004b) The role of chemical and acoustical stimuli in selective queen cell destruction by virgin queens of the honeybee *Apis mellifera*. Appl. Entmol. Zool. 39: 611-616.
Harano K, Sasaki K, Nagao T (2005) Depression of brain dopamine and its metabolite after mating in European honeybee (*Apis mellifera*) queens. Naturwissenschaften 92: 310-313.
Harano K, Sasaki M (2006) Renewal process of nestmate recognition template in European honeybee *Apis mellifera* L. (Hymenoptera: Apidae). Appl. Entomol. Zool. 41: 325-330.
Harano K, Sasaki M, Sasaki K (2007) Effects of reproductive state on rhythmicity, locomotor activity and body weight in the European honeybee, *Apis mellifera* queens (Hymenoptera, Apini). Sociobiology 50: 189-200.
Harano K, Shibai Y, Sonezaki T, Sasaki M (2008a) Behavioral strategies of virgin honeybee (*Apis mellifera*) queens in sister elimination: different responses to unemerged sisters depending on maturity. Sociobiology 52: 31-46.
Harano K, Sasaki M, Nagao T, Sasaki K (2008b) Dopamine influences locomotor activity in honeybee queens: implications for a behavioural change after mating. Physiol. Entomol. 33: 395-399.
Harano K, Sasaki K, Nagao T, Sasaki M (2008c) Influence of age and juvenile hormone on brain dopamine level in male honeybee (*Apis mellifera*): Association with reproductive maturation. J. Insect Physiol. 54: 848-853.
Harano K, Tanaka S, Watari Y, Saito O (2009) Measurements of locomotor activity in hatchlings of the migratory locust *Locusta migratoria*:effects of intrinsic and extrinsic factors. Physiol. Entomol. 34: 262-271.
Harano K, Tanaka S, Yasui H, Wakamura S, Nagayama A, Hokama Y, Arakaki N (2010a) Multiple mating, prolonged copulation and male substance in a scarab beetle *Dasylepida ishigakiensis* (Coleoptera: Scarabaeidae). 30: 119-126.
Harano K, Tanaka S, Tokuda M, Yasui H, Wakamura S, Nagayama A, Hokama Y, Arakaki N (2010b) Factors influencing adult emergence from soil and the

vitellogenin and caste-specific regulation of fertility. In: *Advances in invertebrates reproduction 5* (eds. Hoshi M, Yamashita O) pp. 495-502 Elsevier science publishers.
Engels W, Rosenkranz P, Adler A, Taghizadeh T, Luebke G, Francke W (1997) Mandibular gland volatiles and their ontogenetic patterns in queen honey bees, *Apis mellifera carnica*. J. Insect Physiol. 43: 307-313.
Esch HE, Zhang S, Srinivasan MV, Tautz J (2001) Honeybee dances communicate distances measured by optic flow. Nature 411: 581-583.
Fahrbach SE, Giray T, Robinson GE (1995) Volume changes in the mushroom bodies of adult honey bee queens. Neurobiol. Learn. Memory 63: 181-191.
Free JB, Ferguson AW, Simpkins JR (1992) The behaviour of queen honeybees and their attendants. Physiol. Entomol. 17: 43-55.
Frisch K (1967) The dance language and orientation of bees. Harverd University press.
Frisch K (1968) The role of dances in recruiting bees to familiar sites. Anim. Behav. 16: 531-533.
フォン・フリッシュ，カール（1969）ミツバチを追って—ある生物学者の回想. 訳／伊藤 智夫. 法政大学出版局.
Fukaya M, Yasui H, Akino T, Yasuda T, Tanaka S, Wakamura S, Maeda T, Hirai Y, Yasuda K, Nagayama A (2009) Environmental and pheromonal control of precopulatory behavior for synchronized mating in the white grub beetle, *Dasylepida ishigakiensis* (Coleoptera: Scarabaeidae). Appl. Entomol. Zool. 44: 223-229.
Gilley DC (2003) Absence of nepotism in the harassment of duelling queens by honeybee workers. Proc. R. Soc. Lond., Ser. B: Biol. Sci. 270: 2045-2049.
Gilley DC, Tarpy DR, Land BB (2003) Effect of queen quality on interactions between workers and dueling queens in honeybee (*Apis mellifera* L.) colonies. Behav. Ecol. Sociobiol. 55: 190-196.
Giray T, Robinson GE (1996) Common endocrine and genetic mechanisms of behavioral development in male and worker honey bees and the evolution of division of labor. Proc. Natl. Acad. Sci. USA. 93:11718-11722.
Gmeinbauer R, Crailsheim K (1993) Glucose utilization during flight of honeybee (*Apis mellifera*) workers, drones and queens. J. Insect Physiol. 39: 959-967.
Grooters HJ (1987) Influences of queen piping and worker behaviour on the timing of emergence of honey bee queens. Insect. Soc. 34: 181-193.
Grüter C, Balbuena MS, Farina WM (2008) Informational conflicts created by the waggle dance. Proc. R. Soc. Lond., Ser. B: Biol. Sci. 275: 1321-1327.
原野健一（2002）フィリピンでの協力隊活動から. ミツバチ科学 23: 75-84.

引用文献

Akasaka S, Sasaki K, Harano K, Nagao T (2010) Dopamine enhances locomotor activity for mating in male honeybees (*Apis mellifera* L.). J. Insect Physiol. 56: 1160-1166.

Arakaki N, Sadoyama Y, Kishita M, Nagayama A, Oyafuso A, Ishimine M, Ota M, Akino T, Fukaya M, Hirai Y (2004) Mating behavior of the scarab beetle *Dasylepida ishigakiensis* (Coleoptera: Scarabaeidae). Appl. Entomol. Zool. 39: 669-674.

Arnold G, Budharugsa S, Masson C (1988) Organization of the antennal lobe in the queen honey bee, *Apis mellifera* L. J. Insect Morphol. Embryol. 17: 185-195.

Beggs KT, Glendining KA, Marechal NM, Vergoz V, Nakamura I, Slessor KN, Mercer AR (2007) Queen pheromone modulates brain dopamine function in worker honey bees. Proc. Natl. Acad. Sci. USA. 104: 2460-2464.

Bernasconi G, Ratnieks FLW, Rand E (2000) Effect of "spraying" by fighting honey bee queens (*Apis mellifera* L.) on the temporal structure of fights. Insect. Soc. 47: 21-26.

Berthold R, Benton AW (1970) Honey bee photoresponse as influenced by age. Part 2: drones and queens. Ann. Entomol. Soc. Am. 63: 1113-1115.

Beutler R (1950) Zeit und Raum im Leben der Sammelbiene. Naturwissenschaften 37: 102-105.

Beutler R (1951) Time and distance in the life of the foraging bee. Bee World. 32: 25-27.

Biesmeijer JC, Seeley TD (2005) The use of waggle dance information by honey bees throughout their foraging careers. Behav. Ecol. Sociobiol. 59: 133-142.

Breed MD, Smith TA, Torres A (1992) Role of guard honey bees (Hymenoptera:Apidae) in nestmate discrimination and replacement of removed guards. Ann. Entomol. Soc. Am. 85: 633-637.

Breed MD, Garry MF, Pearce AN, Hibbard BE, Bjostad LB, Page Jr RE (1995) The role of wax comb in honey bee nestmate recognition. Anim. Behav. 50: 489-496.

Camazine S (1991) Self-organizing pattern formation on the combs of honey bee colonies. Behav. Ecol. Sociobiol. 28: 61-76.

Dyer FC, Dickinson JA (1994) Development of sun compensation by honeybees: how partially experienced bees estimate the sun's course. Proc. Natl. Acad. Sci. USA. 91: 4471-4474.

Engels W, Kaatz H, Zillikens A, et al. (1990) Honey bee reproduction:

著者紹介

原野健一（はらの　けんいち）
1975年生まれ
玉川大学大学院農学研究科　博士課程修了　博士（農学）
国際協力事業団青年海外協力隊，独立行政法人農業生物資源研究所特別研究員，
玉川大学脳科学研究所嘱託研究員などを経て，現在は玉川大学学術研究所ミツバチ科学研究センター教授
専門はミツバチを含むハナバチ類の行動学

装丁　中野達彦

フィールドの生物学《せいぶつがく》㉔
ミツバチの世界《せかい》へ旅《たび》する

2017年12月20日　第1版第1刷発行

著　者　原野健一
発行者　橋本敏明
発行所　東海大学出版部
〒259-1292 神奈川県平塚市北金目4-1-1
TEL 0463-58-7811　FAX 0463-58-7833
URL http://www.press.tokai.ac.jp/
振替　00100-5-46614
印刷所　港北出版印刷株式会社
製本所　誠製本株式会社

ISBN978-4-486-02145-2